U0180705

"十四五"普通高等院校公共课程类系列教材

高 等 数 学

（下册）

李珍真　吴健辉　黄顺发◎主　编
夏　辉　郑春玲　唐　莉◎副主编

中国铁道出版社有限公司
CHINA RAILWAY PUBLISHING HOUSE CO., LTD.

内 容 简 介

本书遵循"强基础，重应用"的原则，在认真总结经验、分析调研的基础上，合理整合知识内容，以突出重点、强调学法指导为特色，充分体现了模块式教学的应用性。本书集数学知识、数学思维、数学教育于一体，具体内容包括常微分方程、空间解析几何、多元函数微分学、重积分、曲线积分与曲面积分、级数，并配有习题，便于学生学习、掌握数学知识与提高数学技能。

本书适合作为普通高等院校各专业高等数学、应用数学课程的教材。

图书在版编目（CIP）数据

高等数学 . 下册/李珍真，吴健辉，黄顺发主编 . —北京：中国铁道出版社有限公司,2023.1(2024.1 重印)
"十四五"普通高等院校公共课程类系列教材
ISBN 978-7-113-29951-4

Ⅰ.①高… Ⅱ.①李… ②吴… ③黄… Ⅲ.①高等数学-高等学校-教材 Ⅳ.①O13

中国国家版本馆 CIP 数据核字（2023）第 018387 号

书　　名：高等数学（下册）
作　　者：李珍真　吴健辉　黄顺发

策　　划：曹莉群　　　　　　　　　　编辑部电话：(010)63549501
责任编辑：贾　星　徐盼欣
封面设计：刘　颖
责任校对：安海燕
责任印制：樊启鹏

出版发行：中国铁道出版社有限公司(100054,北京市西城区右安门西街8号)
网　　址：http://www.tdpress.com/51eds/
印　　刷：三河市兴博印务有限公司
版　　次：2023 年 1 月第 1 版　2024 年 1 月第 2 次印刷
开　　本：710 mm×1 000 mm 1/16　印张：14.75　字数：278 千
书　　号：ISBN 978-7-113-29951-4
定　　价：39.80 元

版权所有　侵权必究

凡购买铁道版图书,如有印制质量问题,请与本社教材图书营销部联系调换。电话:(010)63550836
打击盗版举报电话:(010)63549461

前　　言

"高等数学"是普通高等院校各专业的一门必修的基础课程。本书在《高等数学·上册》的基础上结合编者多年来从事高等数学教学经验积累而编写。在编写过程中,遵循"强基础,重应用"的原则,在保证数学科学性的基础上,减少了复杂的理论求证,注重培养学生的基本运算能力和解决实际应用问题能力,力求在有限的教学时数内拓展学生的知识面。

本书具有如下特色:

(1)本书包含了普通高等院校各专业所需的主要高等数学内容,在编写过程中既强调数学的逻辑性和严谨性,又做到了通俗易懂,便于读者自学。教师在教学过程中可以根据各专业的特点选择所需内容。

(2)在内容选取上,突出基本概念的理解和基本方法的掌握,注重培养学生的数学思想和数学思维方法。在编排上,以实例作为重要概念的切入点,重点分析如何从实例中抽象出数学概念,培养学生的抽象思维能力,遵循数学知识的认知规律,由浅入深,循序渐进。

(3)在部分实例求解过程中加入分析,力求提高学生的观察、分析、思考能力,数学语言表达能力,运用数学基本概念、方法解决问题的能力,并提高学生学习数学的兴趣。在例题与习题的选取方面既考虑到了基本知识及基本能力的训练,同时也编排了一些思维能力的提高题。

本书由景德镇学院李珍真、吴健辉、黄顺发担任主编,由景德镇学院夏辉、郑春玲、唐莉担任副主编。具体编写分工如下:李珍真编写第10章、第11章并负责全书的统稿、定稿工作,吴健辉编写第7章、第9章,黄顺发编写第12章,夏辉编写第8章,郑春玲、唐莉负责全书习题的编写。

由于编者水平所限,书中不足和疏漏之处在所难免,敬请广大读者批评指正。

编　者
2022 年 11 月

目 录

第7章

常微分方程

客观现实中许多变量与变量之间具有相互关系,函数是研究变量之间变化规律的一个重要工具,微积分研究的主要对象就是函数.但是,在科学技术和大量的实际应用中,有时往往不能直接找出反映事物变化过程的函数关系,而只能根据问题性质和所给条件得到含有未知函数的导数(或微分)的关系式,这个关系式就是通常所说的微分方程.因此,微分方程也是描述客观事物之间数量关系的一种重要的数学模型.本章主要介绍常微分方程的基本概念和几种常用的常微分方程的解法.

7.1 微分方程的基本概念

7.1.1 建立微分方程的数学模型

例1 已知曲线 L 上任意一点处的切线的斜率等于该点的横坐标,且该曲线通过 $\left(1, \dfrac{3}{2}\right)$ 点,求曲线 L 的方程.

解 设曲线 L 的方程为 $y = f(x)$,曲线上任意一点的坐标为 (x, y).根据题意以及导数的几何意义可得

$$y' = f'(x) = x,$$

两边同时积分,得

$$y = \int x \, \mathrm{d}x,$$

解得 $\qquad\qquad y = \dfrac{1}{2}x^2 + C \quad (C \text{ 为任意的积分常数}).$ $\qquad\qquad$ (7.1)

又因为曲线通过 $\left(1, \dfrac{3}{2}\right)$ 点,即当 $x = 1$ 时,$y = \dfrac{3}{2}$,将它代入式(7.1)中,可得 $C = 1$.

故所求的曲线方程为 $\quad y = \dfrac{1}{2}x^2 + 1.$

从几何学上看,$y=\dfrac{1}{2}x^2+C$ 表示一族曲线,通常称之为积分曲线族.它是将曲线 $y=\dfrac{1}{2}x^2+1$ 沿着 y 轴上下平移而得到的.

例 2 质量为 m 的物体在时刻 $t=0$ 时自高度 h_0 落下,设初速度为 v_0(方向为竖直),不计空气阻力,求在任何时刻 t 时物体的高度.

解 选取坐标系如图 7-1 所示,点 A 为物体的初始位置,对应高度为 h_0,经过 t 秒后到达 B 点,对应高度为 $h=h(t)$,所经过的路程为 (h_0-h),现在要求函数 $h(t)$.

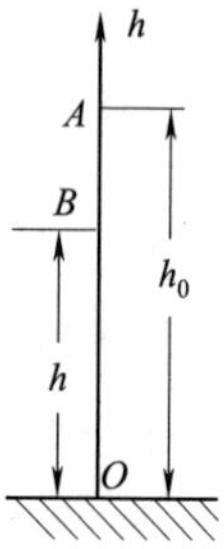

物体运动的加速度 $a=\dfrac{d^2(h_0-h)}{dt^2}$.根据牛顿第二定律 $F=ma$,而物体在时刻 t 所受的力 $F=mg$,有

$$m\frac{d^2h}{dt^2}=-mg \quad \text{或} \quad \frac{d^2h}{dt^2}=-g. \qquad (7.2)$$

图　7-1

(上面式子中的负号表明重力加速度 g 的正方向与坐标系的正方向相反)

同时还满足两个条件 $h\Big|_{t=0}=h_0,\dfrac{dh}{dt}\Big|_{t=0}=v_0$.

在例 1 的几何问题中用式(7.1)描述了曲线上任一点横、纵坐标之间的变化规律,在例 2 的物理学问题中用式(7.2)描述了物体高度随时间变化的规律.式(7.1)和式(7.2)都是含有未知函数的导数(或微分)的关系式,即微分方程.其实,在化学、生物学、自动控制、电子技术等学科中都提出了许多有关微分方程的问题,从而要探讨解决这些问题的方法.

7.1.2 基本概念

定义 1 联系着自变量、未知函数以及未知函数的导数(或微分)的关系式,称为**微分方程**.

只有一个自变量的微分方程称为**常微分方程**;有两个或两个以上自变量的微分方程称为**偏微分方程**.本书只讨论常微分方程.

例 3 指出下列微分方程中哪些是常微分方程,哪些是偏微分方程.

(1) $y'+2y-3x=1$;

(2) $dy+y\tan x\,dx=0$;

(3) $y''+\dfrac{1}{x}(y')^5+\sin x=0$;

(4) $\dfrac{\partial^2 u}{\partial x^2}+\dfrac{\partial^2 u}{\partial y^2}+\dfrac{\partial^2 u}{\partial z^2}=0$;

(5) $\dfrac{dy}{dx}+\cos y=3x$;

(6) $\left(\dfrac{dy}{dx}\right)^2+\ln y+\cot x=0$.

解　上述微分方程中,(1)、(2)、(3)、(5)、(6)是常微分方程,(4)是偏微分方程.

定义 2　微分方程中未知函数的导数的最高阶数称为**微分方程的阶**.

在例 3 中,(1)、(2)、(5)、(6)是一阶常微分方程,(3)是二阶常微分方程,(4)是二阶偏微分方程.

n 阶微分方程一般记为

$$F(x,y,y',\cdots,y^{(n)})=0, \tag{7.3}$$

其中 $y^{(n)}$ 在方程中是必须出现的.如果能从上述方程中解出最高阶导数,则可得微分方程 $y^{(n)}=f(x,y,y',\cdots,y^{(n-1)})$.

对于 n 阶微分方程(7.3),如果函数 $F(x,y,y',\cdots,y^{(n)})$ 是以未知函数 y 及其各阶导数 $y',\cdots,y^{(n)}$ 为变量的一次多项式函数,则称该方程为 n **阶线性微分方程**.

n 阶线性微分方程的一般形式为

$$y^{(n)}+p_1(x)y^{(n-1)}+\cdots+p_{n-1}(x)y'+p_n(x)y=q(x).$$

比如例 3 中的(1)、(2)都是线性方程,由于 $(y')^5$ 不是 y' 的一次函数,因而(3)是非线性方程;由于 $\cos y$ 不是 y 的一次函数,因而(5)是非线性方程;由于 $\left(\dfrac{\mathrm{d}y}{\mathrm{d}x}\right)^2$ 不是 $\dfrac{\mathrm{d}y}{\mathrm{d}x}$ 的一次函数、$\ln y$ 不是 y 的一次函数,因而(6)是非线性方程.

定义 3　设函数 $y=\varphi(x)$ 在区间 I 上有 n 阶连续导数,如果在区间 I 上,$F[x,\varphi(x),\varphi'(x),\cdots,\varphi^{(n)}(x)]\equiv0$,那么就称函数 $y=\varphi(x)$ 为微分方程(7.3)在区间 I 上的**解**.

定义 4　若将含有 n 个相互独立的任意常数的函数 $y=f(x,C_1,C_2,\cdots,C_n)$ 代入方程(7.3)中使之恒成立,则称其为微分方程的**通解**(也称**显式通解**);若将 $\varphi(x,y,C_1,C_2,\cdots,C_n)=0$ 代入方程(7.3)中使之恒成立,则称其为微分方程的**隐式通解**.显式通解与隐式通解统称为微分方程的**通解**.

注意:通解中任意常数的个数与微分方程(7.3)的阶数相同;n 个相互独立的任意常数是指这些常数不能合并而使任意常数的个数减少.

例 1 中 $y=\dfrac{1}{2}x^2+C$ 是微分方程 $y'=x$ 的通解.

按照所给的特定条件,从通解中确定出任意常数的特定值而得到的解,称为微分方程的**特解**.

对于一阶微分方程 $y'=f(x,y)$,通常用来确定特解的条件是 $x=x_0$ 时,$y=y_0$ 或写成 $y\Big|_{x=x_0}=y_0$,其中 x_0,y_0 都是给定的值;对于二阶微分方程 $y''=f(x,y,y')$,通常用

来确定任意常数的条件是 $x=x_0$ 时,$y=y_0$,$y'=y'_0$,或写成 $y\Big|_{x=x_0}=y_0$,$y'\Big|_{x=x_0}=y'_0$,其中 x_0,y_0,y'_0 都是给定的值,上述这种条件称为**初值条件**.求满足初值条件的微分方程的特解问题称为微分方程的**初值问题**.

例 1 中求微分方程 $y'=x$ 满足 $y\Big|_{x=1}=\dfrac{3}{2}$ 条件的特解,就是初值问题,其中 $y\Big|_{x=1}=\dfrac{3}{2}$ 就是初值条件,这个初值问题的解 $y=\dfrac{1}{2}x^2+1$ 是方程的一个特解.

定义 5 微分方程的特解的图形是一条平面曲线,称为**微分方程的积分曲线**;通解的图形是一族积分曲线,称为**积分曲线族**.

习 题 7.1

1. 指出下列微分方程中哪些是常微分方程,哪些是偏微分方程,并说明方程的阶数以及指出它的线性与非线性:

(1) $\left(\dfrac{\mathrm{d}^2 y}{\mathrm{d}x^2}\right)^3+x\left(\dfrac{\mathrm{d}y}{\mathrm{d}x}\right)^5-2xy=0$;

(2) $xy''+y'\cos x=x^2$;

(3) $\dfrac{\mathrm{d}y}{\mathrm{d}x}+\sin y=x\mathrm{e}^x$;

(4) $y'''+y''+\ln y'=2x$;

(5) $(\sin x+1)\mathrm{d}y+y\tan x\,\mathrm{d}x=0$;

(6) $\dfrac{\partial^2 u}{\partial x^2}+\dfrac{\partial^2 u}{\partial y^2}=0$;

(7) $y'''+y''+x^2y^2=2x$;

(8) $\sin\left(\dfrac{\mathrm{d}^2 y}{\mathrm{d}x^2}\right)+\mathrm{e}^y=x$.

2. 指出下列各函数是否是各对应的微分方程的解或通解:

(1) $y'=p(x)y$, $y=C\mathrm{e}^{\int p(x)\mathrm{d}x}$;

(2) $(1-x^2)y'+xy=2x$, $y=2+c\sqrt{1-x^2}$;

(3) $\dfrac{\mathrm{d}^2 y}{\mathrm{d}x^2}+a^2 y=\mathrm{e}^x$, $y=C_1\sin ax+C_2\cos ax+\dfrac{1}{2}\mathrm{e}^x$($C_1$,$C_2$ 为任意的常数);

(4) $y'=\dfrac{f'(x)}{g(x)}y^2-\dfrac{g'(x)}{f(x)}$, $y=-\dfrac{g(x)}{f(x)}$.

3. 给定一阶微分方程 $\dfrac{\mathrm{d}y}{\mathrm{d}x}=2x$:

(1) 求出它的通解;

(2) 求通过点 $(1,4)$ 的特解;

(3) 求出与直线 $y=2x+3$ 相切的解;

(4) 求出满足条件 $\displaystyle\int_0^1 y\mathrm{d}x=2$ 的解.

4.设 $y=\dfrac{1}{2}e^{2x}+\left(x-\dfrac{1}{3}\right)e^x$ 是二阶常系数非齐次线性微分方程 $y''+ay'+by=ce^x$ 的一个特解,求 a,b,c.

5.已知微分方程 $y'=\dfrac{y}{x}+\varphi\left(\dfrac{x}{y}\right)$ 有特解 $y=\dfrac{x}{\ln|x|}$,求 $\varphi(x)$.

6.有一曲线,曲线上任一点的切线的斜率与切点的横坐标成正比,试建立该曲线所满足的微分方程.

7.一玻璃珠从 1 m 的高度以初速 20 m/s 向上抛,问:何时达到最高点? 何时落地? 最高点的高度是多少?

8.镭、铀等放射性元素因不断地放出各种射线而逐渐减少其质量(称为衰变).根据实验知道衰变速度与剩余物的质量成正比例,问这种元素的质量 x 与时间 t 的函数关系.

9.设有一曲线,它上面任何一点的切线与两坐标轴所围三角形的面积总等于 2,试求它所满足的微分方程.

7.2　一阶微分方程

"求解"是微分方程的一个中心问题,不同类型的微分方程有不同的求解方法,下面从求解最简单的一阶微分方程入手,介绍几种常见的一阶微分方程的基本类型及其解法.

本节讨论一阶微分方程 $y'=f(x,y)$ 的解法.

7.2.1　可分离变量的微分方程

定义 1　形如

$$\frac{\mathrm{d}y}{\mathrm{d}x}=f(x)g(y) \tag{7.4}$$

的微分方程,称为**可分离变量的微分方程**.这里 $f(x),g(y)$ 分别是关于 x,y 的连续函数.

这类方程的特点是一阶微分方程 $y'=F(x,y)$ 右边 $F(x,y)$ 可以分解成两个函数之积,其中一个只是变量 x 的连续函数,另一个只是变量 y 的连续函数.

现在给出方程(7.4)求解方法:

若 $g(y)\neq 0$,可将方程(7.4)化为

$$\frac{\mathrm{d}y}{g(y)} = f(x)\mathrm{d}x,$$

对方程两边分别对各自的自变量积分,得到

$$\int \frac{\mathrm{d}y}{g(y)} = \int f(x)\mathrm{d}x + C, \tag{7.5}$$

最后根据方程(7.5)计算可得到方程的通解.

若 $g(y)=0$,此时 $\frac{\mathrm{d}y}{\mathrm{d}x}=0$,$y=y_0$ 为方程的一个特解.

注意:由于在方程(7.5)中已经加上了积分常数,因此其中的 $\int \frac{\mathrm{d}y}{g(y)}$,$\int f(x)\mathrm{d}x$ 可

分别理解为函数 $\frac{1}{g(y)}$ 与 $f(x)$ 的某一个原函数.

例 1　求微分方程 $\frac{\mathrm{d}y}{\mathrm{d}x} - y\sin x = 0$ 的通解.

分析　观察到所求解的是一阶微分方程,先通过变形判断是哪类微分方程.

解　将方程变形为 $\frac{\mathrm{d}y}{\mathrm{d}x} = y\sin x$,判断为可分离变量微分方程.

当 $y\neq 0$ 时,进一步分离变量,得到 $\frac{\mathrm{d}y}{y} = \sin x\,\mathrm{d}x$,

两边积分,即得

$$\int \frac{\mathrm{d}y}{y} = \int \sin x\,\mathrm{d}x,$$

解得

$$\ln|y| = -\cos x + C_1 \quad \text{或} \quad |y| = \mathrm{e}^{-\cos x + C_1},$$

所以 $y = \pm \mathrm{e}^{C_1}\mathrm{e}^{-\cos x}$,即　$y = C\mathrm{e}^{-\cos x}$　(令 $C = \pm \mathrm{e}^{C_1}$).

观察到 $y\equiv 0$ 也是方程的解,而在 $y=C\mathrm{e}^{-\cos x}$ 中当 $C=0$ 时就是 $y\equiv 0$.

因而方程的通解为 $y=C\mathrm{e}^{-\cos x}$(C 为任意常数).

例 2　求微分方程 $(y-1)\mathrm{d}x - (xy-y)\mathrm{d}y = 0$ 的通解.

解　将方程分离变量为

$$\frac{y}{y-1}\mathrm{d}y = \frac{1}{x-1}\mathrm{d}x,$$

两边积分

$$\int \frac{y}{y-1}\mathrm{d}y = \int \frac{1}{x-1}\mathrm{d}x,$$

解得

$$y + \ln|y-1| = \ln|x-1| + C. \tag{7.6}$$

由方程(7.6)所确定的隐函数 $y=\varphi(x)$ 称为是原微分方程的隐式通解.

例 3　求方程 $\frac{\mathrm{d}y}{\mathrm{d}x} = \frac{y+2}{x-2}$ 的解.

解　分离变量后得　$\dfrac{1}{y+2}\mathrm{d}y=\dfrac{1}{x-2}\mathrm{d}x$，

两边积分得　　　　　　$\ln|y+2|=\ln|x-2|+C_1$，

解得　　　　　　$|y+2|=\mathrm{e}^{C_1}|x-2|$，　$y+2=\pm\mathrm{e}^{C_1}(x-2)$，

即 $y=C(x-2)-2$　（$C=\pm\mathrm{e}^{C_1}$ 为任意不等于 0 的常数）.

注意到 $y=-2$ 也是方程的解，因此方程的通解为

$$y=C(x-2)-2 \quad （C \text{ 为任意常数}）.$$

注意：由于 $\ln|C|$ 可以表示任意常数，由 $\dfrac{1}{y+2}\mathrm{d}y=\dfrac{1}{x-2}\mathrm{d}x$ 两边积分得

$$\ln|y+2|=\ln|x-2|+\ln|C|，$$

故解为　　　　　　　　　$y+2=C(x-2)，$

即　　　　　　　　　$y=C(x-2)-2 \quad （C \text{ 为任意常数}）.$

这样求解过程就简便多了.

例 4　设降落伞（见图 7-2）从跳伞塔下落后所受空气阻力与速度成正比，降落伞离开塔顶（$t=0$）时的速度为零. 求降落伞下落速度与时间 t 的函数关系.

解　设降落伞下落速度为 $v(t)$. 降落伞在下降过程中所受重力 mg 的方向与运动方向一致，且降落伞所受空气阻力为 $-kv$（负号表示阻力与运动方向相反，k 为常数），所受合外力为 $F=mg-kv>0$，由牛顿第二定律 $F=ma, a=\dfrac{\mathrm{d}v}{\mathrm{d}t}$，得 $m\dfrac{\mathrm{d}v}{\mathrm{d}t}=mg-kv$，且有初值条件 $v|_{t=0}=0$.

图　7-2

于是，所给问题归结为求解初值问题

$$\begin{cases} m\dfrac{\mathrm{d}v}{\mathrm{d}t}=mg-kv \\[2mm] v|_{t=0}=0 \end{cases}.$$

下面先求微分方程 $m\dfrac{\mathrm{d}v}{\mathrm{d}t}=mg-kv$ 的通解.

分离变量得

$$\frac{\mathrm{d}v}{mg-kv}=\frac{\mathrm{d}t}{m}，$$

两边积分得

$$\int\frac{\mathrm{d}v}{mg-kv}=\int\frac{\mathrm{d}t}{m}，$$

解得

$$-\frac{1}{k}\ln(mg-kv)=\frac{t}{m}+C_1,$$

即 $mg-kv=\mathrm{e}^{-kC_1}\cdot\mathrm{e}^{-\frac{kt}{m}}$，也就是 $v=\frac{mg}{k}-C\mathrm{e}^{-\frac{k}{m}t}$，其中 $C=\frac{1}{k}\mathrm{e}^{-kC_1}$.

由初值条件 $v|_{t=0}=0$，得 $0=\frac{mg}{k}-C\mathrm{e}^0$，即 $C=\frac{mg}{k}$，故所求特解为

$$v=\frac{mg}{k}(1-\mathrm{e}^{-\frac{k}{m}t}).$$

由此可见，随着 t 的增大，速度 v 逐渐变大且趋于常数 $\frac{mg}{k}$，但不会超过 $\frac{mg}{k}$，这说明跳伞后，开始阶段是加速运动，以后逐渐趋于匀速运动.

例 5 （人口增长预测）某地区的人口总数 N 是时间 t 的函数，即 $N=N(t)$. 若这个地区人口出生率为 λ，死亡率为 s，考察任一时刻 t 的人口总数 $N(t)$.

分析 人口总数 N 是时间 t 的函数，要求人口总数 $N(t)$ 的变化率，先要求出 $N(t)$ 在任一时刻 t 的增量 ΔN.

解 在时间段 $[t,t+\Delta t]$ 中，人口的改变量 $\Delta N=N(t+\Delta t)-N(t)$ 应等于在这一段时间内出生人数与死亡人数之差，即

$$\Delta N=N(t+\Delta t)-N(t)=\lambda N\Delta t-sN\Delta t=(\lambda-s)N\Delta t,$$

两边除以 Δt，并令 $\Delta t\to0$，得到

$$\frac{\mathrm{d}N}{\mathrm{d}t}=(\lambda-s)N. \tag{7.7}$$

这是可分离变量的微分方程，分离变量后得到

$$\frac{\mathrm{d}N}{N}=(\lambda-s)\mathrm{d}t,$$

两边积分，得到通解 $N=C\mathrm{e}^{(\lambda-s)t}$.

如果初值条件为 $N(0)=N_0$，则可得 $N=N_0\mathrm{e}^{(\lambda-s)t}$.

当 $\lambda>s$ 时，人口数将按指数规律 $N=N_0\mathrm{e}^{(\lambda-s)t}$ 无限制地增长. 这就是马尔萨斯定律.

但实际上受粮食、能源、疾病等诸多因素制约，人口不能无限制地增长，且出生率与死亡率不可能是固定不变的常数. 根据统计资料，在 N 的一定范围内可合理地假设出生率 λ 和死亡率 s 是人口数 N 的线性函数. 即 $\lambda=a-bN,s=p+qN$，其中 a,b,p,q 均是正常数.

于是方程 (7.7) 成为

$$\frac{\mathrm{d}N}{\mathrm{d}t}=(a-p)N-(b+q)N^2=(b+q)N\left(\frac{a-p}{b+q}-N\right).$$

记 $k=b+q, m=\dfrac{a-p}{b+q}$,上述方程就成为

$$\frac{\mathrm{d}N}{\mathrm{d}t}=kN(m-N),$$

分离变量后为

$$\frac{\mathrm{d}N}{N(m-N)}=k\mathrm{d}t,$$

两边积分后得到
$$\frac{1}{m}\ln\frac{N}{m-N}=kt+C. \tag{7.8}$$

将初始条件 $N(0)=N_0$ 代入式(7.8),得到

$$C=\frac{1}{m}\ln\frac{N_0}{m-N_0},$$

故式(7.8)为
$$\frac{1}{m}\ln\frac{N(m-N_0)}{(m-N)N_0}=kt,$$

或 $N=\dfrac{mN_0}{N_0+(m-N_0)\mathrm{e}^{-mkt}}$. 这就是生物科学中常用到的逻辑斯谛函数.

7.2.2 齐次方程

有的一阶微分方程不是可分离变量的,但通过适当的变量变换后,可以得到关于新变量的可变量分离方程,这样原方程就称为可化为可分离变量的微分方程,齐次方程就是这样的一类方程.

定义 2 形如

$$\frac{\mathrm{d}y}{\mathrm{d}x}=f\left(\frac{y}{x}\right) \tag{7.9}$$

的微分方程称为**齐次方程**.

比如

$$y'=\frac{x+y}{x-y}, \quad y'=\frac{y}{x}+\tan\frac{y}{x}$$

等都是齐次方程.

现在介绍齐次方程(7.9)的解法:

引入新的未知量 u,令 $u=\dfrac{y}{x}$(这样 u 就是关于 x 的函数),则

$$y=ux,$$

两边同时对 x 求导数得
$$\frac{\mathrm{d}y}{\mathrm{d}x}=u+x\frac{\mathrm{d}u}{\mathrm{d}x},$$

代入方程(7.9)中,得

$$u + x\frac{\mathrm{d}u}{\mathrm{d}x} = f(u),$$

再分离变量,得

$$\frac{\mathrm{d}u}{f(u) - u} = \frac{1}{x}\mathrm{d}x,$$

两边积分后,得

$$\int \frac{\mathrm{d}u}{f(u) - u} = \ln|x| + C_1,$$

求解得

$$u = \varphi(x, C_2) \quad (C_2 \text{ 为任意常数}),$$

再用 $\frac{y}{x}$ 代替 u,便得到方程(7.9)的 y 关于 x 的通解.

例 6 求微分方程 $xy' = y(1 + \ln y - \ln x)$ 的通解.

分析 观察到所求解的是一阶微分方程,先通过变形判断是哪类微分方程.

解 将方程化为

$$\frac{\mathrm{d}y}{\mathrm{d}x} = \frac{y}{x}\left(1 + \ln\frac{y}{x}\right),$$

这是一阶微分方程,且具有方程(7.9)的形式,这就是一个齐次方程.

令 $u = \frac{y}{x}$,得 $y = ux$,两边对 x 求导,得

$$\frac{\mathrm{d}y}{\mathrm{d}x} = u + x\frac{\mathrm{d}u}{\mathrm{d}x},$$

则方程化为

$$u + x\frac{\mathrm{d}u}{\mathrm{d}x} = u(1 + \ln u), \quad \text{即 } x\frac{\mathrm{d}u}{\mathrm{d}x} = u\ln u,$$

分离变量后,得

$$\frac{\mathrm{d}u}{u\ln u} = \frac{1}{x}\mathrm{d}x,$$

两边积分,得

$$\ln|\ln u| = \ln x + \ln|C|,$$

即

$$\ln u = Cx, \quad u = \mathrm{e}^{Cx} \quad (C \text{ 为任意的常数}).$$

代回原来的变量,得通解

$$y = x\mathrm{e}^{Cx}.$$

例 7 求方程 $x\frac{\mathrm{d}y}{\mathrm{d}x} + 2\sqrt{xy} = y(x < 0)$ 的通解.

解 首先将方程进行变形.

方程的两边同时除以 x,得

$$\frac{\mathrm{d}y}{\mathrm{d}x} - 2\sqrt{\frac{y}{x}} = \frac{y}{x} \quad (x<0). \tag{7.10}$$

令 $u = \dfrac{y}{x}$，得 $y=xu$，两边对 x 求导，得

$$\frac{\mathrm{d}y}{\mathrm{d}x} = x\frac{\mathrm{d}u}{\mathrm{d}x} + u,$$

将 $u = \dfrac{y}{x}$ 及 $\dfrac{\mathrm{d}y}{\mathrm{d}x} = u + x\dfrac{\mathrm{d}u}{\mathrm{d}x}$ 代入方程(7.10)，得

$$x\frac{\mathrm{d}u}{\mathrm{d}x} = 2\sqrt{u},$$

分离变量后，得

$$\frac{\mathrm{d}u}{2\sqrt{u}} = \frac{1}{x}\mathrm{d}x,$$

两边积分得

$$\sqrt{u} = \ln(-x) + C,$$

即　　$u = [\ln(-x) + C]^2$，C 为满足 $\ln(-x) + C > 0$ 的任意常数.

再代回原来的变量，得到原方程的解为

$$y = x[\ln(-x) + C]^2.$$

在解一阶微分方程时，很多情况下都是通过变形或变量变换将原一阶微分方程转化为可分离变量的微分方程，进而求解的.

7.2.3　一阶线性微分方程

定义 3　形如

$$\frac{\mathrm{d}y}{\mathrm{d}x} + p(x)y = Q(x) \tag{7.11}$$

的方程(其中 $p(x),Q(x)$ 是 x 的已知连续函数)称为**一阶线性微分方程**.(称方程(7.11)为一阶线性微分方程的标准形式)

(1)若 $Q(x) \equiv 0$ 时，方程(7.11)变为

$$\frac{\mathrm{d}y}{\mathrm{d}x} + p(x)y = 0. \tag{7.12}$$

称方程(7.12)为**一阶齐次线性微分方程**.

(2)若 $Q(x) \not\equiv 0$ 时，称方程(7.11)为**一阶非齐次线性微分方程**，并称方程(7.12)为对应于方程(7.11)的一阶齐次线性微分方程.

注意到方程(7.11)与其对应的一阶齐次线性微分方程(7.12)的等号左边完全相同，同时方程(7.12)是可分离变量的方程，因此下面首先求出方程(7.12)的通解.

将方程 $\dfrac{\mathrm{d}y}{\mathrm{d}x} + p(x)y = 0$ 变量分离，得到

$$\frac{\mathrm{d}y}{y} = -p(x)\mathrm{d}x,$$

两边积分得

$$\ln|y| = -\int p(x)\mathrm{d}x + \ln|C|,$$

(由于任意常数已经分离出来,因而这里 $\int p(x)\mathrm{d}x$ 只表示其中的一个原函数)即

$$y = C\mathrm{e}^{-\int P(x)\mathrm{d}x}. \tag{7.13}$$

式(7.13)是一阶齐次线性方程(7.12)的通解.

如何求一阶非齐次线性微分方程(7.11)的通解呢?

由于方程(7.11)与方程(7.12)等式左端完全相同,只是右端相差一个 x 的函数 $Q(x)$,因此估计两者的解可能有类似的地方.

再注意到当 C 为常数时,将 $C\mathrm{e}^{-\int P(x)\mathrm{d}x}$ 代入方程(7.12)中,恒有

$$(C\mathrm{e}^{-\int P(x)\mathrm{d}x})' + P(x)(C\mathrm{e}^{-\int P(x)\mathrm{d}x}) = 0.$$

因而猜测如果将 C 改为一个待定的函数 $C(x)$,$y = C(x)\mathrm{e}^{-\int P(x)\mathrm{d}x}$ 可能是方程(7.11)的解.

假设它是方程(7.11)的解,把它代入方程(7.11)中,得到

$$(C(x)\mathrm{e}^{-\int P(x)\mathrm{d}x})' + P(x) \cdot (C(x)\mathrm{e}^{-\int P(x)\mathrm{d}x}) = Q(x) \not\equiv 0,$$

而

$$(C(x)\mathrm{e}^{-\int P(x)\mathrm{d}x})' + P(x) \cdot (C(x)\mathrm{e}^{-\int P(x)\mathrm{d}x})$$
$$= C'(x)\mathrm{e}^{-\int P(x)\mathrm{d}x} - C(x)P(x)\mathrm{e}^{-\int P(x)\mathrm{d}x} + P(x)C(x)\mathrm{e}^{-\int P(x)\mathrm{d}x} = C'(x)\mathrm{e}^{-\int P(x)\mathrm{d}x},$$

也就是要使 $C'(x)\mathrm{e}^{-\int P(x)\mathrm{d}x} = Q(x)$,变形为

$$C'(x) = Q(x)\mathrm{e}^{\int P(x)\mathrm{d}x},$$

两边积分得 $$C(x) = \int Q(x)\mathrm{e}^{\int P(x)\mathrm{d}x}\mathrm{d}x + C.$$

这就是说如果上式成立,则 $y = C(x)\mathrm{e}^{-\int P(x)\mathrm{d}x}$ 就是方程(7.11)的解.说明假设是有效的.

从而得到 $$y = C(x)\mathrm{e}^{-\int P(x)\mathrm{d}x} = \mathrm{e}^{-\int P(x)\mathrm{d}x}\left[\int Q(x)\mathrm{e}^{\int P(x)\mathrm{d}x}\mathrm{d}x + C\right].$$

因此,一阶非齐次线性微分方程(7.11)的通解为

$$y = \mathrm{e}^{-\int p(x)\mathrm{d}x}\left[\int Q(x)\mathrm{e}^{\int p(x)\mathrm{d}x} + C\right]. \tag{7.14}$$

这种把对应的齐次方程通解中的常数 C 变换为待定函数 $C(x)$,然后求得非齐次线性微分方程的通解的方法,称为**常数变易法**.

式(7.14)经过整理还可以写成

$$Ce^{-\int P(x)\mathrm{d}x} + e^{-\int P(x)\mathrm{d}x}\int Q(x)e^{\int P(x)\mathrm{d}x}\mathrm{d}x.$$

不难看出,上式第一项是对应的一阶齐次线性微分方程(7.12)的通解,第二项是一阶非齐次线性微分方程(7.11)的一个特解(在方程(7.11)的通解(7.14)中取$C=0$,便得到这个特解).

由此可见,一阶非齐次线性微分方程的通解等于对应的齐次线性微分方程的通解与该一阶非齐次线性微分方程的一个特解之和.

注意:(1)在解一阶非齐次线性微分方程时,可先将方程化为形如方程(7.11)的标准形式,再直接用式(7.14)求解.

(2)在解具体的方程时,有时用常数变易方法求解往往更方便,不容易出错.

例 8 求微分方程 $y'\cos x + y\sin x = 1$ 的通解.

分析 首先判断这是一阶线性微分方程.

解法 1 用常数变易法.

先求相应的一阶齐次线性微分方程 $y'\cos x + y\sin x = 0$ 的通解.

将其进行变量分离,得到

$$\frac{\mathrm{d}y}{y} = -\tan x\,\mathrm{d}x,$$

两边积分,得

$$\ln|y| = \ln|\cos x| + \ln|C_1|,$$

故

$$y = C_1\cos x.$$

常数 C_1 变易为函数 $C(x)$,令 $y = C(x)\cos x$,

则

$$y' = C'(x)\cos x - C(x)\sin x,$$

把 y,y'代入原方程,得

$$[C'(x)\cos x - C(x)\sin x]\cos x + C(x)\cos x\sin x = 1,$$

等式两边同时除以 $\cos x$,得到

$$C'(x)\cos x - C(x)\sin x + C(x)\sin x = \sec x,$$

整理得

$$C'(x) = \sec^2 x,$$

解得

$$C(x) = \tan x + C.$$

把 $C(x) = \tan x + C$ 代入 $y = C(x)\cos x$ 中,得到原一阶非齐次线性微分方程的通解为

$$y = (\tan x + C)\cos x.$$

解法 2 直接套式(7.14).这时必须把方程化成形如(7.11)的标准形式.

$$y' + y\tan x = \sec x,$$

则 $P(x)=\tan x, Q(x)=\sec x$，代入式(7.14)有

$$
\begin{aligned}
y &= e^{-\int P(x)dx}\left[\int Q(x)e^{\int P(x)dx}dx + C\right] \\
&= e^{-\int \tan x dx}\left[\int \sec x e^{\int \tan x dx}dx + C\right] = e^{\ln\cos x}\left[\int \sec x e^{-\ln\cos x}dx + C\right] \\
&= \cos x\left[\int \sec^2 x dx + C\right] = \cos x(\tan x + C).
\end{aligned}
$$

注意：在解法 2 中，$e^{-\int \tan x dx}$ 中的 $\int \tan x dx$ 并不表示 $\tan x$ 的所有的原函数，只是其中的一个原函数，因而不要写作 $\int \tan x dx = -\ln|\cos x| + C$.

例 9 求微分方程 $\dfrac{dy}{dx}=\dfrac{y}{2x-y^2}$ 的通解.

分析 观察这个方程发现它不是变量 y 的一阶线性微分方程. 但注意到右端函数 $\dfrac{y}{2x-y^2}$ 的分子是一项，分母是两项之差，因而先对方程进行变形.

解 将原方程变形得 $\dfrac{dx}{dy}=\dfrac{2x-y^2}{y}$，即

$$
\frac{dx}{dy} - \frac{2}{y}x = -y.
$$

通过观察发现，上面这个方程正好是以变量 y 为自变量、以变量 x 为因变量的一阶线性微分方程，而且是一阶线性微分方程的标准形式，直接套用式(7.14)，得

$$
\begin{aligned}
x &= e^{-\int P(y)dy}\left[\int Q(y)e^{\int P(y)dy}dy + C\right] \\
&= e^{-\int \frac{-2}{y}dy}\left[\int(-y)e^{\int \frac{-2}{y}dy}dy + C\right] = e^{2\ln y}\left[\int(-y)e^{-2\ln y}dy + C\right] \\
&= y^2\left[\int(-y)y^{-2}dy + C\right] = y^2(C - \ln|y|).
\end{aligned}
$$

从例 9 的求解过程可以看到，微分方程中的 x 与 y 地位是对等的，不必拘泥于 y 一定是未知因变量. 总之，在解微分方程时，先要注意观察方程的特点，然后根据方程的特点寻求合适的解题方法.

习 题 7.2

1. 求下列微分方程的通解：

(1) $\dfrac{-1}{\sqrt{1-x^2}}y' = \arcsin x$；　　　　　　(2) $(xy + x^3 y)dy = (1 + y^2)dx$；

(3) $y' = 10^{x+y}$; 　　　　　　　　　　(4) $y' + \sin \dfrac{x+y}{2} = \sin \dfrac{x-y}{2}$;

(5) $y' \sin x + 1 = \mathrm{e}^{-y}$; 　　　　　　　(6) $y' = \dfrac{y}{x} + \tan \dfrac{y}{x}$;

(7) $y^2 \mathrm{d}x + (x^2 - xy) \mathrm{d}y = 0$; 　　　(8) $(\mathrm{e}^{x+y} - \mathrm{e}^x) \mathrm{d}x + (\mathrm{e}^{x+y} + \mathrm{e}^x) \mathrm{d}y = 0$;

(9) $y' = \dfrac{x-y}{x+y}$; 　　　　　　　(10) $x \mathrm{d}y = y(1 + \ln y - \ln x) \mathrm{d}x$.

2. 求满足下列初值条件的微分方程的特解:

(1) $y - xy' = b(1 - x^2 y')$, 　 $y \big|_{x=1} = 1$;

(2) $\dfrac{x}{1+y} \mathrm{d}x - \dfrac{y}{1+x} \mathrm{d}y = 0$, 　 $y \big|_{x=0} = 0$;

(3) $\cos y \mathrm{d}x + (1 + \mathrm{e}^{-x}) \sin y \mathrm{d}y = 0$, 　 $y \big|_{x=0} = \dfrac{\pi}{4}$;

(4) $y' + \dfrac{1-2x}{x^2} y = 1, y(1) = 0$; 　　(5) $(1 - x^2) y' + xy = 1, y(0) = 1$;

(6) $\dfrac{\mathrm{d}y}{\mathrm{d}x} + \dfrac{y}{x} = \dfrac{\sin x}{x}, y(\pi) = 1$; 　　(7) $\dfrac{\mathrm{d}y}{\mathrm{d}x} + y c \tan x = 5\mathrm{e}^{\cos x}, y\left(\dfrac{\pi}{2}\right) = -4$;

(8) $xy' - y = \dfrac{x}{\ln x}, y(1) = 1$; 　　(9) $xy' - y \ln y = 0, y(1) = \mathrm{e}$.

3. 求下列一阶线性微分方程的通解:

(1) $\dfrac{\mathrm{d}s}{\mathrm{d}t} = -s \cos t + \dfrac{1}{2} \sin 2t$; 　　(2) $y' + y \cos x = \mathrm{e}^{-\sin x}$;

(3) $y' - \dfrac{n}{x} y = \mathrm{e}^x x^n, n$ 为常数; 　　(4) $(x^2 - 1) y' + 2xy - \cos x = 0$;

(5) $(1 + x^2) y' - 2xy = (1 + x^2)^2$; 　(6) $(x + y^3) \mathrm{d}y = y \mathrm{d}x$;

(7) $\dfrac{\mathrm{d}y}{\mathrm{d}x} = \dfrac{y}{y - x}$; 　　　　　　　(8) $y' = \dfrac{1}{x \cos y + \sin 2y}$.

4. 求微分方程 $\dfrac{1}{\sqrt{y}} y' - \dfrac{4x}{x^2 + 1} \sqrt{y} = x$ 的通解.

5. 设 y_1, y_2 是一阶线性非齐次微分方程 $y' + p(x) y = q(x)$ 的两个特解, 若常数 λ, μ 使 $\lambda y_1 + \mu y_2$ 是该方程的解, $\lambda y_1 - \mu y_2$ 是该方程对应的齐次方程的解, 求 λ, μ .

6. 求以 $y = x^2 - \mathrm{e}^x$ 和 $y = x^2$ 为特解的一阶非齐次线性微分方程.

7. 设 $f(x) = -\cos x + \displaystyle\int_0^x f(t) \mathrm{d}t$, 求 $f(x)$.

8. 质量为 1 g 的质点受外力作用做直线运动, 外力的大小和时间成正比, 和质点运动的速度成反比, 在 $t = 10$ s 时, 速度等于 50 cm/s, 外力为 4×10^{-5} N, 问: 从运动开始经过了 1 min 后的速度是多少?

9. 求一曲线的方程,该曲线通过点 $(0,1)$ 且曲线上任一点处的切线垂直于此点与原点的连线.

10. 某林区现有木材 10 万 m^3,如果在每一瞬时木材的变化率与当时木材数成正比,假使 10 年内这林区有木材 20 万 m^3,试确定木材数 p 与时间 t 的关系.

11. 曲线 $y=y(x)$ 上与曲线族 $\dfrac{x^2}{2}+y^2=C$ 中的任一椭圆都正交(交点处切线互相垂直),且曲线过点 $(a,b)(ab\neq0)$,求此曲线方程.

12. 镭是放射性物质,时刻向外放射出氦原子和其他射线,从而使它的原子量减少.经试验知,镭的放射速度(即单位时间的放射量)与它的存余量成正比.已知有一块镭,在时刻 t_0 时的质量为 M_0,试确定在时刻 $t(t\geqslant t_0)$ 时镭的质量.

13. 一向上凸的光滑曲线连接了 $O(0,0)$ 和 $A(0,4)$ 两点,$P(x,y)$ 为曲线上任一点,若曲线与线段 OP 所围成区域的面积为 $x^{\frac{4}{3}}$,求该曲线的方程.

7.3 可降阶的高阶微分方程

高阶微分方程是指二阶及二阶以上的微分方程.一般而言,求解高阶微分方程比求解一阶微分方程更为困难.求解高阶微分方程的思路之一是通过变量变换设法降低方程的阶,从而降低问题的难度.本节只介绍几种较为常见的可用降阶方法求解的高阶微分方程(特别是二阶微分方程的解法).

7.3.1 $y^{(n)}=f(x)$ 型的微分方程

形如

$$y^{(n)}=f(x) \tag{7.15}$$

的微分方程.此方程的右端是仅含 x 的函数.

由于 $y^{(n)}$ 是 $y^{(n-1)}$ 的导数,因而通过对方程(7.15)两边逐次积分,就可以得到方程的通解.

例 1 求微分方程 $y''=\ln x+x$ 的通解.

分析 观察方程是(7.15)形式的高阶方程,采用逐次积分法.

解 先对方程两边积分,得

$$y'=\int(\ln x+x)\mathrm{d}x=\int\ln x\,\mathrm{d}x+\int x\,\mathrm{d}x$$

$$= x\ln x - \int x\mathrm{d}\ln x + \frac{1}{2}x^2 = x\ln x - x + \frac{1}{2}x^2 + C_1$$

再对上面所得到的方程两边积分,得

$$y = \int \left(x\ln x - x + \frac{1}{2}x^2 + C_1\right)\mathrm{d}x = \frac{1}{2}\int \ln x\,\mathrm{d}x^2 - \frac{1}{2}x^2 + \frac{1}{6}x^3 + C_1 x$$

$$= \frac{1}{2}x^2\ln x - \frac{1}{2}\int x^2\,\mathrm{d}\ln x - \frac{1}{2}x^2 + \frac{1}{6}x^3 + C_1 x$$

$$= \frac{1}{2}x^2\ln x - \frac{3}{4}x^2 + \frac{1}{6}x^3 + C_1 x + C_2 \quad (C_1, C_2 \text{ 为任意常数}).$$

7.3.2　不显含未知函数 y 的二阶微分方程

形如

$$y'' = f(x, y') \tag{7.16}$$

的方程.其特点是方程中不显含未知函数变量 y 的二阶微分方程.

在方程(7.16)中, y'' 是 y' 对 x 的导数.因此如果令 $y' = p$,则 $y'' = \dfrac{\mathrm{d}p}{\mathrm{d}x}$,代入原方程,就得到一个以 x 为自变量、以 p 为未知因变量的一阶微分方程

$$\frac{\mathrm{d}p}{\mathrm{d}x} = f(x, p),$$

用求解一阶微分方程的方法求出它的解,假设它的通解为

$$p = \varphi(x, C_1),$$

将 $y' = p$ 代入上式,得到方程

$$\frac{\mathrm{d}y}{\mathrm{d}x} = \varphi(x, C_1),$$

再对上述方程两边积分,便得方程(7.16)的通解

$$y = \int \varphi(x, C_1)\mathrm{d}x + C_2.$$

例 2　求微分方程 $y'' - y' = \mathrm{e}^x + 1$ 的通解.

分析　观察方程是二阶微分方程,且方程不显含未知函数变量 y .

解　令 $y' = p$,则 $y'' = \dfrac{\mathrm{d}y'}{\mathrm{d}x} = \dfrac{\mathrm{d}p}{\mathrm{d}x} = p'$,代入原方程,得

$$p' - p = \mathrm{e}^x + 1$$

这是 p 关于 x 的一阶非齐次线性方程,套用式(7.14)求出它的通解为

$$p = \mathrm{e}^x(x - \mathrm{e}^{-x} + C_1) = x\mathrm{e}^x - 1 + C_1\mathrm{e}^x,$$

将 $y' = p$ 代回上式,得 $y' = \mathrm{e}^x x - 1 + C_1\mathrm{e}^x$,方程两边积分,得

$$y = \int (x e^x - 1 + C_1 e^x) \, dx$$

$$= x e^x - e^x - x + C_1 e^x + C_2 \quad (C_1, C_2 \text{ 都是任意常数}).$$

例 3　求 $x^2 y'' - (y')^2 = 0$ 的过点 $(1, 0)$，且在该点与直线 $y = x + 1$ 相切的积分曲线.

分析　$x^2 y'' - (y')^2 = 0$ 是二阶微分方程，微分方程的通解的几何意义是积分曲线族，求满足某个条件的积分曲线就是求微分方程的满足初值条件的特解. 而求特解必须先求出通解.

解　注意到 $x^2 y'' - (y')^2 = 0$ 是不显含未知函数变量 y 的二阶微分方程. 故令 $y' = \dfrac{dy}{dx} = p$，则 $y'' = \dfrac{dp}{dx}$，代入原方程，得 $x^2 p' - p^2 = 0$，这是 p 关于 x 的可分离变量的微分方程，

变量分离后得
$$\frac{dp}{p^2} = \frac{dx}{x^2},$$

解得
$$p^{-1} = x^{-1} + C_1. \tag{7.17}$$

已知所求积分曲线与直线 $y = x + 1$ 在点 $(1, 0)$ 处相切，所以未知函数在该点处的导数等于直线的斜率，即初值条件为
$$y'|_{x=1} = p|_{x=1} = 1,$$

将初值条件代入式 (7.17)，可得出 $C_1 = 0$. 因而有 $p^{-1} = x^{-1}$，即
$$y' = p = x,$$

解之得
$$y = \frac{1}{2} x^2 + C.$$

又因为该曲线经过 $(1, 0)$ 点，即 $y|_{x=1} = 0$，所以可以解得 $C = -\dfrac{1}{2}$，即

所求的曲线方程是
$$y = \frac{1}{2} x^2 - \frac{1}{2}.$$

7.3.3　不显含自变量 x 的微分方程

形如
$$y'' = f(y, y') \tag{7.18}$$

的微分方程. 其特点是方程中不显含自变量 x 的二阶微分方程.

令 $y' = \dfrac{dy}{dx} = p$，则
$$y'' = \frac{dy'}{dx} = \frac{dp}{dx} = \frac{dp}{dy}\frac{dy}{dx} = p \frac{dp}{dy},$$

代回方程 (7.18) 后，得到 p 关于 y 的一阶微分方程

$$p\frac{\mathrm{d}p}{\mathrm{d}y}=f(y,p).$$

求解上式可得到它的通解,设其通解为

$$p=\varphi(y,C_1),\quad 即\frac{\mathrm{d}y}{\mathrm{d}x}=\varphi(y,C_1).$$

这是可分离变量的微分方程. 变量分离后得

$$\frac{\mathrm{d}y}{\varphi(y,c_1)}=\mathrm{d}x,$$

再方程两边积分,得原方程的隐式通解为

$$\int\frac{\mathrm{d}y}{\varphi(y,C_1)}=x+C_2.$$

思考:如果令 $y'=p$, $y''=p'=\dfrac{\mathrm{d}p}{\mathrm{d}x}$,代入原方程能否求得原方程的通解?

例 4　求方程 $yy''-2(y')^2=0$ 的通解.

分析　观察方程是二阶微分方程,且不显含自变量 x.

解　令 $y'=\dfrac{\mathrm{d}y}{\mathrm{d}x}=p$,则 $y''=\dfrac{\mathrm{d}y'}{\mathrm{d}x}=\dfrac{\mathrm{d}p}{\mathrm{d}x}=\dfrac{\mathrm{d}p}{\mathrm{d}y}\cdot\dfrac{\mathrm{d}y}{\mathrm{d}x}=p\dfrac{\mathrm{d}p}{\mathrm{d}y}$,代入原方程,得 $yp\dfrac{\mathrm{d}p}{\mathrm{d}y}=2p^2$,

这是一阶可分离变量的微分方程.

分离变量后得 $\dfrac{\mathrm{d}p}{p}=\dfrac{2}{y}\mathrm{d}y$,解得 $p=C_1y^2$.

将 $y'=\dfrac{\mathrm{d}y}{\mathrm{d}x}=p$ 代入上式,得 $y'=C_1y^2$,这是一阶可分离变量的微分方程.

变量分离后得 $\dfrac{\mathrm{d}y}{y^2}=C_1\mathrm{d}x$,方程两边积分,得原方程的通解为

$$-\frac{1}{y}=C_1x+C_2.$$

例 5　要使垂直向上发射的质量为 m 的物体永远离开地面,问发射速度 v_0 至少应该有多大?

解　以地球球心为坐标原点 O,以垂直向上的方向为 y 轴,建立如图 7-3 所示的坐标系. 设地球质量为 M,地球半径为 R,万有引力常数为 G,重力加速度为 g.

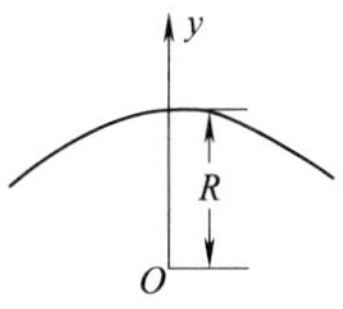

物体在运动过程中仅受地球引力的作用,当在时刻 t 时物体距离地球球心 O 的距离为 y,受到的地球引力为 $F(y)=\dfrac{GmM}{y^2}$.

图 7-3

同时 $mg=\dfrac{GmM}{R^2}$,解得 $G=\dfrac{gR^2}{M}$.

根据牛顿第二定律,有 $-\dfrac{GmM}{y^2}=ma=m\dfrac{\mathrm{d}^2y}{\mathrm{d}t^2}$,即 $\dfrac{\mathrm{d}^2y}{\mathrm{d}t^2}=-\dfrac{gR^2}{y^2}$,其中负号表示加速度的方向与物体运动方向相反.

因此问题转化为一个初值问题:$\begin{cases} \dfrac{\mathrm{d}^2y}{\mathrm{d}t^2}=-\dfrac{gR^2}{y^2} \\ y(0)=R \\ y'(0)=v_0 \end{cases}$,这是一个不显含自变量 t 的二阶微分方程的初值问题.

令 $v=\dfrac{\mathrm{d}y}{\mathrm{d}t}$,则 $\dfrac{\mathrm{d}^2y}{\mathrm{d}t^2}=\dfrac{\mathrm{d}v}{\mathrm{d}t}=\dfrac{\mathrm{d}v}{\mathrm{d}y}\cdot\dfrac{\mathrm{d}y}{\mathrm{d}t}=v\dfrac{\mathrm{d}v}{\mathrm{d}y}$,代入 $\dfrac{\mathrm{d}^2y}{\mathrm{d}t^2}=-\dfrac{gR^2}{y^2}$ 中,得到 $v\dfrac{\mathrm{d}v}{\mathrm{d}y}=-\dfrac{gR^2}{y^2}$,这是可分离变量的微分方程.

变量分离后得到 $v\mathrm{d}v=-\dfrac{gR^2}{y^2}\mathrm{d}y$,

解得
$$\dfrac{v^2}{2}=\dfrac{gR^2}{y}+C_1,$$

将 $y'(0)=v_0$ 即 $v(0)=v_0$,及 $y(0)=R$ 代入,得 $C_1=\dfrac{v_0^2}{2}-gR$.

于是得到方程 $\dfrac{v^2}{2}=\dfrac{gR^2}{y}+\dfrac{v_0^2}{2}-gR$.

为使物体永远脱离地面,即 $y\to+\infty$.同时要使 $\dfrac{v^2}{2}>0$,必须有
$$\dfrac{v_0^2}{2}\geqslant gR,$$

从而 $v_0\geqslant\sqrt{2gR}\approx\sqrt{2\times9.81\times6.371\times10^6}\approx1.12\times10^4\,(\mathrm{m/s})=11.2\,(\mathrm{km/s})$.

这就是第二宇宙速度.

习　题　7.3

1.求下列微分方程的通解:

(1) $y''=\ln x$;　　　　　　　　　(2) $y''+y'=x$;

(3) $y''(1+\mathrm{e}^x)+y'=0$;　　　　(4) $(1-x^2)y''-xy'=0$;

(5) $(y'')^2-y'=0$;　　　　　　　(6) $y''=1+(y')^2$;

(7) $y'''=x\mathrm{e}^x$;　　　　　　　　(8) $y''=\dfrac{1+y'^2}{2y}$.

2.求下列微分方程满足初值条件的特解:

(1) $xy''+x(y')^2-y'=0$,　　$y|_{x=2}=2,y'|_{x=2}=1$;

(2) $y^3 y'' + 1 = 0$, $\quad$ $y\big|_{x=1} = 1, y'\big|_{x=1} = 0$;

(3) $(x^2 + 1)y'' = 2xy'$, $\quad$ $y\big|_{x=0} = 1, y'\big|_{x=0} = 3$;

(4) $y'' + y'^2 = 1$, $\quad$ $y\big|_{x=0} = 0, y'\big|_{x=0} = 0$.

3. 设连续函数 $f(x)$ 满足 $f(x) = 1 + \int_1^x x \dfrac{f(t)}{t^2} \mathrm{d}t$, 求 $f(x)$.

4. 设 $y = f(x)$ 由参数方程 $\begin{cases} x = 2t + t^2 \\ y = \varphi(t) \end{cases}$, $t > -1$ 所确定, 其中 $\varphi(t)$ 具有二阶导数, 且 $\varphi(1) = \dfrac{5}{2}$, $\varphi'(1) = 6$, 已知 $\dfrac{\mathrm{d}^2 y}{\mathrm{d}x^2} = \dfrac{3}{4(1+t)}$, 求 $\varphi(t)$.

7.4　二阶线性微分方程解的结构

从本节开始将讨论在实际问题中应用较多的高阶线性微分方程,下面介绍二阶线性微分方程解的结构特点.

定义 1　形如
$$y'' + p(x)y' + q(x)y = f(x) \tag{7.19}$$
的方程,称为**二阶线性微分方程**,其中 $p(x), q(x), f(x)$ 是 x 的已知连续函数.

(1) 若 $f(x) \equiv 0$,则方程(7.19)变为
$$y'' + p(x)y' + q(x)y = 0, \tag{7.20}$$
称方程(7.20)为**二阶齐次线性微分方程**;

(2) 若 $f(x) \not\equiv 0$,则称方程(7.19)为**二阶非齐次线性微分方程**,并称方程(7.20)为对应于非齐次线性方程(7.19)的齐次线性方程.

7.4.1　二阶齐次线性微分方程解的结构

定理 1　若 y_1, y_2 是二阶齐次线性微分方程(7.20)的两个解,则
$$y = C_1 y_1 + C_2 y_2$$
也是方程(7.20)的解,其中 C_1, C_2 均是任意常数.

证明　已知 y_1, y_2 是方程(7.20)的两个解,有
$$y_1'' + p(x)y_1' + q(x)y_1 \equiv 0$$
及
$$y_2'' + p(x)y_2' + q(x)y_2 \equiv 0,$$
所以 $\quad (C_1 y_1 + C_2 y_2)'' + p(x)(C_1 y_1 + C_2 y_2)' + q(x)(C_1 y_1 + C_2 y_2)$
$$= C_1 [y_1'' + p(x)y_1' + q(x)y_1] + C_2 [y_2'' + p(x)y_2' + q(x)y_2] \equiv 0,$$

说明 $C_1 y_1 + C_2 y_2$ 是方程(7.20)的解.

从形式上看,$y = C_1 y_1 + C_2 y_2$ 包含两个任意常数,且是二阶齐次线性微分方程(7.20)的解,那么是不是方程(7.20)的通解呢? 我们知道,如果是通解,C_1 与 C_2 这两个任意常数是相互独立的,即不能经过化简整理后成为一个任意常数.

例如,$y_1 = e^x$,$y_2 = 2e^x$ 是二阶齐次线性微分方程 $\dfrac{d^2 y}{dx^2} + 2\dfrac{dy}{dx} - 3y = 0$ 的两个解,根据定理 1,$y = C_1 e^x + 2C_2 e^x$ 是方程的解.

但因为 $C_1 e^x + 2C_2 e^x = (C_1 + 2C_2)e^x = Ce^x$,即函数 $C_1 e^x + 2C_2 e^x$ 实质上只有一个任意常数,此时称 C_1 与 C_2 是不独立的,因此根据通解的定义,$y = C_1 e^x + 2C_2 e^x$ 不是方程的通解.

那么,在什么情况下 $y = C_1 y_1 + C_2 y_2$ 才是二阶齐次线性微分方程(7.20)的通解呢?这就要引入一个新的概念:两个函数的线性相关与线性无关.

定义 2 设函数 $y_1(x)$ 和 $y_2(x)$ 是定义在区间 (a,b) 内的函数,如果存在两个不全为零的常数 k_1,k_2,使得对 $\forall x \in (a,b)$ 都有 $k_1 y_1(x) + k_2 y_2(x) \equiv 0$,则称函数 $y_1(x)$ 与 $y_2(x)$ 在区间 (a,b) 内是**线性相关的**,否则称函数 $y_1(x)$ 与 $y_2(x)$ 在区间 (a,b) 内是**线性无关的**.

例如,函数 $y_1 = \cos x$ 与 $y_2 = \dfrac{1}{3}\cos x$ 在任何区间内都是线性相关的,因为总可以找到 $k_1 = -\dfrac{1}{3}$,$k_2 = 1$,使得 $k_1 y_1 + k_2 y_2 \equiv 0$.

又如,$\cos^2 x$ 与 $\sin^2 x - 1$ 在任何区间内也是线性相关. 因为总可以找到 $k_1 = 1$,$k_2 = 1$,使得 $k_1 \cos^2 x + k_2(\sin^2 x - 1) \equiv 0$.

函数 $\sin x$ 与 $\cos x$ 在任何区间内都是线性无关的,因为假设 $\sin x$ 与 $\cos x$ 是线性相关的,则存在不全为零的常数 k_1,k_2(不妨设 $k_1 \neq 0$),使得 $k_1 \sin x + k_2 \cos x \equiv 0$,即 $\dfrac{\sin x}{\cos x} \equiv -\dfrac{k_2}{k_1}$,但是在任何一个区间都不可能使 $\tan x$ 恒为常数. 所以函数 $\sin x$ 与 $\cos x$ 在任何区间内都是线性无关的.

因此,对于定义在区间 I 上的两个函数 $y_1(x)$ 和 $y_2(x)$,如果其中一个是另一个的常数倍,则这两个函数在区间 I 上线性相关,否则它们是线性无关的.

例如,对于函数 $y_1 = e^{-x}$ 与 $y_2 = 2xe^x$,因为 $\dfrac{y_2}{y_1} = \dfrac{2xe^x}{e^{-x}} = 2xe^{2x}$,不恒为常数,所以 y_1 与 y_2 在 $(-\infty, +\infty)$ 内线性无关.

又如,函数 $y_1 = 6 - 2x$,$y_2 = x - 3$,因为 $\dfrac{y_1}{y_2} = \dfrac{6-2x}{x-3} = -2$,因此 y_1 与 y_2 在 $(-\infty, +\infty)$

内线性相关.

定理 2　（二阶齐次线性微分方程通解结构定理）若 y_1，y_2 是二阶齐次线性微分方程(7.20)的两个线性无关的解，则 $y = C_1 y_1 + C_2 y_2$ 是该方程的通解，其中 C_1，C_2 为任意常数.

定理 2 的证明从略.

例如，方程 $y'' - y = 0$ 是一个二阶齐次线性微分方程，容易看出 $y_1 = e^x$，$y_2 = e^{-x}$ 都是它的解，且 $\dfrac{y_1}{y_2} = e^{2x} \not\equiv$ 常数，即 y_1，y_2 是线性无关的，因此 $y = c_1 e^x + c_2 e^{-x}$ 是方程 $y'' - y = 0$ 的通解.

根据定理 2 知道，只要求得二阶齐次线性微分方程(7.20)的两个线性无关的特解，就可以写出它的通解.

二阶非齐次线性微分方程(7.19)与方程(7.20)的左端相同，右端不同，联想到一阶非齐次线性微分方程(7.11)与其相应的齐次线性微分方程(7.12)也有相类似的特点，从 7.2 节的知识知道，一阶非齐次线性微分方程(7.11)的通解是相应的齐次线性方程(7.12)的通解加上方程(7.11)的一个特解构成的，类比猜测方程(7.19)的通解与方程(7.20)通解之间也有类似的关系. 是否是这样的呢？请看下面.

7.4.2　二阶非齐次线性微分方程解的结构

定理 3　若 y_1 是二阶齐次线性微分方程(7.20)的一个解，y^* 是二阶非齐次线性微分方程(7.19)的一个解，则 $y_1 + y^*$ 也是方程(7.19)的一个解.

证明　已知 $y_1'' + p(x) y_1' + q(x) y_1 \equiv 0$，$(y^*)'' + p(x)(y^*)' + q(x) y^* = f(x)$，

则有 $\qquad (y_1 + y^*)'' + p(x)(y_1 + y^*)' + q(x)(y_1 + y^*)$

$$= [y_1'' + p(x) y_1' + q(x) y_1] + [(y^*)'' + p(x)(y^*)' + q(x) y^*] = f(x),$$

即 $y_1 + y^*$ 是方程(7.19)的一个解.

定理 4　若 y_1，y_2 都是方程(7.19)的两个解，则 $y_1 - y_2$ 是方程(7.20)的一个解.

证明　已知 $y_1'' + p(x) y_1' + q(x) y_1 = f(x)$，$y_2'' + p(x) y_2' + q(x) y_2 = f(x)$，

所以 $\qquad (y_1 - y_2)'' + p(x)(y_1 - y_2)' + q(x)(y_1 - y_2)$

$$= [y_1'' + p(x) y_1' + q(x) y_1] - [y_2'' + p(x) y_2' + q(x) y_2] \equiv 0,$$

即 $y_1 - y_2$ 是方程(7.20)的一个解.

下面给出关于二阶非齐次线性微分方程解的结构.

定理 5　若 y^* 是二阶非齐次线性微分方程(7.19)的一个特解，$Y = C_1 y_1 + C_2 y_2$ 是

方程(7.19)对应的齐次线性方程(7.20)的通解,则 $y=Y+y^*$ 是方程(7.19)的通解.

证明 因为 y^* 与 Y 分别是方程(7.19)和(7.20)的解,所以有

$$(y^*)''+p(x)(y^*)'+q(x)y^*=f(x),$$
$$Y''+p(x)Y'+q(x)Y=0.$$

又因为 $\qquad\qquad y'=Y'+(y^*)', \quad y''=Y''+(y^*)'',$

所以 $\qquad y''+p(x)y'+q(x)y$

$$=[Y''+(y^*)'']+p(x)[Y'+(y^*)']+q(x)(Y+y^*)$$
$$=[Y''+p(x)Y'+q(x)Y]+[(y^*)''+p(x)(y^*)'+q(x)y^*]$$
$$=f(x).$$

这说明 $y=Y+y^*$ 是方程(7.19)的解,又因为 Y 是(7.20)的通解,Y 中含有两个独立的任意常数,所以 $y=Y+y^*$ 中也含有两个独立的任意常数,从而它是方程(7.19)的通解.

例如,方程 $y''+y=x^2$ 是二阶非齐次线性微分方程,$y^*=x^2-2$ 是它的一个特解,相应的齐次方程 $y''+y=0$ 的通解是 $Y=C_1\sin x+C_2\cos x$,因此根据定理 5 知,$y=C_1\sin x+C_2\cos x+x^2-2$ 就是所给非齐次线性微分方程的通解.

在下节中将专门讨论二阶线性微分方程中的一种特殊类型,即二阶常系数线性微分方程的解法,为此先介绍几个常用公式及性质.

欧拉公式:设 θ 是任意实数,i 为虚数单位,则有 $e^{i\theta}=\cos\theta+i\sin\theta$.

设 α,β 是实数,x 是任意的实变量,则有

$$e^{(\alpha+i\beta)x}=e^{\alpha x}e^{i\beta x}=e^{\alpha x}(\cos\beta x+i\sin\beta x),$$
$$e^{i\beta x}=\cos\beta x+i\sin\beta x, \quad e^{-i\beta x}=\cos\beta x-i\sin\beta x,$$

因而

$$\cos\beta t=\frac{1}{2}(e^{i\beta t}+e^{-i\beta t}), \quad \sin\beta t=\frac{1}{2i}(e^{i\beta t}-e^{-i\beta t}).$$

定理 6 若二阶非齐次线性微分方程为

$$y''+p(x)y'+q(x)y=f_1(x)+f_2(x), \tag{7.21}$$

y_1^*,y_2^* 分别是方程

$$y''+p(x)y'+q(x)y=f_1(x) \quad \text{和} \quad y''+p(x)y'+q(x)y=f_2(x)$$

的特解,则 $y_1^*+y_2^*$ 是方程(7.21)的特解.

定理 7 若方程

$$y''+p(x)y'+q(x)y=f_1(x)+if_2(x)$$

有复函数解 $y=y_1+\mathrm{i}y_2$，其中 i 是虚数单位，$p(x),q(x),y_1,y_2,f_1(x),f_2(x)$ 都是实值函数，则解的实部 y_1 是方程 $y''+p(x)y'+q(x)y=f_1(x)$ 的解，解的虚部 y_2 是方程 $y''+p(x)y'+q(x)y=f_2(x)$ 的解.

定理 6 和定理 7 都可用代入法进行证明，在此证明从略.

习 题 7.4

1. 下列方程是线性方程的是（　　）.

A. $t^2\dfrac{\mathrm{d}^2x}{\mathrm{d}t^2}+t\left(\dfrac{\mathrm{d}x}{\mathrm{d}t}\right)^2+t^2x=0$　　　　B. $\dfrac{\mathrm{d}y}{\mathrm{d}x}=x^2+y^2$

C. $xy'''+2y''+x^2y'=\sin y$　　　　D. $\dfrac{\mathrm{d}\rho}{\mathrm{d}\theta}=\rho+\sin^2\theta$

2. 下列函数组哪些是线性相关的？

(1) x 与 x^2；　　　　　　　　(2) e^x 与 $x\mathrm{e}^{2x}$；

(3) $\arcsin x$ 与 $\dfrac{\pi}{2}-\arccos x$；　　(4) $\sin^2x$ 与 $1-\cos^2x$；

(5) $\mathrm{e}^x\sin x$ 与 $\mathrm{e}^{2x}\sin2x$；　　　(6) $\arcsin x$ 与 $2\arcsin x$.

3. 验证 $y_1=\mathrm{e}^{-x}\cos\sqrt2x,y_2=\mathrm{e}^{-x}\sin\sqrt2x$ 都是方程 $y''+2y'+3y=0$ 的解，并写出该方程的通解.

4. 验证 $y_1=C_1\mathrm{e}^x+C_2\mathrm{e}^{2x}+\dfrac{1}{12}\mathrm{e}^{5x}$（$C_1,C_2$ 是任意常数）是方程 $y''-3y'+2y=\mathrm{e}^{5x}$ 的通解.

5. 设下列各题中的两个函数满足某个二阶齐次线性微分方程，试说明它们是线性无关解，并求出这个微分方程及其通解.

(1) x^3,x^4；　　　　　　　　(2) $\mathrm{e}^x,x\mathrm{e}^x$.

6. 已知二阶线性非齐次微分方程的两个特解为 $y_1=1+x+x^2,y_2=2-x+x^3$，相应的齐次方程的一个特解为 $Y_1=x$，求该方程满足初值条件 $y(0)=5,y'(0)=-2$ 的特解.

7. 已知 $y_1(x)=\mathrm{e}^{-x}$ 是齐次方程 $y''+2y'+y=0$ 的一个解，利用变换 $y=u(x)y_1(x)$ 求方程 $y''+2y'+y=0$ 的另一个特解 y_2，并求该方程的通解.

8. 试用观察法分别求方程 $y''+y'=x$ 和 $y''+y'=\mathrm{e}^x$ 的一个特解，并求方程 $y''+y'=x+\mathrm{e}^x$ 的一个特解.

9. 已知微分方程 $y''+\dfrac{x}{1-x}y'-\dfrac{1}{1-x}y=0$ 的一个特解 $y=\mathrm{e}^x$，求该方程的通解.

7.5 二阶常系数线性微分方程

上节介绍了二阶线性微分方程的通解结构,这一节介绍二阶线性微分方程中的一种特殊类型,即二阶常系数线性微分方程的解法.

定义 1 形如

$$y'' + py' + qy = f(x), \tag{7.22}$$

其中 p,q 均为常数,$f(x)$ 为连续函数的方程称为**二阶常系数线性微分方程**.

(1)当 $f(x) \equiv 0$ 时,称

$$y'' + py' + qy = 0 \tag{7.23}$$

为二阶常系数齐次线性微分方程.

(2)当 $f(x) \not\equiv 0$ 时,称式(7.22)为**二阶常系数非齐次线性微分方程**.

此时 $f(x)$ 称为自由项,或非齐次项.

由 7.4 节二阶线性微分方程的通解结构知,要求二阶常系数非齐次线性微分方程(7.22)的通解,必须先求出相应的齐次线性微分方程(7.23)的通解.而根据二阶齐次线性微分方程解的结构定理知道,只要找出方程(7.23)的两个线性无关的特解 y_1 与 y_2,即可得方程(7.23)的通解 $y = C_1 y_1 + C_2 y_2$.那么如何求出方程(7.23)的两个线性无关的解呢?

7.5.1 二阶常系数齐次线性微分方程的解法

观察二阶常系数齐次线性微分方程 $y'' + py' + qy = 0$,由于 p,q 是常数,意味着未知函数 y,y' 与 y'' 的函数形式相同,联想到指数函数 $\mathrm{e}^{\lambda x}$ 正好具有这种性质,因此猜测 $y = \mathrm{e}^{\lambda x}$ 是方程(7.23)的解.

将 $y = \mathrm{e}^{\lambda x}$,$y' = \lambda \mathrm{e}^{\lambda x}$,$y'' = \lambda^2 \mathrm{e}^{\lambda x}$ 代入方程(7.23),得

$$\mathrm{e}^{\lambda x}(\lambda^2 + p\lambda + q) = 0,$$

有
$$\lambda^2 + p\lambda + q = 0. \tag{7.24}$$

也就是说,只要 λ 是代数方程(7.24)的根,那么 $y = \mathrm{e}^{\lambda x}$ 就是二阶常系数齐次线性微分方程(7.23)的解.于是微分方程(7.23)的求解问题,就转化为求代数方程(7.24)的根的问题,代数方程(7.24)称为微分方程(7.23)的**特征方程**.特征方程的根称为**特征根**.

由于特征方程的一个根 λ 就对应于微分方程(7.23)的一个解 $y = \mathrm{e}^{\lambda x}$.下面根据特征方程(7.24)不同的特征根的情形,讨论与它相应的微分方程(7.23)的通解.

(1)当 $p^2-4q>0$ 时,特征方程(7.24)有两个不相等的实根 λ_1 及 λ_2,即 $\lambda_1 \neq \lambda_2$,此时方程(7.23)有两个对应的特解 $y_1=\mathrm{e}^{\lambda_1 x}$ 与 $y_2=\mathrm{e}^{\lambda_2 x}$,并且 $\dfrac{y_1}{y_2}=\dfrac{\mathrm{e}^{\lambda_1 x}}{\mathrm{e}^{\lambda_2 x}}=\mathrm{e}^{(\lambda_1-\lambda_2)x}$ 不是常数,即 y_1,y_2 线性无关,根据 7.4 节定理 2,方程(7.23)的通解为

$$y=C_1\mathrm{e}^{\lambda_1 x}+C_2\mathrm{e}^{\lambda_2 x}\quad(C_1,C_2 \text{ 为任意常数}).$$

例 1　求微分方程 $y''+4y'-5y=0$ 的通解.

解　这是二阶常系数齐次线性微分方程.

特征方程为 $\lambda^2+4\lambda-5=0$,即

$$(\lambda-1)(\lambda+5)=0,$$

解得

$$\lambda_1=1,\lambda_2=-5,$$

故所求通解为

$$y=C_1\mathrm{e}^x+C_2\mathrm{e}^{-5x}\quad(C_1,C_2 \text{ 为任意常数}).$$

(2)当 $p^2-4q=0$ 时,特征方程(7.24)有两个相等的实根 $\lambda_1=\lambda_2=-\dfrac{p}{2}=\lambda$,这时只得到方程(7.23)的一个特解 $y_1=\mathrm{e}^{\lambda x}$,还需要找一个与 y_1 线性无关的另一个解 y_2.

设 $\dfrac{y_2}{y_1}=u(x)$(不是常数),其中 $u(x)$ 为待定函数,假设 y_2 是方程(7.23)的解,则

$$y_2=u(x)y_1=u(x)\mathrm{e}^{\lambda x},$$

因为

$$y_2'=\mathrm{e}^{\lambda x}(u'+\lambda u),\quad y_2''=\mathrm{e}^{\lambda x}(u''+2\lambda u'+\lambda^2 u),$$

将 y_2,y_2',y_2'' 代入方程(7.23)得

$$\mathrm{e}^{\lambda x}[(u''+2\lambda u'+\lambda^2 u)+p(u'+\lambda u)+qu]=0,$$

由于对任意的 $\lambda,\mathrm{e}^{\lambda x}\neq 0$,有

$$u''+(2\lambda+p)u'+(\lambda^2+p\lambda+q)u=0,$$

因为 λ 是特征方程的重根,故 $\lambda^2+p\lambda+q=0,2\lambda+p=0$,根据上式得到 $u''=0$.

也就是只要 $u''=0$,则 $y_2=u(x)\mathrm{e}^{\lambda x}$ 就是方程(7.23)的一个解.取满足该方程的最简单的不为常数的函数 $u=x$.从而 $y_2=x\mathrm{e}^{\lambda x}$ 是方程(7.23)的一个与 $y_1=\mathrm{e}^{\lambda x}$ 线性无关的解.所以方程(7.23)的通解为

$$y=(C_1+C_2x)\mathrm{e}^{\lambda x}\quad(C_1,C_2 \text{ 为任意常数}).$$

例 2　求微分方程 $\dfrac{\mathrm{d}^2 s}{\mathrm{d}t^2}+2\dfrac{\mathrm{d}s}{\mathrm{d}t}+s=0$ 满足初值条件 $s\big|_{t=0}=4,s'\big|_{t=0}=-2$ 的特解.

解　特征方程为 $\lambda^2+2\lambda+1=0$,解得 $\lambda_1=\lambda_2=-1$,故方程的通解为

$$s=(C_1+C_2t)\mathrm{e}^{-t},$$

代入初值条件 $s\big|_{t=0}=4,s'\big|_{t=0}=-2$,得

$$C_1 = 4, \quad C_2 = 2,$$

所以原方程满足初值条件的特解为 $s = (4+2t)\mathrm{e}^{-t}$.

(3)当 $p^2 - 4q < 0$ 时,特征方程(7.24)有一对共轭复根 $r_1 = \alpha + \mathrm{i}\beta, r_2 = \alpha - \mathrm{i}\beta$,其中 $\alpha = -\dfrac{p}{2}, \beta = \dfrac{\sqrt{4q-p^2}}{2}$,这时方程(7.23)有两个复数形式的解为

$$y_1 = \mathrm{e}^{(\alpha+\mathrm{i}\beta)x}, \quad y_2 = \mathrm{e}^{(\alpha-\mathrm{i}\beta)x}.$$

在实际问题中,常用的是实数形式的解,根据欧拉公式可得

$$y_1 = \mathrm{e}^{\alpha x}(\cos\beta x + \mathrm{i}\sin\beta x), \quad y_2 = \mathrm{e}^{\alpha x}(\cos\beta x - \mathrm{i}\sin\beta x),$$

于是有 $\dfrac{1}{2}(y_1+y_2) = \mathrm{e}^{\alpha x}\cos\beta x, \dfrac{1}{2\mathrm{i}}(y_1-y_2) = \mathrm{e}^{\alpha x}\sin\beta x$,由 7.4 节定理 1 知,函数 $\mathrm{e}^{\alpha x}\cos\beta x$ 与 $\mathrm{e}^{\alpha x}\sin\beta x$ 均为方程(7.23)的解,且它们线性无关,因此方程(7.24)的通解为

$$y = \mathrm{e}^{\alpha x}(C_1\cos\beta x + C_2\sin\beta x) \quad (C_1, C_2 \text{ 为任意常数}).$$

例 3　求微分方程 $\dfrac{\mathrm{d}^2 y}{\mathrm{d}x^2} - 2\dfrac{\mathrm{d}y}{\mathrm{d}x} + 5y = 0$ 的通解.

解　原方程的特征方程为 $\lambda^2 - 2\lambda + 5 = 0$,于是 $\lambda_{1,2} = 1 \pm 2\mathrm{i}$ 是一对共轭复根,这里实部 $\alpha = 1$,虚部 $\beta = 2$.

因此所求方程的通解为 $y = \mathrm{e}^x(C_1\cos 2x + C_2\sin 2x)$.

综上所述,一般求二阶常系数齐次线性微分方程

$$y'' + py' + qy = 0$$

的通解步骤如下:

(1) 写出特征方程 $\lambda^2 + p\lambda + q = 0$;

(2)求出特征方程的两个特征根 λ_1, λ_2;

(3)根据两个特征根的不同情况,分别写出微分方程的通解:

特征方程 $\lambda^2+p\lambda+q=0$ 的两个根 λ_1, λ_2	微分方程 $y''+py'+qy=0$ 的两个线性无关的解	微分方程 $y''+py'+qy=0$ 的通解
两个不相等的实根 $r_1 \neq r_2$	$\mathrm{e}^{\lambda_1 x}, \mathrm{e}^{\lambda_2 x}$	$y = C_1\mathrm{e}^{\lambda_1 x} + C_2\mathrm{e}^{\lambda_2 x}$
两个相等的实根 $\lambda = \lambda_1 = \lambda_2$	$\mathrm{e}^{\lambda x}, x\mathrm{e}^{\lambda x}$	$y = (C_1 + C_2 x)\mathrm{e}^{\lambda x}$
一对共轭复根 $\lambda_{1,2} = \alpha \pm \mathrm{i}\beta$	$\mathrm{e}^{\alpha x}\cos\beta x, \mathrm{e}^{\alpha x}\sin\beta x$	$y = (C_1\cos\beta x + C_2\sin\beta x)\mathrm{e}^{\alpha x}$

可以将上述结论推广到 n 阶常系数齐次线性微分方程.

设 n 阶常系数齐次线性微分方程

$$y^{(n)} + p_1 y^{(n-1)} + \cdots + p_{n-1}y' + p_n y = 0, \tag{7.25}$$

其中 $p_1, p_2, \cdots, p_n$ 都是常数,则方程(7.25)的特征方程为

$$\lambda^n + p_1\lambda^{n-1} + \cdots + p_{n-1}\lambda + p_n = 0. \tag{7.26}$$

如果 r 是特征方程(7.26)的根,则 e^{rx} 就是微分方程(7.25)的一个解.根据特征方

程的根,可以写出其对应的微分方程的解:

特征方程(7.26)的根	微分方程(7.25)通解中的对应项
单实根 r	给出一项: Ce^{rx}
一对单复根 $r_{1,2} = \alpha \pm i\beta$	给出两项: $e^{\alpha x}(C_1 \cos \beta x + C_2 \sin \beta x)$
k 重实根 r	给出 k 项: $e^{rx}(C_1 + C_2 x + \cdots + C_k x^{k-1})$
一对 k 重复根	给出 $2k$ 项: $e^{rx}[(C_1 + C_2 x + \cdots + C_k x^{k-1})\cos \beta x + (C_{k+1} + C_{k+2} x + \cdots + C_{2k} x^{k-1})\sin \beta x]$

例 4　求方程 $y^{(4)} - y''' + y'' = 0$ 的通解.

解　特征方程为 $r^4 - r^3 + r^2 = 0$.

由于 $r^4 - r^3 + r^2 = r^2(r^2 - r + 1)$,所以特征方程的根为

$$r_{1,2} = 0, \quad r_{3,4} = \frac{1 \pm \sqrt{3}\,i}{2},$$

因此所给方程的通解为

$$y = e^{0 \cdot x}(C_1 + C_2 x) + e^{\frac{1}{2}x}\left(C_3 \cos \frac{\sqrt{3}}{2}x + C_4 \sin \frac{\sqrt{3}}{2}x\right)$$

$$= C_1 + C_2 x + e^{\frac{1}{2}x}\left(C_3 \cos \frac{\sqrt{3}}{2}x + C_4 \sin \frac{\sqrt{3}}{2}x\right).$$

7.5.2　二阶常系数非齐次线性微分方程的解法

对二阶常系数非齐次线性微分方程(7.22),如何求它的通解呢? 根据二阶非齐次线性方程解的结构定理可知,只要求出它对应的齐次方程(7.23)的通解 Y 和它自身的一个特解 y^* 就可以了. 上节已经介绍了求二阶常系数齐次线性微分方程通解的方法,接下来的就是如何求方程(7.22)的一个特解 y^* 的问题了.

求特解显然是与它的非齐次项有关的,以下介绍几种简单的非齐次项形式的求特解的方法.

1. $f(x) = P_m(x)e^{\lambda x}$ 的情形

方程(7.22)成为

$$y'' + py' + qy = P_m(x)e^{\lambda x}, \tag{7.27}$$

其中 $P_m(x)$ 是 x 的 m 次多项式,λ 是实常数或复常数.

观察方程(7.27),等式右边为多项式函数与指数函数的乘积,由于多项式函数与指数函数乘积的导数仍为多项式函数与指数函数的积,且方程(7.27)左端的系数均为

常数,因而有理由猜测它应该有多项式函数与指数函数的乘积形式的特解,故可设其特解 $y^* = Q(x)e^{\lambda x}$,其中 $Q(x)$ 是待定的多项式函数.

对 y^* 求导,有
$$(y^*)' = e^{\lambda x}[Q'(x) + \lambda Q(x)],$$
$$(y^*)'' = e^{\lambda x}[Q''(x) + 2\lambda Q'(x) + \lambda^2 Q(x)],$$

把 $y^*,(y^*)',(y^*)''$ 代入方程(7.27),消去 $e^{\lambda x}$,得

$$Q''(x) + (2\lambda + p)Q'(x) + (\lambda^2 + p\lambda + q)Q(x) = P_m(x). \tag{7.28}$$

(Ⅰ)当 λ 不是特征方程 $r^2 + pr + q = 0$ 的根时,即 $\lambda^2 + p\lambda + q \neq 0$,由于式(7.28)的右端是 x 的 m 次多项式,而多项式函数 $Q(x)$ 求导之后次数会降低,因此式(7.28)的左端的最高次项就出现在 $Q(x)$ 中,也就是 $Q(x)$ 是 x 的 m 次多项式,此时可设特解形式为 $y^* = Q(x)e^{\lambda x}$.其中 $Q(x)$ 为待定的 m 次多项式函数,即 $Q(x) = b_0 x^m + b_1 x^{m-1} + \cdots b_{m-1}x + b_m, b_i(i=0,1,2\cdots,m)$ 是待定系数.

将 $y^* = Q(x)e^{\lambda x}$ 代入方程(7.27)中,并通过比较两端 x 的同次幂系数来确定 $b_i(i=0,1,2,\cdots,m)$.

(Ⅱ)当 λ 是特征方程的单根时,必有 $\lambda^2 + p\lambda + q = 0$,而 $2\lambda + p \neq 0$.式(7.28)的左端的最高次项就出现在 $Q'(x)$ 中,也就是 $Q'(x)$ 是 x 的 m 次多项式,$Q(x)$ 是 $m+1$ 次多项式.此时可设特解形式为 $y^* = xQ_m(x)e^{\lambda x}$,其中 $Q_m(x)$ 为待定的 m 次多项式函数,可用与(Ⅰ)同样的方法来确定 $Q_m(x)$ 中的系数 $b_i(i=0,1,2,\cdots,m)$.

(Ⅲ)当 λ 是特征方程的二重根时,必有 $\lambda^2 + p\lambda + q = 0$ 且 $2\lambda + p = 0$.式(7.28)的左端的最高次项就出现在 $Q''(x)$ 中,也就是 $Q''(x)$ 是 x 的 m 次多项式,$Q(x)$ 是 $m+2$ 次多项式,此时可设特解形式为 $y^* = x^2 Q_m(x)e^{\lambda x}$,其中 $Q_m(x)$ 为待定的 m 次多项式函数,可用与(Ⅰ)同样的方法来确定 $Q_m(x)$ 中的系数 $b_i(i=0,1,2,\cdots,m)$.

综上所述,如果 $f(x) = P_m(x)e^{\lambda x}$,则方程(7.27)有如下形式的特解

$$y = x^k Q_m(x)e^{\lambda x},$$

其中 $Q_m(x)$ 是与 $P_m(x)$ 同次的 m 次多项式的一般形式,按 λ 不是特征方程的根、是特征方程的单根或是二重根,k 分别取 0、1 或 2.再运用待定系数法求解 $Q_m(x)$,最后得到方程(7.27)的一个特解.

注意:运用上述方法时,首先要将微分方程化为方程(7.27)的形式.

例 5　求微分方程 $y'' + 2y' - 3y = 2x - 1$ 的通解.

解　(1)先求所给方程对应的齐次方程的通解.

特征方程 $\lambda^2 + 2\lambda - 3 = 0$ 的两个特征根是 $\lambda_1 = 1, \lambda_2 = -3$,所以对应齐次方程的通解为 $Y = C_1 e^x + C_2 e^{-3x}$.

(2)求所给方程的一个特解.

因为方程右端 $f(x)=2x-1=(2x-1)\mathrm{e}^{0\cdot x}$，属 $P_1(x)\mathrm{e}^{\lambda x}$ 型，$\lambda=0$ 不是特征方程的根，所以应设特解为 $y^*=x^0 Q(x)\mathrm{e}^{0\cdot x}=ax+b$.

又 $(y^*)'=a,(y^*)''=0$，将 $y^*,(y^*)',(y^*)''$ 代入所给方程，得

$$-3ax+2a-3b=2x-1,$$

比较两端 x 同次幂的系数，得 $\begin{cases} -3a=2 \\ 2a-3b=-1 \end{cases}$，

解得

$$a=\frac{-2}{3},b=\frac{-1}{9},$$

于是 $y^*=-\dfrac{2}{3}x-\dfrac{1}{9}$ 为所给方程的一个特解.

(3)写出所给方程的通解

$$y=Y+y^*=C_1\mathrm{e}^x+C_2\mathrm{e}^{-3x}-\frac{2}{3}x-\frac{1}{9}.$$

例 6　求微分方程 $y''+6y'+9y=5x\mathrm{e}^{-3x}$ 的通解.

解　(1)先求所给方程对应的齐次方程的通解.

特征方程为 $r^2+6r+9=0$，特征根 $r_1=r_2=-3$，所以齐次方程的通解为

$$Y=(C_1+C_2 x)\mathrm{e}^{-3x}.$$

(2)再求所给方程的一个特解.

因为方程右端 $f(x)=5x\mathrm{e}^{-3x}$，属 $P_1(x)\mathrm{e}^{\lambda x}$ 型，其中 $P_1(x)=5x,\lambda=-3$，且 $\lambda=-3$ 是特征方程的重根，故设特解为

$$y^*=x^2(b_0 x+b_1)\mathrm{e}^{-3x}.$$

因为　　　$(y^*)'=\mathrm{e}^{-3x}[-3b_0 x^3+3(b_0-b_1)x^2+2b_1 x]$，

$$(y^*)''=\mathrm{e}^{-3x}[9b_0 x^3-(18b_0-9b_1)x^2+(6b_0-12b_1)x+2b_1],$$

将 $y^*,(y^*)',(y^*)''$ 代入原方程并整理，得

$$6b_0 x+2b_1=5x,$$

比较两端 x 同次幂的系数，得 $b_0=\dfrac{5}{6},b_1=0$，于是

$$y^*=\frac{5}{6}x^3\mathrm{e}^{-3x},$$

(3)所给方程的通解为　　　$y=\left(C_1+C_2 x+\dfrac{5}{6}x^3\right)\mathrm{e}^{-3x}.$

2. $f(x)=\mathrm{e}^{\alpha x}p_m(x)\cos\beta x$ 或 $f(x)=\mathrm{e}^{\alpha x}p_m(x)\sin\beta x$ 类型

根据欧拉公式 $\mathrm{e}^{\mathrm{i}\beta x}=\cos\beta x+\mathrm{i}\sin\beta x$，因此构造微分方程

$$y''+py'+q=\mathrm{e}^{\alpha x}P_m(x)\mathrm{e}^{\mathrm{i}\beta x}=P_m(x)\mathrm{e}^{(\alpha+\mathrm{i}\beta)x} \qquad\qquad (7.29)$$

$$= P_m(x)e^{\alpha x}\cos\beta x + iP_m(x)e^{\alpha x}\sin\beta x.$$

方程(7.29)是二阶常系数非齐次线性微分方程,非齐次项正好是前面方程(7.27)类型,设利用前面方法求得方程(7.29)的特解为 $y^* = y_1^* + iy_2^*$(y_1^* 与 y_2^* 都是实值函数),则根据7.4节定理7知:

y_1^* 是微分方程 $y'' + py' + q = P_m(x)e^{\alpha x}\cos\beta x$ 的一个特解;

y_2^* 是微分方程 $y'' + py' + q = P_m(x)e^{\alpha x}\sin\beta x$ 的一个特解.

例7 求方程 $y'' - y = 4\cos x$ 的一个特解.

解 由欧拉公式知 $e^{ix} = \cos x + i\sin x$,故先求方程 $y'' - y = 4e^{ix}$ 的一个特解.

特征方程为 $r^2 - 1 = 0$,知 $r_{1,2} = \pm 1$,因此 $\lambda = i$ 不是特征方程的根.

故设特解为 $y^* = x^0 ae^{ix} = ae^{ix}$,有 $(y^*)' = aie^{ix}$,$(y^*)'' = -ae^{ix}$. 将它们代入 $y'' - y = 4e^{ix}$,得

$$(-a - a)e^{ix} = 4e^{ix},$$

解得 $a = -2$,因此 $y^* = -2e^{ix} = -2\cos x + i\cdot(-2\sin x)$.

所以原方程 $y'' - y = 4\cos x$ 的一个特解是 $y_1^* = -2\cos x$.

同时也可以得到方程 $y'' - y = 4\sin x$ 的一个特解是 $y_1^* = -2\sin x$.

3. $f(x) = e^{\alpha x}[p_m(x)\cos\beta x + q_n(x)\sin\beta x]$ 类型

其中 $p_m(x), q_n(x)$ 分别是 x 的 m 与 n 次多项式,常数 α, β 都为实数.

方程
$$y'' + py' + q = e^{\alpha x}[p_m(x)\cos\beta x + q_n(x)\sin\beta x] \tag{7.30}$$

具有如下形式的特解:

$$y^* = x^k e^{\alpha x}[A_l(x)\cos\beta x + B_l(x)\sin\beta x], \tag{7.31}$$

其中 $A_l(x), B_l(x)$ 是 $l = \max\{m, n\}$ 次多项式的一般形式. 当 $\alpha + i\beta$(或 $\alpha - i\beta$)不是特征根时,$k = 0$;当 $\alpha + i\beta$(或 $\alpha - i\beta$)是特征根时,$k = 1$.

将式(7.31)代入方程(7.30),用比较系数法,求出 $A_l(x), B_l(x)$ 即可.

例8 求微分方程 $y'' - y = e^{-x}\cos x$ 的一个特解.

解 特征方程是 $\lambda^2 - 1 = 0$,解得 $\lambda_{1,2} = \pm 1$.

非齐次项可以写成 $f(x) = e^{-x}(\cos x + 0\sin x)$(首先要将原微分方程化为方程(7.30)形式),这里 $\alpha = -1, \beta = 1, p_m(x) = 1, q_n(x) = 0$,$p_m(x)$ 与 $q_n(x)$ 都是零次多项式.

因为 $\alpha + i\beta = -1 + i$ 不是特征根,所以设特解为 $y^* = e^{-x}(A\cos x + B\sin x)$.

则 $(y^*)' = e^{-x}(-A\sin x + B\cos x) - e^{-x}(A\cos x + B\sin x)$

$\qquad = e^{-x}[(-A - B)\sin x + (B - A)\cos x],$

$(y^*)'' = e^{-x}[(-A - B)\cos x - (B - A)\sin x] - e^{-x}[(-A - B)\sin x + (B - A)\cos x]$

$\qquad = e^{-x}(-2B\cos x + 2A\sin x),$

将 $y^*,(y^*)',(y^*)''$ 代入所给方程,得

$$(2A-B)\sin x-(A+2B)\cos x=\cos x,$$

比较方程两端同类项系数,有 $\begin{cases}2A-B=0\\A+2B=-1\end{cases}$,

解得 $A=-\dfrac{1}{5},B=-\dfrac{2}{5}$,于是求得一个特解

$$y^*=-\frac{1}{5}\mathrm{e}^{-x}(\cos x+2\sin x),$$

所以方程的通解为 $y=C_1\mathrm{e}^x+C_2\mathrm{e}^{-x}-\dfrac{1}{5}\mathrm{e}^{-x}(\cos x+2\sin x).$

例 9 求 $y''+y=x^2+\cos x$ 满足初值条件 $y|_{x=0}=0,y'|_{x=0}=1$ 的特解.

解 首先观察方程是二阶常系数非齐次线性微分方程,但它的非齐次项是两种不同形式的函数相加,根据 7.4 节定理 6,可以把它分解为两个方程.

$$y''+y=x^2, \tag{7.32}$$
$$y''+y=\cos x, \tag{7.33}$$

分别求它们的特解 y_1^*,y_2^*.

所给方程对应的特征方程为 $\lambda^2+1=0$,特征根为 $\lambda_{1,2}=\pm\mathrm{i}$,对应的齐次方程的通解为
$$Y=C_1\cos x+C_2\sin x.$$

再设
$$y_1^*=Ax^2+Bx+C,\qquad y_2^*=x(A_1\cos x+B_1\sin x)$$

分别是方程(7.32)与方程(7.33)的特解,并代入各自方程,用待定系数法分别可以求得

$$A=1,B=0,C=-2;\quad A_1=0,B_1=\frac{1}{2},$$

于是求得方程(7.32)的一个特解是 $y_1^*=x^2-2$,方程(7.33)的一个特解是 $y_2^*=\dfrac{1}{2}x\sin x$.

根据 7.4 节定理 6,$y_1^*+y_2^*=x^2-2+\dfrac{1}{2}x\sin x$ 是所给方程的一个特解.

故原方程的通解为

$$y=Y+y_1^*+y_2^*=C_1\cos x+C_2\sin x+x^2-2+\frac{1}{2}x\sin x.$$

再把初值条件 $y|_{x=0}=0,y'|_{x=0}=1$ 代入,得 $C_1=2,C_2=1$.

因此,所给方程满足初值条件的特解为

$$y=2\cos x+\sin x+x^2+\frac{1}{2}x\sin x-2.$$

习 题 7.5

1.求下列微分方程的通解：

(1)$y''-4y'+3y=0$；

(2)$y''-4y'+4y=0$；

(3)$y''+2y'+8y=0$；

(4)$y''+y=0$；

(5)$y''-2y'+5y=0$；

(6)$y''-3y'+7y=0$；

(7)$y''-2y'-4y=0$；

(8)$4\dfrac{d^2x}{dt^2}-20\dfrac{dx}{dt}+25x=0$.

2.求下列微分方程满足初值条件的特解：

(1)$x''-4x'+3x=0,x\big|_{t=0}=6,x'\big|_{t=0}=10$；

(2)$y''-2y'+y=0,y\big|_{x=0}=1,y'\big|_{x=0}=3$；

(3)$y''+4y=0,y\big|_{x=0}=2,y'\big|_{x=0}=6$.

3.写出下列微分方程的特解形式：

(1)$y''+5y'+4y=x^2$；

(2)$y''+y'=(x^2+1)e^{-x}$；

(3)$2y''-3y=e^x$；

(4)$y''+3y'-4y=e^x(x\cos 2x+\sin 2x)$；

(5)$4y''+12y'+9y=e^{-\frac{3}{2}x}$；

(6)$y''+y'-2y=e^{2x}\cos^2 x$；

(7)$y''-4y'+8y=e^{2x}(1+\sin 2x)$；

(8)$2y''-3y'-2y=xe^x+e^{2x}$.

4.已知 $y_1=e^{3x}-xe^{2x},y_2=e^x-xe^{2x},y_3=-xe^{2x}$ 是某二阶常系数非齐次线性微分方程的三个解，求该方程的通解.

5.已知微分方程 $y''+ay'+by=ce^x$ 的通解为 $y=(C_1+C_2x)e^{-x}+e^x$，求 a,b,c.

6.求下列微分方程的通解：

(1)$2y''+y'-y=e^x$；

(2)$2y''+5y'=5x^2-2x-1$；

(3)$y''+y'-2y=xe^{-x}$；

(4)$y''-6y'+9y=e^{3x}$；

(5)$y''+4y=x\sin x$；

(6)$y''-y'+4y=e^x\cos x$；

(7)$y''-2y'+5y=e^x\sin 2x$；

(8)$y''+y=e^x+\cos x$.

7. 求解 $f'(x)+2f(x)+5\displaystyle\int_0^x f(x)dx+\cos 3x=0,f(0)=f'(0)=0$.

8.一拉紧的弹簧所受到的拉力与它的长度伸长成正比例，当长度增长 1 cm 时，弹簧拉力为 10 N，今有重 2 kg 的物体挂在弹簧的下端而保持平衡，如果将它稍向下拉，然后再放开，试求弹簧所产生的振动运动的周期.

9.已知二阶线性非齐次微分方程的三个特解为

$$y_1 = x - (x^2 + 1), \quad y_2 = 3e^x - (x^2 + 1), \quad y_3 = 2x - e^x - (x^2 + 1).$$

求该方程满足初始条件 $y(0) = 0, y'(0) = 0$ 特解.

10.已知常系数线性齐次方程的特征根如下,试写出相应的阶数最低的微分方程:

(1)$\lambda_1 = -2, \lambda_2 = 3$;　　(2)$\lambda_1 = \lambda_2 = 1$;　　(3) $\lambda_1 = 1 - i, \lambda_2 = 1 + i.$

11. 设 $f(x) = \sin x + \int_0^x tf(t)dt - x\int_0^x f(t)dt$,其中 $f(x)$ 为连续函数,求 $f(x)$.

12.方程 $y'' + 9y = 0$ 的一条积分曲线通过$(\pi, -1)$,且在该点和直线 $y + 1 = x - \pi$ 相切,求此曲线方程.

13.质点做直线运动,其加速度为 $a = -s + \cos t$,且当 $t = 0$ 时,$s = 0, s' = 1$,求该质点的运动方程.

14. 已知函数 $f(x)$ 连续,且满足 $f(x) = \sin x - \int_0^x (x - t)f(t)dt$,求 $f(x)$.

第8章

空间解析几何

在自然科学和工程技术中所遇到的问题往往涉及多个变量的函数,即多元函数,而多元函数的图形是空间图形,如果用纯几何的方法来研究往往是比较困难的,因此,可以借鉴平面解析几何的思想,在空间解析几何中,通过建立空间直角坐标系,使空间上的点与一个三元有序数组建立起一一对应的关系,从而将空间几何问题转化为代数问题来解决.

本章的8.1节引进空间直角坐标系,8.2节和8.3节简介向量代数基本概念及性质,8.4节简介最基本的空间曲面与曲线.学习好本章内容,有助于以后多元微积分以及物理学的学习.

8.1 空间直角坐标系与向量的概念

8.1.1 空间直角坐标系

1.空间直角坐标系的定义

定义 1 过空间一定点 O 作三条以 O 为原点、以相同长度为量度单位且两两相互垂直的数轴,这三条数轴分别称为 **x 轴、y 轴、z 轴**.这样建立起来的坐标系称为**空间直角坐标系**.

对于空间直角坐标系,通常有左手系和右手系.

伸出右手,如果 x 轴、y 轴、z 轴的方向满足:右手并拢的四指先指向 x 轴正向,再沿逆时针方向弯曲 $90°$ 指向 y 轴正向,此时大拇指所指的方向为 z 轴的正向.这就是右手系(见图 8-1).

伸出左手,如果 x 轴、y 轴、z 轴的方向满足:左手并拢的四指先指向 x 轴正向,再沿顺时针方向弯曲 $90°$ 指向 y 轴正向,此时大拇指所指的方向为 z 轴的正向.这就是左手系(见图 8-2).

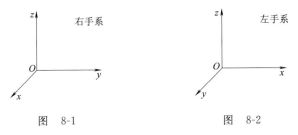

图　8-1　　　　　　　　　　图　8-2

常用的空间直角坐标系是右手系,今后除特别声明之外,所说的直角坐标系都是指右手系,通常记为 O-xyz.

在空间直角坐标系 O-xyz 中,x 轴、y 轴与 z 轴统称为**坐标轴**(有时分别称为横轴、纵轴与竖轴),任意两条坐标轴确定的平面称为**坐标面**,如由 x 轴、y 轴确定 xOy 坐标平面(简称 xOy 平面),同样有 xOz 坐标平面(简称 xOz 平面),yOz 坐标平面(简称 yOz 平面).这三个坐标面将空间分为八个部分,每个部分称为**卦限**,这八个部分分别称为第 I 卦限,第 II 卦限,…,第 VIII 卦限(见图 8-3).

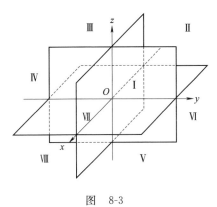

图　8-3

2. 点的坐标

在建立了空间直角坐标系 O-xyz 的空间中任取一点 M,过 M 点分别作垂直于 x 轴、y 轴、z 轴的平面,这三个平面与坐标轴的交点分别为 P,Q,R,设 P 点在 x 轴上的坐标为 x,Q 点在 y 轴上的坐标为 y,R 点在 z 轴上的坐标为 z,若不改变坐标的次序,就得到一个有序数组 (x,y,z);反之,若给定一个有序数组 (x,y,z),设在 x 轴上以 x 为坐标的点为 P,在 y 轴上以 y 为坐标的点为 Q,在 z 轴上以 z 为坐标的点为 R,过点 P,Q,R 分别作垂直于 x 轴、y 轴、z 轴的平面,这三个平面有唯一的一个交点,设交点为 M,这样一个有序数组 (x,y,z) 就唯一地确定了空间中的一个点 M(见图 8-4).

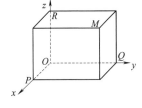

图　8-4

因此,在建立了空间直角坐标系 O-xyz 中点 M 与一组有序数组 (x,y,z) 一一对应后,有序数组 (x,y,z) 称为点 M 的坐标,x 称为横坐标(或 x 坐标),y 称为纵坐标(或 y 坐标),z 称为竖坐标(或 z 坐标).显然,原点的坐标为 $(0,0,0)$,xOy 坐标面上任一点的

竖坐标为 0 , xOz 坐标面上任一点的纵坐标为 0 , yOz 坐标面上任一点的横坐标为 0 .

定义 2　若连接 P,Q 两点的线段 PQ 垂直 xOy 平面,且被 xOy 平面平分,则称 P 点与 Q 点关于 xOy 平面对称.

显然与点 $P(x,y,z)$ 关于 xOy 平面对称的点的坐标为 $(x,y,-z)$;与点 $P(x,y,z)$ 关于 xOz 平面对称的点的坐标为 $(x,-y,z)$;与点 $P(x,y,z)$ 关于 yOz 平面对称的点的坐标为 $(-x,y,z)$.

定义 3　若连接 P,Q 两点的线段 PQ 与 z 轴垂直相交,且被 z 轴平分,则称 P 点与 Q 点关于 z 轴对称.

显然,与点 $P(x,y,z)$ 关于 x 轴对称的点的坐标为 $(x,-y,-z)$;与点 $P(x,y,z)$ 关于 y 轴对称的点的坐标为 $(-x,y,-z)$;与点 $P(x,y,z)$ 关于 z 轴对称的点的坐标为 $(-x,-y,z)$.

例 1　自点 $M(x,y,z)$ 分别作各坐标面和坐标轴的垂线,写出各垂足的坐标.

解　自 $M(x,y,z)$ 分别作 xOy,xOz,yOz 面的垂线,垂足分别为 P,Q,R ,则 $P(x,y,0),Q(x,0,z),R(0,y,z)$.

自 $M(x,y,z)$ 分别作 x 轴, y 轴, z 轴的垂线,垂足分别为 A,B,C ,则 $A(x,0,0)$, $B(0,y,0),C(0,0,z)$.

8.1.2　向量的概念及其线性运算

1.向量的概念

经常遇到的量有两种:一种是**数量**,它是用一个数就可表示大小的量,如长度、质量、面积、体积等;另一种是**向量**,它是既有大小又有方向的量,如速度、力等.

在几何上常用一个有向线段来表示一个向量,有向线段的长度表示向量的大小,有向线段的方向表示向量的方向.

向量的表示方法:一种是用小写黑体英文字母或用小写英文字母上面加箭头表示,如 a,b,c 或 $\vec{a},\vec{b},\vec{c}$,另一种是用两个大写英文字母写出向量的起点与终点,上面加箭头,起点写在左边,终点写在右边,如向量 $\overrightarrow{AB}$.

向量的大小称为**向量的模**.用 $|a|$, $|\overrightarrow{AB}|$ 表示向量的模.

定义 4　若两个向量 a 与 b 的大小相等、方向相同,则称这两个**向量相等**.记为 $a=b$.

显然,一个向量在平行的移动过程中,向量保持不变.

特别地,称模为 1 的向量为**单位向量**,模为 0 的向量为**零向量**,记为 $\mathbf{0}$,规定零向量的方向为任意方向;起点在坐标原点 O 的向量 $\overrightarrow{OM}$ 称为点 M 对于点 O 的径向(或矢径);与向量 a 的大小相等,方向相反向量称为 a 的**反向量**(负向量),记为 $-a$.

注意:(1)手写的时候用 $\vec{a}$ 形式;

     (2)向量的有向线段表示法中,一定是由起点指向终点.

2.向量的线性运算

(1)向量的加法.

下面来介绍向量加法的平行四边形法则与三角形法则.

法则1(平行四边形法则) 将向量 **a** 与 **b** 的起点放在同一点 A,以 **a** 和 **b** 为邻边作平行四边形,则从起点 A 指向这个平行四边形对角顶点 B 的向量称为 **a** 与 **b** 的**和向量**,记为 **a**+**b**,如图8-5所示.

法则2(三角形法则) 将向量 **a** 的终点作为向量 **b** 的起点,则从 **a** 的起点指向 **b** 的终点的向量称为 **a** 与 **b** 的**和向量**,记为 **a**+**b**,如图8-6所示.

图 8-5   图 8-6

向量加法的三角形法则可推广应用到有限个向量相加.如向量 $a_1,a_2\cdots,a_n$,将这些向量的起点与终点顺次相连,则第一个向量的起点指向最后一个向量终点的向量 **m**,即为 $m=a_1+a_2+\cdots+a_n$,如图8-7所示.

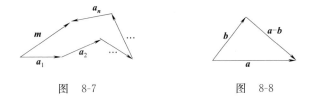

图 8-7   图 8-8

显然,$a+(-a)=0$.

当向量 **a** 与 **b** 都是非零向量,由向量加法的三角形法则可以看出,$|a+b|\leqslant|a|+|b|$,它的几何解释是三角形的两边之和不小于第三边.

向量的加法满足以下运算律:

(i)交换律:$a+b=b+a$;

(ii)结合律:$(a+b)+c=a+(b+c)=a+b+c$.

(2)数与向量的乘法.

设 λ 是一个实数,**a** 是一个向量,规定 λa 是这样一个向量:

(i)$|\lambda a|=|\lambda|\cdot|a|$;

(ii)当 $\lambda>0$ 时,$\lambda\boldsymbol{a}$ 的方向与 $\boldsymbol{a}$ 的方向相同;当 $\lambda<0$ 时,$\lambda\boldsymbol{a}$ 的方向与 $\boldsymbol{a}$ 的方向相反.

显然,当 $\lambda=0$ 时,$\lambda\boldsymbol{a}=\boldsymbol{0}$;当 $\boldsymbol{a}=\boldsymbol{0}$ 时,$\lambda\boldsymbol{0}=\boldsymbol{0}$;当 $\lambda=-1$ 时,$(-1)\boldsymbol{a}$ 即为 $\boldsymbol{a}$ 的反向量,有 $(-1)\boldsymbol{a}=-\boldsymbol{a}$.

由此,可以规定两个向量的差为 $\boldsymbol{a}-\boldsymbol{b}=\boldsymbol{a}+(-\boldsymbol{b})$,即将求两个向量的差转化为两个向量的和.

同样也可用三角形法则求得两个向量的差,将向量 $\boldsymbol{a}$ 与 $\boldsymbol{b}$ 的起点放在同一点,则从 $\boldsymbol{b}$ 的终点指向 $\boldsymbol{a}$ 的终点的向量即为 $\boldsymbol{a}-\boldsymbol{b}$(见图 8-8).

根据数与向量的乘法的规定可知:

向量 $\boldsymbol{a}$ 与非零向量 $\boldsymbol{b}$ 平行的**充要条件**是 $\boldsymbol{a}=\lambda\boldsymbol{b}$,其中 λ 为常数.

规定零向量与任何向量都平行.

设 $\boldsymbol{a}$ 为非零向量,则向量 $\frac{\boldsymbol{a}}{|\boldsymbol{a}|}$ 是与向量 $\boldsymbol{a}$ 同方向的单位向量,记为 $\boldsymbol{e}_a$,即 $\boldsymbol{a}=|\boldsymbol{a}|\boldsymbol{e}_a$.

设 λ,μ 为实数,数与向量的乘法满足以下运算律:

(i)交换律 $\lambda\boldsymbol{a}=\boldsymbol{a}\lambda$;

(ii)结合律 $\lambda(\mu\boldsymbol{a})=(\lambda\mu)\boldsymbol{a}=\mu(\lambda\boldsymbol{a})$;

(iii)分配律 $(\lambda+\mu)\boldsymbol{a}=\lambda\boldsymbol{a}+\mu\boldsymbol{a}$;$\lambda(\boldsymbol{a}+\boldsymbol{b})=\lambda\boldsymbol{a}+\lambda\boldsymbol{b}$.

8.1.3 向量的坐标

1. 向径的坐标

定义 5 在空间直角坐标系 $O\text{-}xyz$ 中,称与 x 轴、y 轴、z 轴正向同向的单位向量为**基本单位向量**,分别记为 $\boldsymbol{i},\boldsymbol{j},\boldsymbol{k}$.

设点 P 的坐标为 (x,y,z),由前述确定点的坐标的方法可知 $\overrightarrow{OA}=x\boldsymbol{i}$,$\overrightarrow{OB}=y\boldsymbol{j}$,$\overrightarrow{OC}=z\boldsymbol{k}$. 又由向量的加法可得

$$\begin{aligned}\overrightarrow{OP}&=\overrightarrow{OP'}+\overrightarrow{P'P}\\&=(\overrightarrow{OA}+\overrightarrow{OB})+\overrightarrow{OC}=x\boldsymbol{i}+y\boldsymbol{j}+z\boldsymbol{k},\end{aligned}$$

即向径 $\overrightarrow{OP}=x\boldsymbol{i}+y\boldsymbol{j}+z\boldsymbol{k}$,这个式子称为向径 $\overrightarrow{OP}$ 关于**基本单位向量的分解式**,x,y,z 称为向径 $\overrightarrow{OP}$ 的坐标. 向径 $\overrightarrow{OP}$ 的坐标表达式为 $\overrightarrow{OP}=(x,y,z)$,如图 8-9 所示.

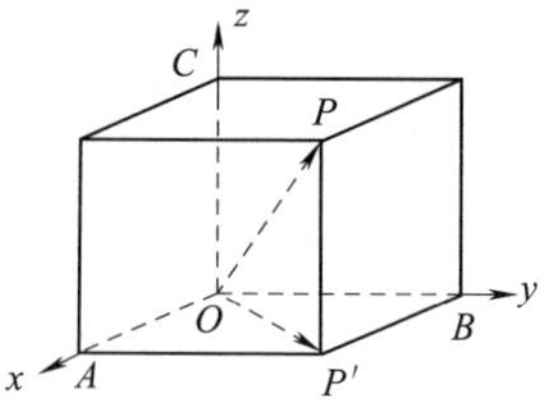

图 8-9

2. 向量的坐标

设点 $P_1(x_1,y_1,z_1)$,$P_2(x_2,y_2,z_2)$,则

$$\begin{aligned}\overrightarrow{P_1P_2}&=\overrightarrow{OP_2}-\overrightarrow{OP_1}=(x_2\boldsymbol{i}+y_2\boldsymbol{j}+z_2\boldsymbol{k})-(x_1\boldsymbol{i}+y_1\boldsymbol{j}+z_1\boldsymbol{k})\\&=(x_2-x_1)\boldsymbol{i}+(y_2-y_1)\boldsymbol{j}+(z_2-z_1)\boldsymbol{k},\end{aligned}$$

于是,向量 $\overrightarrow{P_1P_2}$ 关于基本单位向量的分解式为

$$\overrightarrow{P_1P_2}=(x_2-x_1)\boldsymbol{i}+(y_2-y_1)\boldsymbol{j}+(z_2-z_1)\boldsymbol{k},$$

x_2-x_1,y_2-y_1,z_2-z_1 称为向量 $\overrightarrow{P_1P_2}$ 的坐标.

向量 $\overrightarrow{P_1P_2}$ 的坐标表达式为

$$\overrightarrow{P_1P_2}=(x_2-x_1,y_2-y_1,z_2-z_1).$$

即向量的坐标等于终点坐标减去相应的起点坐标.

3. 坐标表示下的向量运算

设向量 $\boldsymbol{a}=x_1\boldsymbol{i}+y_1\boldsymbol{j}+z_1\boldsymbol{k}=(x_1,y_1,z_1),\boldsymbol{b}=x_2\boldsymbol{i}+y_2\boldsymbol{j}+z_2\boldsymbol{k}=(x_2,y_2,z_2),\lambda$ 为实数,则有:

(1) $\boldsymbol{a}\pm\boldsymbol{b}=(x_1\pm x_2)\boldsymbol{i}+(y_1\pm y_2)\boldsymbol{j}+(z_1\pm z_2)\boldsymbol{k}=(x_1\pm x_2,y_1\pm y_2,z_1\pm z_2)$.

(2) $\lambda\boldsymbol{a}=\lambda x_1\boldsymbol{i}+\lambda y_1\boldsymbol{j}+\lambda z_1\boldsymbol{k}=(\lambda x_1,\lambda y_1,\lambda z_1)$.

(3) $\boldsymbol{a}=\boldsymbol{b}\Leftrightarrow x_1=x_2,y_1=y_2,z_1=z_2$.

(4) $\boldsymbol{a}//\boldsymbol{b}\Leftrightarrow\dfrac{x_1}{x_2}=\dfrac{y_1}{y_2}=\dfrac{z_1}{z_2}$.

下面只给出(4)的证明

证明 当 $\boldsymbol{b}=\boldsymbol{0}$ 时显然成立.

当 $\boldsymbol{b}\neq\boldsymbol{0}$ 时,$\boldsymbol{a}//\boldsymbol{b}\Leftrightarrow\boldsymbol{a}=\lambda\boldsymbol{b}\Leftrightarrow x_1\boldsymbol{i}+y_1\boldsymbol{j}+z_1\boldsymbol{k}=\lambda x_2\boldsymbol{i}+\lambda y_2\boldsymbol{j}+\lambda z_2\boldsymbol{k}$

$$\Leftrightarrow x_1=\lambda x_2,y_1=\lambda y_2,z_1=\lambda z_2\Leftrightarrow\frac{x_1}{x_2}=\frac{y_1}{y_2}=\frac{z_1}{z_2}.$$

注意:最后一个等式中,当 x_2,y_2,z_2 有一个为零,例如 $x_2=0,y_2\neq0,z_2\neq0$,这时该

式子应理解为 $\begin{cases}x_1=0\\\dfrac{y_1}{y_2}=\dfrac{z_1}{z_2}\end{cases}$;若 x_2,y_2,z_2 有两个为零,例如 $x_2=y_2=0,z_2\neq0$,这时式子应理

解为 $\begin{cases}x_1=0\\y_1=0\end{cases}$. 即当式中分母为零时,则相应的分子也应理解为零.

例 2 设两力 $\boldsymbol{F}_1=2\boldsymbol{i}+3\boldsymbol{j}+6\boldsymbol{k},\boldsymbol{F}_2=2\boldsymbol{i}+4\boldsymbol{j}+2\boldsymbol{k}$ 都作用于点 $M(1,-2,3)$ 处,且点 $N(s,t,19)$ 在合力的作用线上,试求 s,t 的值.

解 合力 $\boldsymbol{F}_1+\boldsymbol{F}_2=(2\boldsymbol{i}+3\boldsymbol{j}+6\boldsymbol{k})+(2\boldsymbol{i}+4\boldsymbol{j}+2\boldsymbol{k})=4\boldsymbol{i}+7\boldsymbol{j}+8\boldsymbol{k}=(4,7,8)$,

$$\overrightarrow{MN}=(s-1,t+2,19-3)=(s-1,t+2,16),$$

点 M,N 都在合力的作用线上,即向量 $\overrightarrow{MN}$ 与 $\boldsymbol{F}_1+\boldsymbol{F}_2$ 平行,由两非零向量平行的充要条件可得

$$\frac{s-1}{4}=\frac{t+2}{7}=\frac{16}{8},$$

计算得 $s=9,t=12$.

4.向量的模与方向的坐标表示

设向量 $\boldsymbol{a}=(x,y,z)$,将其起点平移到原点,终点为 P,(见

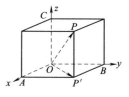

图 8-10)则 $\boldsymbol{a}=\overrightarrow{OP}=(x,y,z)$,点 P 的坐标为 $P(x,y,z)$,于是

$$|\boldsymbol{a}|^2=|\overrightarrow{OP}|^2=|\overrightarrow{OA}|^2+|\overrightarrow{OB}|^2+|\overrightarrow{OC}|^2=x^2+y^2+z^2,$$

则 $|\boldsymbol{a}|=\sqrt{x^2+y^2+z^2}$. 由此,可得到空间中两点的距离公式.

图 8-10

设点 $P_1(x_1,y_1,z_1),P_2(x_2,y_2,z_2)$,于是向量 $\overrightarrow{P_1P_2}=(x_2-x_1,y_2-y_1,z_2-z_1)$,则点 P_1,P_2 之间的距离为

$$|\overrightarrow{P_1P_2}|=\sqrt{(x_2-x_1)^2+(y_2-y_1)^2+(z_2-z_1)^2}.$$

定义 6 设 $\boldsymbol{a}$ 与 $\boldsymbol{b}$ 是两个非零向量,平移 $\boldsymbol{a}$ 与 $\boldsymbol{b}$,使它们的起点重合,得到的两个向量的夹角 $\theta(0\leqslant\theta\leqslant\pi)$ 称为**向量 $\boldsymbol{a}$ 与 $\boldsymbol{b}$ 的夹角**.

向量 $\boldsymbol{a}$ 与数轴的夹角即为向量 $\boldsymbol{a}$ 和与该数轴正向同向的向量的夹角.

定义 7 非零向量 $\boldsymbol{a}$ 分别与 x 轴、y 轴、z 轴正向的夹角 α,β,γ 称为向量 $\boldsymbol{a}$ 的**方向角**.$\cos\alpha,\cos\beta,\cos\gamma$ 称为向量 $\boldsymbol{a}$ 的**方向余弦**(见图 8-11).

设 $\boldsymbol{a}=(x,y,z)$,则

$$\cos\alpha=\frac{x}{|\boldsymbol{a}|}=\frac{x}{\sqrt{x^2+y^2+z^2}},$$

$$\cos\beta=\frac{y}{|\boldsymbol{a}|}=\frac{y}{\sqrt{x^2+y^2+z^2}},$$

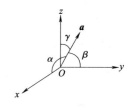

$$\cos\gamma=\frac{z}{|\boldsymbol{a}|}=\frac{z}{\sqrt{x^2+y^2+z^2}},$$

图 8-11

且

$$\cos^2\alpha+\cos^2\beta+\cos^2\gamma=1,$$

$$(\cos\alpha,\cos\beta,\cos\gamma)=\left(\frac{x}{|\boldsymbol{a}|},\frac{y}{|\boldsymbol{a}|},\frac{z}{|\boldsymbol{a}|}\right)=\frac{1}{|\boldsymbol{a}|}\boldsymbol{a},$$

这说明 $(\cos\alpha,\cos\beta,\cos\gamma)$ 是单位向量,并且是与向量 $\boldsymbol{a}$ 同方向的单位向量.

例 3 设向量 $\boldsymbol{a}=(1,2,-1),\boldsymbol{b}=(2,5,-3)$,试求:

(1)$2\boldsymbol{a}-\boldsymbol{b}$; 　　　　　　(2)求与 $2\boldsymbol{a}-\boldsymbol{b}$ 平行的单位向量.

解 (1)$2\boldsymbol{a}-\boldsymbol{b}=(2\times1-2,2\times2-5,2\times(-1)-(-3))=(0,-1,1)$.

(2)因为 $|2\boldsymbol{a}-\boldsymbol{b}|=\sqrt{0^2+(-1)^2+1^2}=\sqrt{2}$,所以与 $2\boldsymbol{a}-\boldsymbol{b}$ 平行的单位向量为

$$\pm\frac{2\boldsymbol{a}-\boldsymbol{b}}{|2\boldsymbol{a}-\boldsymbol{b}|}=\pm\frac{1}{\sqrt{2}}(0,-1,1)=\left(0,\mp\frac{1}{\sqrt{2}},\pm\frac{1}{\sqrt{2}}\right).$$

例 4 已知两点 $P(2,\sqrt{2},2),Q(1,0,3)$,计算向量 $\overrightarrow{PQ}$ 的模、方向余弦及方向角.

解 $\overrightarrow{PQ}=(1-2,0-\sqrt{2},3-2)=(-1,-\sqrt{2},1)$,

所以 $$|\overrightarrow{PQ}|=\sqrt{(-1)^2+(-\sqrt{2})^2+1^2}=2,$$

于是 $$\cos\alpha=\frac{-1}{2},\cos\beta=\frac{-\sqrt{2}}{2},\cos\gamma=\frac{1}{2},$$

$$\alpha=\frac{2\pi}{3},\beta=\frac{3\pi}{4},\gamma=\frac{\pi}{3}.$$

例 5 设向量的方向余弦分别满足:(1)$\cos\alpha=0$;(2)$\cos\beta=1$;
(3)$\cos\alpha=\cos\beta=0$,问这些向量与坐标轴或坐标面的关系如何?

解 (1)$\cos\alpha=0$,该向量与 x 轴夹角为 $\frac{\pi}{2}$,即与 x 轴垂直,平行于 yOz 平面;

(2)$\cos\beta=1$,该向量与 y 轴夹角为 0,即与 y 轴同向,垂直于 xOz 平面;

(3)$\cos\alpha=\cos\beta=0$,该向量与 x 轴夹角为 $\frac{\pi}{2}$,与 y 轴夹角为 $\frac{\pi}{2}$,即平行于 z 轴,垂直于 xOy 平面.

习 题 8.1

1.下列说法对不对? 为什么?

(1)$-\boldsymbol{i}$ 是单位向量;

(2)与 x,y,z 轴夹角相等的向量的方向角是 $\frac{\pi}{3},\frac{\pi}{3},\frac{\pi}{3}$.

2.若 $\boldsymbol{a},\boldsymbol{b}$ 均为非零向量,问它们分别满足什么条件时,下列等式才能成立.

(1)$|\boldsymbol{a}+\boldsymbol{b}|=|\boldsymbol{a}-\boldsymbol{b}|$; (2)$\dfrac{\boldsymbol{a}}{|\boldsymbol{a}|}=\dfrac{\boldsymbol{b}}{|\boldsymbol{b}|}$.

3.求点$(2,3,-1)$分别关于三个坐标面、三条坐标轴、原点及点$(-1,2,1)$的对称点.

4.用向量方法证明:对角线互相平分的四边形是一个平行四边形.

5.已知一向量的模为 6,它与 x 轴、y 轴正向的夹角依次为 $\frac{\pi}{4},\frac{\pi}{6}$,这个向量能够确定吗? 为什么?

6.求与向量 $\boldsymbol{a}=(2,5,-3)$平行的单位向量.

7.已知向量 $\boldsymbol{a}=3\boldsymbol{i}+2\boldsymbol{j}+5\boldsymbol{k}$ 的起点为$(1,-1,4)$,求:

(1)向量 a 的终点坐标;

(2)模为 2 且与向量 a 平行的向量.

8. 求起点为 $A(1,2,-1)$,终点为 $B(-1,0,-1)$ 的向量 $\overrightarrow{AB}$ 的模、方向余弦与方向角.

9. 已知向量 $a=(3,5,1)$,$b=(1,2,3)$,求 $2a-5b$,$ma+nb$(m、n 为常数),以及它们的模、方向余弦、同方向的单位向量.

10. 在 yOz 平面上,求与已知点 $A(3,1,2)$,$B(4,-2,-2)$ 和 $C(0,5,1)$ 等距离的点.

8.2　向量与向量的乘积

从客观世界中抽象出向量的概念以后,在解决实际问题时还须要定义向量间的运算规则,如上一节中向量间的加减法和数量与向量的乘法一样,这一节中要继续介绍向量间的运算规则——向量与向量的乘积:数量积与向量积.

8.2.1　向量的数量积

1. 实例:常力作功

设一物体在常力 F 作用下沿直线从点 M_1 移动到点 M_2,以 s 表示位移 $\overrightarrow{M_1 M_2}$. 由物理学知道,力 F 所作的功为 $W=|F||s|\cos\theta$,其中 θ 为 F 与 s 的夹角(见图 8-12),因此,功 W 就是由向量 F 与 s 所确定的. 在生活中,也常

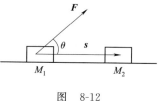

图　8-12

会遇到类似上面的运算式子. 抛开上述问题的物理背景,可以抽象出用上面的式子定义的两个向量的数量积的概念.

2. 数量积的定义

定义 1　设有两个向量 a 与 b,则这两个向量的模与它们夹角余弦的乘积称为向量 a 与 b 的**数量积**,记为 $a\cdot b$,即 $a\cdot b=|a||b|\cos\theta$,其中 θ 为两个向量的夹角.

由此定义,可将上面实例中所作的功表示为 $W=F\cdot s$.

注意:(1)两个向量的数量积也称**内积**或者**点积**,它是一个数而不是向量;

(2)当向量 a 和 b 均为非零向量时,可由公式 $\cos\theta=\dfrac{a\cdot b}{|a||b|}$ 来求两个向量的夹角.

3. 数量积的基本性质

由向量的数量积的定义可知,数量积具有如下性质:

(1)$a \cdot a = |a|^2$.

(2)对于两个非零向量 a,b,如果 $a \cdot b = 0$,则 $a \perp b$;反之,如果 $a \perp b$,则 $a \cdot b = 0$.

由于零向量与任何向量都垂直,因此上述结论可以叙述为向量 $a \perp b \Leftrightarrow a \cdot b = 0$.

4. 数量积的运算律

(1)交换律:$a \cdot b = b \cdot a$;

(2)分配律:$(a+b) \cdot c = a \cdot c + b \cdot c$;

(3)结合律:$(\lambda a) \cdot b = a \cdot (\lambda b) = \lambda(a \cdot b)$,

$(\lambda a) \cdot (\mu b) = \lambda \mu (a \cdot b)$,$\lambda, \mu$ 为数.

5. 数量积的坐标表示

设向量 $a = a_x i + a_y j + a_z k$,$b = b_x i + b_y j + b_z k$,由数量积的性质,不难得到

$$i \cdot i = j \cdot j = k \cdot k = 1, \quad i \cdot j = j \cdot k = k \cdot i = 0.$$

则由数量积的性质可得

$$
\begin{aligned}
a \cdot b &= (a_x i + a_y j + a_z k) \cdot (b_x i + b_y j + b_z k) \\
&= a_x b_x i \cdot i + a_x b_y i \cdot j + a_x b_z i \cdot k + a_y b_x j \cdot i + a_y b_y j \cdot j + a_y b_z j \cdot k + a_z b_x k \cdot i + \\
&\quad a_z b_y k \cdot j + a_z b_z k \cdot k \\
&= a_x b_x + a_y b_y + a_z b_z.
\end{aligned}
$$

即两向量的数量积等于它们对应坐标乘积之和.

由此可进一步得到:

(1)$\cos\theta = \dfrac{a \cdot b}{|a||b|} = \dfrac{a_x b_x + a_y b_y + a_z b_z}{\sqrt{a_x^2 + a_y^2 + a_z^2}\sqrt{b_x^2 + b_y^2 + b_z^2}}$;

(2)$a \perp b \Leftrightarrow a_x b_x + a_y b_y + a_z b_z = 0$.

例 1　已知点 $A(1,1,1)$,$B(2,1,2)$,$C(1,2,2)$,求 $\overrightarrow{AB}$ 与 $\overrightarrow{AC}$ 间的夹角.

解　$\overrightarrow{AB} = (1,0,1)$,$\overrightarrow{AC} = (0,1,1)$,$|\overrightarrow{AB}| = \sqrt{1^2 + 0^2 + 1^2} = \sqrt{2}$,$|\overrightarrow{AC}| = \sqrt{2}$,

$\overrightarrow{AB} \cdot \overrightarrow{AC} = 1 \times 0 + 0 \times 1 + 1 \times 1 = 1$,

所以

$$\cos\angle BAC = \frac{\overrightarrow{AB} \cdot \overrightarrow{AC}}{|\overrightarrow{AB}| \cdot |\overrightarrow{AC}|} = \frac{1}{2}, \quad \angle BAC = \frac{\pi}{3}.$$

例 2　已知两个向量 $a = (3,4,-1)$,$b = (2,-1,x)$,若 $a \perp b$,试求 x 的值.

解　因为 $a \perp b$,所以 $a \cdot b = 0$,即 $3 \times 2 + 4 \times (-1) + (-1) \times x = 0$,

解得 $x = 2$.

8.2.2 向量的向量积

1.实例——力对支点的力矩

设定点 O 为一根杠杆的支点,有一外力 $\boldsymbol{F}$ 作用在杠杆上一点 P 处, $\boldsymbol{F}$ 与 $\overrightarrow{OP}$ 的夹角为 θ(见图 8-13),由力学知识可知,力 $\boldsymbol{F}$ 对支点 O 的力矩是一个向量 $\boldsymbol{M}$,其大小为力的大小与力臂的乘积,即 $|\boldsymbol{M}|=|\boldsymbol{F}||\overrightarrow{OP}|\sin\theta$,其方向为垂直于 $\boldsymbol{F}$ 与 $\overrightarrow{OP}$ 所在的平面,其方向按右手法则确定(见图 8-14).在其他实际问题中,也会遇到类似上面的运算式子.抛开上述问题的物理背景,可抽象出两个向量的向量积的概念.

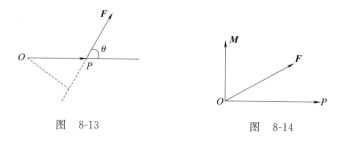

图 8-13   图 8-14

2.向量积的定义

定义 2 设有两个向量 a 与 b ,若向量 c 满足下列条件:

(1)向量 c 的模 $|c|=|a||b|\sin\theta$,其中 θ 为向量 a 与 b 的夹角;

(2)向量 c 与向量 a 与 b 都垂直,且向量 a,b,c 满足右手法则.

则称向量 c 为向量 a 与 b 的**向量积**,记为 $a\times b$,即 $c=a\times b$.

由此定义,可将实例中杠杆的力矩表示为 $\boldsymbol{M}=\overrightarrow{OP}\times\boldsymbol{F}$.

注意: (1)两个向量的向量积也称**外积**或者**叉积**,它仍是一个向量;

(2)在几何上, $a\times b$ 的模等于以向量 a 与 b 为邻边的平行四边形的面积;

(3)向量积可用于求与两个向量同时垂直的向量.

3.向量积的基本性质

由向量的向量积的定义可知,向量积具有如下性质:

(1) $a\times a=\boldsymbol{0}$;

(2)对于两个非零向量 a,b ,如果 $a\times b=\boldsymbol{0}$,则 $a//b$;反之,如果 $a//b$,则 $a\times b=\boldsymbol{0}$.

由于零向量与任何向量都平行,因此上述结论可以叙述为:向量 $a//b \Leftrightarrow a\times b=\boldsymbol{0}$.

4.向量积的运算律

(1)反交换律: $a\times b=-b\times a$;

（2）分配律：$(a+b)\times c=a\times c+b\times c$；$a\times(b+c)=a\times b+a\times c$；

（3）数乘结合律：$(\lambda a)\times b=a\times(\lambda b)=\lambda(a\times b)$，其中 λ 为常数.

5. 向量积的坐标表示

设向量 $a=a_x i+a_y j+a_z k$，$b=b_x i+b_y j+b_z k$，由向量积的性质，不难得到

$$i\times i=j\times j=k\times k=0,\quad i\times j=k,j\times k=i,k\times i=j.$$

则由向量积的性质可得

$$a\times b=(a_x i+a_y j+a_z k)\times(b_x i+b_y j+b_z k)$$

$$=a_x b_x i\times i+a_x b_y i\times j+a_x b_z i\times k+a_y b_x j\times i+a_y b_y j\times j+a_y b_z j\times k+$$

$$a_z b_x k\times i+a_z b_y k\times j+a_z b_z k\times k$$

$$=(a_y b_z-a_z b_y)i+(a_z b_x-a_x b_z)j+(a_x b_y-a_y b_x)k.$$

为了便于记忆，借用行列式记号，则上式可表示为 $a\times b=\begin{vmatrix} i & j & k \\ a_x & a_y & a_z \\ b_x & b_y & b_z \end{vmatrix}$.

注意：（1）$\begin{vmatrix} a_{11} & a_{12} \\ a_{21} & a_{22} \end{vmatrix}=a_{11}a_{22}-a_{12}a_{21}$；

（2）$\begin{vmatrix} a_{11} & a_{12} & a_{13} \\ a_{21} & a_{22} & a_{23} \\ a_{31} & a_{32} & a_{33} \end{vmatrix}=a_{11}\begin{vmatrix} a_{22} & a_{23} \\ a_{32} & a_{33} \end{vmatrix}-a_{12}\begin{vmatrix} a_{21} & a_{23} \\ a_{31} & a_{33} \end{vmatrix}+a_{13}\begin{vmatrix} a_{21} & a_{22} \\ a_{31} & a_{32} \end{vmatrix}.$

例 3 设向量 $a=(2,1,-1)$，$b=(1,-1,2)$，计算 $a\times b$.

解 $a\times b=\begin{vmatrix} i & j & k \\ 2 & 1 & -1 \\ 1 & -1 & 2 \end{vmatrix}=2i-j-2k-k-4j-i=i-5j-3k.$

例 4 已知三点 $A(3,-1,2)$，$B(-1,2,1)$，$C(1,-1,0)$，求以这三点为顶点的三角形 $\triangle ABC$ 的面积.

解 因为 $\overrightarrow{AB}=(-4,3,-1)$，$\overrightarrow{AC}=(-2,0,-2)$，

$$|\overrightarrow{AB}\times\overrightarrow{AC}|=\begin{vmatrix} i & j & k \\ -4 & 3 & -1 \\ -2 & 0 & -2 \end{vmatrix}=-6i-6j+6k,$$

于是 $S_{\triangle ABC}=\dfrac{1}{2}|-6i-6j+6k|=\dfrac{1}{2}\sqrt{(-6)^2+(-6)^2+6^2}=3\sqrt{3}.$

习 题 8.2

1.已知向量 $a=4i-j+3k$，$b=i+3j-2k$，求：

(1)$a \cdot b$ 及 $a \times b$；(2) $(2a-3b) \cdot (3a+2b)$ 与 $(2a-3b) \times (3a+2b)$；

(3)a 与 b 的夹角 $<\hat{a,b}>$.

2.设 $\overrightarrow{PQ}=2a+b$，$\overrightarrow{MN}=ka+b$，其中 $|a|=1$，$|b|=2$，且 $a \perp b$，问：

(1)k 为何值时，$\overrightarrow{PQ} \perp \overrightarrow{MN}$；

(2)k 为何值时，以 $\overrightarrow{PQ}$ 和 $\overrightarrow{MN}$ 为邻边的平行四边形面积为 6.

3.化简下列各式：

(1)$(a+b+c) \times c+(a+b+c) \times b-(b-c) \times a$；

(2)$(a+2b-c) \cdot [(a-b) \times (a-b-c)]$；

(3)$(a \times b) \cdot (a \times b)+(a \cdot b)(a \cdot b)$；

(4)$[(a+b) \times (b+c)] \cdot (c+a)$.

4.已知单位向量 $\overrightarrow{OA}$ 与三个坐标轴的夹角相等，B 是点 $M(1,-3,2)$ 关于点 $N(-1,2,1)$ 的对称点，求 $\overrightarrow{OA} \times \overrightarrow{OB}$.

5.证明 $|a+b|^2+|a-b|^2=2(|a|^2+|b|^2)$，并说明这个等式的几何意义.

6.若 $a \times b=c \times d$，$a \times c=b \times d$，证明 $a-d$ 与 $b-c$ 平行.

7.设 $a=mi+3j-k$ 与 $b=3i+2j-nk$.

(1)若 a 与 b 平行，求 m,k；(2)若 a 与 b 垂直，求 m,k.

8.求同时垂直于向量 $a=5i-j+3k$ 与 $b=3i+j-2k$ 的单位向量.

9.已知三角形的顶点为 $A(1,-2,2)$，$B(3,3,1)$ 和 $C(1,3,1)$，求：

(1)$\triangle ABC$ 的面积；   (2)$\angle ABC$.

10.设力 $F=2i-j$ 使物体从点 $A(3,1,8)$ 沿直线运动到点 $B(1,4,2)$，计算力 F 所作的功.

8.3 空间曲面与曲线的方程

8.3.1 曲面及其方程

在建立了空间直角坐标系之后，由于点与一个三元有序数组 (x,y,z) 之间是一一对应的关系,当动点的坐标(x,y,z)没有任何限制时,动点的轨迹形成整个三维空间;如果动点的运动满足一定的规律,其轨迹形成一个曲面。根据动点的运动规律描述这个曲面上的点的坐标特性,以及根据点的坐标特性来描述曲面,这是本节的重点.

定义 1　如果一个方程 $F(x,y,z)=0$ 与曲面 Σ 满足如下关系:

(1)曲面 Σ 上任何一点的坐标(x,y,z)满足方程 $F(x,y,z)=0$;

(2)满足方程 $F(x,y,z)=0$ 的 x,y,z 所对应的点(x,y,z)在曲面 Σ 上,则称 $F(x,y,z)=0$ 是**曲面 Σ 的方程**,曲面 Σ 为方程 $F(x,y,z)=0$ 图像.

比如 xOy 平面上的点的竖坐标 $z=0$,并且竖坐标 $z=0$ 的点全在 xOy 平面上,因此,$z=0$ 就是 xOy 平面的方程.

关于曲面方程,主要研究两类基本问题:

(1)已知一曲面作为点的运动轨迹时,求曲面方程;

(2)已知曲面方程时,研究它所表示的几何形状.

下面举例说明以上两类基本问题.

例 1　求到定点 $M_0(x_0,y_0,z_0)$ 的距离等于定长 R 的点的轨迹方程.

解　设点 $M(x,y,z)$ 为所求轨迹上任意一点,则由题知 $|\overrightarrow{M_0M}|=R$,得

$$\sqrt{(x-x_0)^2+(y-y_0)^2+(z-z_0)^2}=R,$$

即

$$(x-x_0)^2+(y-y_0)^2+(z-z_0)^2=R^2.$$

显然,轨迹上任意一点的坐标都满足该方程,而满足该方程的点都在轨迹上,所以该方程为所求轨迹方程.该轨迹方程为球面的方程.

特别地,当 $x_0=y_0=z_0=0$ 时,方程表示球心在原点、半径为 R 的球面(见图 8-15).

例 2　求方程 $x^2+y^2+z^2-2x-3y-2z+1=0$ 所表示的曲面.

解　由原方程得

$$(x-1)^2+\left(y-\frac{3}{2}\right)^2+(z-1)^2=\frac{13}{4}.$$

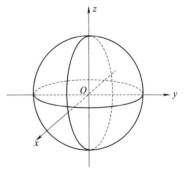

图　8-15

设(x,y,z)为满足方程的点,那么它到$\left(1,\frac{3}{2},1\right)$的距离为 $\frac{\sqrt{13}}{2}$.反之,若(x,y,z)到$\left(1,\frac{3}{2},1\right)$的距离为 $\frac{\sqrt{13}}{2}$,那么必有$(x-1)^2+\left(y-\frac{3}{2}\right)^2+(z-1)^2=\frac{13}{4}$成立.

于是方程 $x^2 + y^2 + z^2 - 2x - 3y - 2z + 1 = 0$ 所表示的是以 $\left(1, \dfrac{3}{2}, 1\right)$ 为球心、以 $\dfrac{\sqrt{13}}{2}$ 为半径的球面.

8.3.2 母线平行于坐标轴的柱面方程

定义 2 平行定直线 l_0 并沿定曲线 C 移动的直线 l 形成的轨迹称为**柱面**(见图 8-16 和图 8-17).其中,定直线 l 称为柱面的**母线**,曲线 C 称为柱面的**准线**.

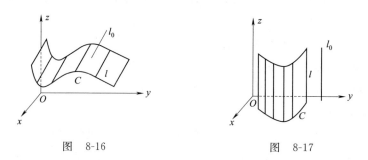

图　8-16　　　　　　　　　　图　8-17

一个柱面由其一条准线与母线唯一确定,但一个柱面有无数条准线,有些甚至有多种母线,如平面.

下面只讨论准线在坐标面上,母线垂直于该坐标面的柱面.

设一柱面的准线 C 为 xOy 平面上的曲线 $f(x,y) = 0$,母线为平行于 z 轴的直线,求这个柱面的方程(见图 8-18).

这个柱面的特点是:过柱面上任一点作 xOy 平面的垂线,它与 xOy 平面的交点必在准线 C 上.因此,柱面上任一点 $P(x, y, z)$ 满足方程 $f(x,y) = 0$,反之,任意满足方程 $f(x,y) = 0$ 的点 (x, y, z) 在 xOy 平面上的投影 $(x, y, 0)$ 必在准线 C 上,因此,点 (x, y, z) 在过点 $(x, y, 0)$ 且平行于 z 轴的直线上,也就是在这个柱面上.

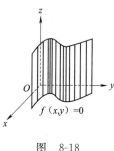

图　8-18

于是以 xOy 平面上的曲线 $f(x,y) = 0$ 为准线,以 z 轴为母线的柱面方程为
$$f(x,y) = 0.$$

注意:(1)母线平行于 z 轴的柱面方程的特点是方程中不显含 z.

(2)柱面方程与准线方程形式上都是 $f(x,y) = 0$,但一个是曲面,一个是 xOy 平面上的曲线.比如方程 $x^2 + y^2 = 1$,在 xOy 平面上是以原点为圆心、以 1 为半径的圆.而在空间表示的是以 xOy 平面上的圆 $x^2 + y^2 = 1$ 为准线,以 z 轴为母线的柱面.

类似地,准线 C 为 xOz 平面上的定曲线 $f(x,z)=0$,母线平行于 y 轴的柱面方程为 $f(x,z)=0$;准线 C 为 yOz 平面上的定曲线 $f(y,z)=0$,母线平行于 x 轴的柱面方程为 $f(y,z)=0$.

总之,在空间直角坐标系 $O\text{-}xyz$ 下,只显含两个坐标变量的方程一定是柱面方程,而且该柱面的母线就平行于另一个坐标轴.

例 3 指出下列方程在平面解析几何中和在空间解析几何中分别表示什么图形.

$$(1)\frac{x^2}{9}+\frac{z^2}{4}=1; \qquad (2)y^2-z=0; \qquad (3)\frac{x^2}{4}-y^2=1.$$

解 在平面解析几何中,方程(1)表示为 xOz 平面上的一个椭圆;方程(2)表示为 yOz 平面上的一条抛物线;方程(3)表示为 xOy 平面上的一条双曲线,如图 8-19 所示.

在空间解析几何中,方程(1)表示为以 xOz 平面上的椭圆 $\frac{x^2}{9}+\frac{z^2}{4}=1$ 为准线,母线平行于 y 轴的柱面,称为椭圆柱面;方程(2)表示为以 yOz 平面上的抛物线 $y^2-z=0$ 为准线,母线平行于 x 轴的柱面,称为抛物柱面;方程(3)表示为以 xOy 平面上的双曲线 $\frac{x^2}{4}-y^2=1$ 为准线,母线平行于 z 轴的柱面,称为双曲柱面.

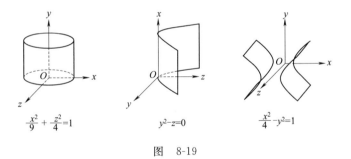

$$\frac{x^2}{9}+\frac{z^2}{4}=1 \qquad\qquad y^2-z=0 \qquad\qquad \frac{x^2}{4}-y^2=1$$

图 8-19

8.3.3 绕坐标轴旋转的旋转面方程

定义 3 平面上一曲线 C 绕该平面上一定直线 l 旋转一周所形成的曲面称为**旋转曲面**,该曲线称为旋转曲面的**母线**,定直线 l 称为旋转曲面的**轴**(见图 8-20).

这里只讨论母线在某个坐标面,它绕这个坐标面上的一条坐标轴旋转的旋转面方程(见图 8-21).

设在 yOz 平面上有一已知曲线 C,它的方程为 $f(y,z)=0$,求此曲线绕 z 轴旋转一周所得的旋转曲面的方程.

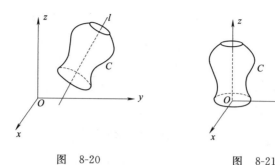

图 8-20   图 8-21

这个旋转曲面的特点是:过曲面上的任一点 $P(x,y,z)$ 作垂直于 z 轴的平面,设该平面与旋转曲面的交线为圆 O',与曲线 C 交于 P_0,P_0 在曲线 C 上(见图 8-22),因而有 $f(y_1,z_1)=0$,可设 P_0 的坐标为 $(0,y_1,z_1)$,由于点 P 与 P_0 都在圆 O' 上,于是 $|y_1|=\sqrt{x^2+y^2}$,即 $y_1=\pm\sqrt{x^2+y^2}$,又点 P 与 P_0 都在垂直于 z 轴的平面上,有 $z=z_1$ 将它们代入 $f(y_1,z_1)=0$,得 $f(\pm\sqrt{x^2+y^2},z)=0$.

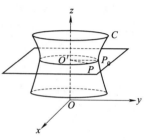

图 8-22

另一方面,满足方程 $f(\pm\sqrt{x^2+y^2},z)=0$ 的 x,y,z 所形成的点在这个旋转曲面上.所以,yOz 平面上的曲线 $f(y,z)=0$ 绕 z 轴旋转一周所成的旋转曲面的方程为

$$f(\pm\sqrt{x^2+y^2},z)=0.$$

由此可见,若 yOz 平面上的曲线 C 的方程为 $f(y,z)=0$,则曲线方程 $f(y,z)=0$ 中旋转轴的坐标变量 z 不变,而将非旋转轴的坐标变量 y 改为 $\pm\sqrt{x^2+y^2}$,便得到曲线 C 绕 z 轴旋转所成的旋转曲面的方程.

同理,yOz 平面上的曲线 $f(y,z)=0$ 绕 y 轴旋转一周所成的旋转曲面的方程为

$$f(y,\pm\sqrt{x^2+z^2})=0.$$

对于其他坐标面上的曲线,绕这个坐标面上的一条坐标轴旋转的旋转曲面的方程可类似得到.

例 4 求 yOz 平面上的双曲线 $y^2-z^2=1$ 分别绕 y 轴与 z 轴旋转所成的旋转曲面的方程.

解 已知曲线绕 y 轴旋转所成的旋转曲面的方程为

$$y^2-(\pm\sqrt{x^2+z^2})^2=1,\quad 即\ -x^2+y^2-z^2=1.$$

绕 z 轴旋转所成的旋转曲面的方程为

$$(\pm\sqrt{x^2+y^2})^2-z^2=1,\quad 即\ x^2+y^2-z^2=1.$$

上述两种曲面都称为旋转双曲面.

例 5　直线 l 绕另一条与 l 相交的直线旋转一周所成的旋转曲面称为圆锥面,两直线的交点称为圆锥面的顶点,两直线的夹角 α($0<$ $\alpha<\dfrac{\pi}{2}$)称为圆锥面的半顶角.试求顶点在原点,以 z 轴为旋转轴,半顶角为 $\dfrac{\pi}{3}$ 的圆锥面的方程,如图 8-23 所示.

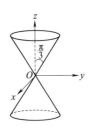

图　8-23

解　在 yOz 面上圆锥面的母线方程为 $z=y\cot\dfrac{\pi}{3}=\dfrac{\sqrt{3}}{3}y$,故这个圆锥面的方程为

$$z=\frac{\sqrt{3}}{3}(\pm\sqrt{x^2+y^2}),\quad 即\ x^2+y^2-3z^2=0.$$

8.3.4　空间曲线的方程

空间曲线可以看成是两个曲面的交线.

设曲面 Σ_1 的方程为 $F(x,y,z)=0$,曲面 Σ_2 的方程为 $G(x,y,z)=0$,它们的交线是 C,一方面,曲线 C 上的任一点 P 既在曲面 Σ_1 上,又在曲面 Σ_2 上,于是点 P 的坐标同时满足这两个曲面的方程,即方程组(Ⅰ)$\begin{cases}F(x,y,z)=0\\G(x,y,z)=0\end{cases}$;另一方面,若 x,y,z 满足(Ⅰ)式,则点 $P(x,y,z)$ 既在曲面 Σ_1 上,又在曲面 Σ_2 上,也就是在这两个曲面的交线上 C 上,所以曲线 C 的方程可用(Ⅰ)式表示.

定义 4　设曲面 Σ_1 的方程为 $F(x,y,z)=0$,曲面 Σ_2 的方程为 $G(x,y,z)=0$,它们的交线是 C,则(Ⅰ)式称为**空间曲线 C 的一般方程**.

例如,$\begin{cases}x^2+y^2=1\\z=0\end{cases}$ 表示柱面 $x^2+y^2=1$ 与 xOy 坐标面的交线,它是 xOy 平面上的以原点为圆心的单位圆;$\begin{cases}x^2+y^2+z^2=1\\x^2+y^2=1\end{cases}$ 表示球面 $x^2+y^2+z^2=1$ 与柱面 $x^2+y^2=1$ 的交线,由于 $\begin{cases}x^2+y^2+z^2=1\\x^2+y^2=1\end{cases}\Rightarrow\begin{cases}z=0\\x^2+y^2=1\end{cases}$,所以交线也是 xOy 平面上的单位圆 x^2+ $y^2=1$.即方程组 $\begin{cases}x^2+y^2=1\\z=0\end{cases}$ 与 $\begin{cases}x^2+y^2+z^2=1\\x^2+y^2=1\end{cases}$ 都表示同一条空间曲线:xOy 平面上的圆 $x^2+y^2=1$.这意味着空间曲线的一般方程往往是不唯一的.

空间曲线 C 除了用一般方程表示外，还可用参数方程 $\begin{cases} x=x(t) \\ y=y(t) ,(t \in T) \text{ 来表示. 如} \\ z=z(t) \end{cases}$

$\begin{cases} x=R\cos \omega t \\ y=R\sin \omega t \text{ 表示一条螺旋线.} \\ z=vt \end{cases}$

8.3.5　空间曲线在坐标面上的投影

定义 5　设空间曲线 C 方程为 $\begin{cases} F_1(x,y,z)=0 \\ F_2(x,y,z)=0 \end{cases}$，以曲线 C 为准线，作母线平行于 z 轴的柱面，该柱面与 xOy 坐标面的交线称为**空间曲线 C 在 xOy 坐标面上的投影曲线**，简称**投影**.

下面求空间曲线 $C:\begin{cases} F_1(x,y,z)=0 \\ F_2(x,y,z)=0 \end{cases}$ 在 xOy 坐标面上的投影方程.

在方程组 $\begin{cases} F_1(x,y,z)=0 \\ F_2(x,y,z)=0 \end{cases}$ 中消去变量 z，得到方程

$$F(x,y)=0,$$

它表示母线平行于 z 轴的柱面，称为曲线 C 关于 xOy 坐标面的投影柱面. 曲线 C 上的点显然满足方程 $F(x,y)=0$，即曲线 C 在柱面 $F(x,y)=0$ 上. 因此，投影柱面 $F(x,y)=0$ 与 xOy 坐标面的交线是空间曲线 C 在 xOy 坐标面上的投影曲线，故投影曲线方程为

$$\begin{cases} F(x,y)=0 \\ z=0 \end{cases}.$$

同理，在方程组

$$\begin{cases} F_1(x,y,z)=0 \\ F_2(x,y,z)=0 \end{cases}$$

中消去变量 x,y，分别得到方程

$$G(y,z)=0, \quad H(x,z)=0,$$

则曲线 C 在 yOz 与 zOx 坐标面上的投影曲线分别为

$$\begin{cases} G(y,z)=0 \\ x=0 \end{cases} \quad \text{与} \quad \begin{cases} H(x,z)=0 \\ y=0 \end{cases}.$$

例 6 求空间曲线 C: $\begin{cases} x^2+y^2-z^2=0 \\ z=x+1 \end{cases}$ 在 yOz 坐标面上的投影曲线.

解 在方程组 $\begin{cases} x^2+y^2-z^2=0 \\ z=x+1 \end{cases}$ 中消去 x,得到方程 $(z-1)^2+y^2-z^2=0$,即

$$y^2-2z+1=0.$$

所以,空间曲线 C 在 yOz 坐标面上的投影曲线为

$$\begin{cases} y^2-2z+1=0 \\ x=0 \end{cases}.$$

例 7 求由上半球面 $z=\sqrt{4-x^2-y^2}$ 和锥面 $z=\sqrt{3(x^2+y^2)}$ 所围成立体在 xOy 面上的投影.

解 由方程 $z=\sqrt{4-x^2-y^2}$ 和 $z=\sqrt{3(x^2+y^2)}$ 消去 z 得到 $x^2+y^2=1$. 这是一个母线平行于 z 轴的圆柱面,这正是半球面与锥面的交线 C 关于 xOy 面的投影柱面,因此交线 C 在 xOy 面上的投影曲线为 $\begin{cases} x^2+y^2=1 \\ z=0 \end{cases}.$

这是 xOy 面上的一个圆,于是所求立体在 xOy 面上的投影,就是该圆在 xOy 面上所围的部分:$x^2+y^2\leqslant 1$.

8.3.6 其他常见的二次曲面

三元二次方程所表示的曲面称为**二次曲面**,平面称为一次曲面. 怎样了解三元二次方程 $F(x,y,z)=0$ 所表示曲面的形状呢?方法之一就是用坐标面和平行于坐标面的平面与曲面相截,考察其交线(即截痕)的形状,然后加以综合,从而了解曲面的全貌,这种方法称为**截痕法**. 利用截痕法介绍几种特殊的二次曲面.

(1)**椭球面**:$\dfrac{x^2}{a^2}+\dfrac{y^2}{b^2}+\dfrac{z^2}{c^2}=1(a>0,b>0,c>0)$.

由方程不难得出:$|x|\leqslant a$,$|y|\leqslant b$,$|z|\leqslant c$. 这说明椭球面完全包含在一个由 $x=\pm a$,$y=\pm b$,$z=\pm c$ 这六个平面所围成的长方体内,a,b,c 称为椭球面的半轴.

下面用截痕法来讨论这个曲面的形状.

用平行于 xOy 坐标面的平面 $z=h(|h|<c)$ 去截它,得到

$$\begin{cases} \dfrac{x^2}{a^2}+\dfrac{y^2}{b^2}+\dfrac{z^2}{c^2}=1 \\ z=h \end{cases},\text{变形为} \begin{cases} \dfrac{x^2}{a^2}+\dfrac{y^2}{b^2}=1-\dfrac{h^2}{c^2} \\ z=h \end{cases},$$

其交线既在椭圆柱面 $\dfrac{x^2}{a^2}+\dfrac{y^2}{b^2}=1-\dfrac{h^2}{c^2}$ 上,又要在平面 $z=h$ 上,因此其交线为 $z=h$ 平面上的椭圆,不难得知椭圆的两个半轴分别等于 $\dfrac{a}{c}\sqrt{c^2-h^2}$ 与 $\dfrac{b}{c}\sqrt{c^2-h^2}$. 当 h 变动时,

椭圆的中心始终在 z 轴上,并且当 $|h|$ 由 0 增大到 c 时,也由 $z=0$ 平面上的椭圆 $\frac{x^2}{a^2}+\frac{y^2}{b^2}=1$,最终缩成 $z=c$ 平面上的一点.

当用平面 $y=h(|h|<b)$ 或平面 $x=h(|h|<a)$,去截椭球面,用截痕法可得到与上述类似的结果.综上所述,椭球面的形状如图 8-24 所示.

当 a,b,c 中有两个相等时,比如 $a=b$,原方程化为 $\frac{x^2}{a^2}+\frac{y^2}{a^2}+\frac{z^2}{c^2}=1$,方程可视为 xOz 面上椭圆 $\frac{x^2}{a^2}+\frac{z^2}{c^2}=1$ 或 yOz 面上椭圆 $\frac{y^2}{a^2}+\frac{z^2}{c^2}=1$ 绕 z 轴旋转而成的旋转椭球面.

当 $a=b=c$ 时,原方程化为 $x^2+y^2+z^2=a^2$,方程表示一个球心在原点、半径为 a 的球面.

其他几种常见的二次曲面也可运用同样的方法分析得到图形,下面就不再详细讲述,仅给出它们的标准方程及图形.

(2)**椭圆抛物面**:$\frac{x^2}{2p}+\frac{y^2}{2q}=z(p,q$ 同号$)$,如图 8-25 所示.

(3)**双曲抛物面**(又称**马鞍面**):$\frac{x^2}{2p}+\frac{y^2}{2p}=z(p,q$ 异号$)$,如图 8-26 所示.

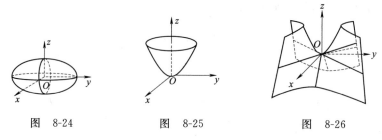

图 8-24   图 8-25   图 8-26

(4)**单叶双曲面**:$\frac{x^2}{a^2}+\frac{y^2}{b^2}-\frac{z^2}{c^2}=1(a>0,b>0,c>0)$,如图 8-27 所示.

(5)**双叶双曲面**:$\frac{x^2}{a^2}+\frac{y^2}{b^2}-\frac{z^2}{c^2}=-1(a>0,b>0,c>0)$,如图 8-28 所示.

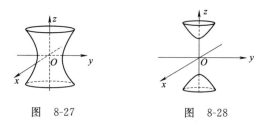

图 8-27   图 8-28

习　题　8.3

1. 已知球心在 $M_0(1,3,2)$，球面通过点 $(1,-1,2)$，求球面方程.

2. 求与点 $(1,0,-1)$ 及点 $(2,3,1)$ 的距离之比为 $1:2$ 的点的全体所形成的曲面的方程.

3. 求准线为 $\begin{cases} x^2+y^2+4z^2=1 \\ x^2=y^2+z^2 \end{cases}$，母线平行于 z 轴的柱面方程.

4. 将 yOz 平面上的椭圆 $\dfrac{y^2}{4}+\dfrac{z^2}{9}=1$ 分别绕 y 轴与 z 轴旋转一周所成的旋转曲面的方程.

5. 画出下各方程所表示的曲面：

(1) $x^2=2z$；　　　　　　　　(2) $x^2+y^2+z^2-2x+9y-4z-5=0$；

(3) $x^2-4y^2-4z^2=0$；　　　　(4) $y^2+z^2=2y$；

(5) $\dfrac{x^2}{4}+\dfrac{z^2}{9}=1$；　　　　　　(6) $x^2-\dfrac{y^2}{4}=1$；

(7) $y=2x+1$；　　　　　　　(8) $x^2-4y^2-4z^2=4$.

6. 指出下列曲面哪些是旋转曲面？如果是，说明它们是如何形成的.

(1) $x^2+y^2+z^2=1$；　　　　　(2) $x^2-y^2-z^2=1$；

(3) $x^2-y^2+z^2=1$；　　　　　(4) $x^2+2y^2+3z^2=1$；

(5) $x^2+\dfrac{y^2}{4}-\dfrac{z^2}{4}=1$；　　　　(6) $x^2+y^2-2x=0$.

7. 写出曲面 $\dfrac{x^2}{9}-\dfrac{y^2}{4}+\dfrac{z^2}{25}=1$ 被下列平面截割后所得的曲线方程，并指出它们是什么曲线.

(1) 平面 $x=2$；　　　(2) 平面 $y=0$；　　　(3) 平面 $z=5$.

8. 指出下列方程及方程组在平面解析几何中和在空间解析几何中分别表示什么图形.

(1) $y=1$；　　　　　　　　　(2) $y=x-1$；

(3) $x^2-y=0$；　　　　　　　(4) $x^2+y^2-2x=0$；

(5) $\begin{cases} y=2x-1 \\ y=x+2 \end{cases}$；　　　　　　(6) $\begin{cases} x^2+4y^2=1 \\ x=1 \end{cases}$.

9.指出下列方程表示什么曲面:

(1)$z=1$; (2)$x^2+y^2=1$; (3)$\dfrac{x^2}{4}+\dfrac{y^2}{9}+\dfrac{z^2}{16}=1$; (4)$z=\dfrac{x^2}{3}+\dfrac{y^2}{4}$.

10.设一立体是由曲面 $2x^2+y^2+z^2=16$ 与曲面 $x^2+z^2-y^2=0$ 所围成,求它在 xOy 平面上的投影.

11.求旋转抛物面 $z=x^2+y^2(0\leqslant z\leqslant 4)$ 在三个坐标面上的投影.

12.求曲线 $\begin{cases}z=x^2+y^2\\z=x+1\end{cases}$ 在 xOy 坐标面上的投影曲线方程.

13.求曲线 $\begin{cases}4x^2+3y^2+z^2=6\\x=1\end{cases}$ 在 yOz 坐标面上的投影曲线方程.

8.4　空间平面与空间直线的方程

这一节将以向量为工具讨论最简单的曲面与曲线,即空间平面与空间直线的方程.

8.4.1　平面的方程

1.平面的点法式方程

定义 1　与一平面垂直的非零向量称为这个平面的**法线向量**,简称**法向量**.

显然,平面的法向量有无穷多个,且平面的法向量与该平面上的任一向量垂直.由立体几何知道,过空间一点可作且只可作一个平面垂直于已知直线.也就是说,已知平面 π 上一点 $P_0(x_0,y_0,z_0)$ 及这个平面的法向量 $\boldsymbol{n}=(A,B,C)$,就可确定这个平面的方程(见图 8-29).

设 $P(x,y,z)$ 为平面 π 上任一点,则 $\overrightarrow{P_0P}$ 为平面 π 上的一个向量,由平面 π 上点的特征性质,即平面上的任一向量垂直于平面的法向量,所以 $\overrightarrow{P_0P}\perp\boldsymbol{n}$,所以 $\overrightarrow{P_0P}\cdot\boldsymbol{n}=0$.

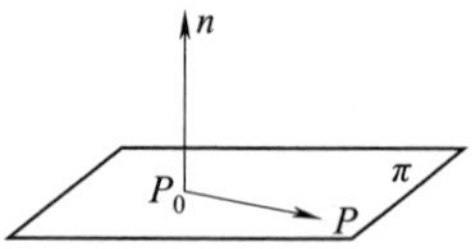

而 $\overrightarrow{P_0P}=(x-x_0,y-y_0,z-z_0)$,$\boldsymbol{n}=(A,B,C)$,
所以

$$A(x-x_0)+B(y-y_0)+C(z-z_0)=0. \tag{8.1}$$

图　8-29

另一方面,满足方程(8.1)的点 $P(x,y,z)$,根据式(8.1)可知 $\overrightarrow{P_0P}\cdot\boldsymbol{n}=0$,所以 $\overrightarrow{P_0P}\perp\boldsymbol{n}$.故点 $P(x,y,z)$ 在平面 π 上.所以平面 π 的方程为式(8.1).由于这个方程是由平面的点及平面的一个法向量确定的,因而这个方程通常称为平面 π 的**点法式方程**.

例 1　求过点 $M_1(2,0,1)$,$M_2(1,1,0)$,$M_3(0,1,1)$ 的平面的方程.

解 由于向量 $\overrightarrow{M_1M_2}=(-1,1,-1)$，$\overrightarrow{M_1M_3}=(-2,1,0)$，因为这两个向量不平行，故与这两个向量都垂直的向量一定垂直于所求的平面，由向量积的计算公式可得

$$\overrightarrow{M_1M_2}\times\overrightarrow{M_1M_3}=\begin{vmatrix} \boldsymbol{i} & \boldsymbol{j} & \boldsymbol{k} \\ -1 & 1 & -1 \\ -2 & 1 & 0 \end{vmatrix}=\boldsymbol{i}+2\boldsymbol{j}+\boldsymbol{k}$$

为所求平面的一个法向量 $\boldsymbol{n}$，即 $\boldsymbol{n}=(1,2,1)$，

于是所求平面方程为 $1\cdot(x-2)+2\cdot(y-0)+1\cdot(z-1)=0$，

即 $x+2y+z-3=0$.

2. 平面的一般式方程

由上小节知道，平面 π 过点 $P_0(x_0,y_0,z_0)$ 及以 $\boldsymbol{n}=(A,B,C)$ 为法向量的点法式方程为 $A(x-x_0)+B(y-y_0)+C(z-z_0)=0$，整理得

$$Ax+By+Cz+(-Ax_0-By_0-Cz_0)=0.$$

令 $D=-Ax_0-By_0-Cz_0$，有

$$Ax+By+Cz+D=0. \tag{8.2}$$

这表明平面 π 的方程可用形如式(8.2)的三元一次方程来表示.

反之，任意一个三元一次方程 $Ax+By+Cz+D=0(A,B,C$ 不同时为零$)$ 是否为某一平面的方程呢？任取满足该方程的一组数 x_0,y_0,z_0，有

$$Ax_0+By_0+Cz_0+D=0, \tag{8.3}$$

用方程(8.2)减去等式(8.3)，得

$$A(x-x_0)+B(y-y_0)+C(z-z_0)=0. \tag{8.4}$$

记 $P_0(x_0,y_0,z_0)$，$P(x,y,z)$，$\boldsymbol{n}=(A,B,C)$，则 $\overrightarrow{P_0P}=(x-x_0,y-y_0,z-z_0)$，式(8.4)可化为 $\overrightarrow{P_0P}\cdot\boldsymbol{n}=0$. 即方程(8.4)表示过点 $P_0(x_0,y_0,z_0)$ 且垂直于向量 (A,B,C) 的平面的方程，所以方程 (8.4) 为某一个平面的方程.

综上所述，平面方程为三元一次方程，任一系数不全为零的三元一次方程都表示某一平面. 并称方程 $Ax+By+Cz+D=0$ 为平面的**一般式方程**.

注意：(1)由上面的讨论可知，平面的一般方程 $Ax+By+Cz+D=0$ 与点法式方程 $A(x-x_0)+B(y-y_0)+C(z-z_0)=0$ 可以相互转换.

(2)由平面的一般式方程 $Ax+By+Cz+D=0$ 可讨论平面的几种特殊情形：

(i)$D=0\Leftrightarrow$平面 $Ax+By+Cz+D=0$ 过原点.

(ii)$A=0,D\neq0\Leftrightarrow$平面 $Ax+By+Cz+D=0$ 平行 x 轴(但不过 x 轴)；$A=0,D=0\Leftrightarrow$平面 $Ax+By+Cz+D=0$ 过 x 轴.

(iii)$A=B=0,D\neq0\Leftrightarrow$既平行 x 轴又平行 y 轴$\Leftrightarrow$平面 $Ax+By+Cz+D=0$ 平行 xOy 坐标面的平面(但不是 xOy 平面).

类似地，可讨论其他特殊情形.

例2　求过点 $M_1(a,0,0),M_2(0,b,0),M_3(0,0,c)$ 的平面方程.

解　设所求平面方程为 $Ax+By+Cz+D=0$,

将三点坐标分别代入上式,有 $\begin{cases} aA+D=0 \\ bB+D=0, \\ cC+D=0 \end{cases}$

解之得 $\qquad A=-\dfrac{D}{a},\quad B=-\dfrac{D}{b},\quad C=-\dfrac{D}{c},$

代入平面方程,有 $\qquad -\dfrac{D}{a}x-\dfrac{D}{b}y-\dfrac{D}{c}z+D=0,$

整理得所求的平面 $\qquad \dfrac{x}{a}+\dfrac{y}{b}+\dfrac{z}{c}=1$ $\hfill(8.5)$

式(8.5)称为平面的**截距式方程**,其中 a,b,c 分别为平面在 x 轴、y 轴、z 轴上的**截距**.

例3　求通过点 $(3,2,1)$ 与 x 轴的平面方程.

解　由于平面通过 x 轴,所以 $A=D=0$,故可设平面方程为 $By+Cz=0$,又因为平面过点 $(3,2,1)$,所以 $2B+C=0$,即 $C=-2B$. 将上式代入平面方程并除以 $B(B\neq0)$,得所求平面方程为 $y-2z=0$.

3. 两平面的夹角

定义2　两平面法向量的夹角(通常指锐角)称为两平面的**夹角**.

我们知道,两法向量的夹角在 0 到 π 之间,而两平面的夹角在 0 到 $\dfrac{\pi}{2}$ 之间,它们之间的关系如何?

平面 $\pi_1:A_1x+B_1y+C_1z+D_1=0$;

平面 $\pi_2:A_2x+B_2y+C_2z+D_2=0$.

如图 8-30 所示.

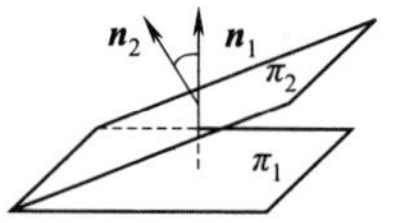

它们的法向量分别为

图 8-30

$$\boldsymbol{n}_1=(A_1,B_1,C_1),\quad \boldsymbol{n}_2=(A_2,B_2,C_2),$$

两平面的夹角 θ 应是 $<\!\overset{\frown}{\boldsymbol{n}_1,\boldsymbol{n}_2}\!>$ 与 $\pi-<\!\overset{\frown}{\boldsymbol{n}_1,\boldsymbol{n}_2}\!>$ 两者中的锐角,于是

$$\cos\theta=|\cos<\!\overset{\frown}{\boldsymbol{n}_1,\boldsymbol{n}_2}\!>|,$$

根据两个向量夹角的余弦公式,平面 π_1 与 π_2 的夹角 θ 由下式确定:

$$\cos\theta=\frac{|\boldsymbol{n}_1\cdot\boldsymbol{n}_2|}{|\boldsymbol{n}_1||\boldsymbol{n}_2|}=\frac{|A_1A_2+B_1B_2+C_1C_2|}{\sqrt{A_1{}^2+B_1{}^2+C_1{}^2}\sqrt{A_2{}^2+B_2{}^2+C_2{}^2}}. \qquad(8.6)$$

由两向量平行、垂直的充分必要条件可知

$$\pi_1/\!/\pi_2\Leftrightarrow\frac{A_1}{A_2}=\frac{B_1}{B_2}=\frac{C_1}{C_2};$$

$$\pi_1\perp\pi_2\Leftrightarrow A_1A_2+B_1B_2+C_1C_2=0,\text{即}\ \theta=\frac{\pi}{2}.$$

例 4 求平面 $x+2y-z-2=0$ 与平面 $2x-y+z+1=0$ 的夹角.

解 由题意可得两平面的法向量为 $\boldsymbol{n}_1=(1,2,-1),\boldsymbol{n}_2=(2,-1,1)$,根据式(8.6)有

$$\cos\theta=\frac{|1\cdot2+2\cdot(-1)+(-1)\cdot1|}{\sqrt{1^2+2^2+(-1)^2}\sqrt{2^2+(-1)^2+1^2}}=\frac{1}{6},$$

因此,所求夹角为 $\theta=\arccos\dfrac{1}{6}$.

4. 点到平面的距离

设点 $P_0(x_0,y_0,z_0)$ 是平面 $\pi:Ax+By+Cz+D=0$ 外的一点,在平面 π 上任取一点 $P_1(x_1,y_1,z_1)$,过 P_1 作平面的法向量 $\boldsymbol{n}$,由图 8-31 可知,点 P_0 到平面 π 的距离 d 为

$$d=|\,|\overrightarrow{P_0P_1}|\cdot\cos\varphi\,|,$$

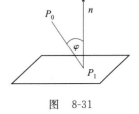

图 8-31

φ 为 $\overrightarrow{P_0P_1}$ 与 $\boldsymbol{n}$ 的夹角.

而 $\cos\varphi=\dfrac{\overrightarrow{P_0P_1}\cdot\boldsymbol{n}}{|\overrightarrow{P_0P_1}|\,|\boldsymbol{n}|}$,于是

$$d=|\,|\overrightarrow{P_0P_1}|\cdot\cos\varphi\,|=\left|\,|\overrightarrow{P_0P_1}|\cdot\frac{\overrightarrow{P_0P_1}\cdot\boldsymbol{n}}{|\overrightarrow{P_0P_1}|\,|\boldsymbol{n}|}\right|=\left|\overrightarrow{P_0P_1}\cdot\frac{\boldsymbol{n}}{|\boldsymbol{n}|}\right|=|\overrightarrow{P_0P_1}\cdot\boldsymbol{e}_n|$$

其中,$\overrightarrow{P_0P_1}=(x_1-x_0,y_1-y_0,z_1-z_0)$,$\boldsymbol{e}_n=\dfrac{(A,B,C)}{\sqrt{A^2+B^2+C^2}}$.

又点 $P_1(x_1,y_1,z_1)$ 在平面 π 上,有 $Ax_1+By_1+Cz_1+D=0$,于是

$$|\overrightarrow{P_0P_1}\cdot\boldsymbol{e}_n|=\frac{|A(x_1-x_0)+B(y_1-y_0)+C(z_1-z_0)|}{\sqrt{A^2+B^2+C^2}}=\frac{|Ax_0+By_0+Cz_0+D|}{\sqrt{A^2+B^2+C^2}},$$

所以点 $P_0(x_0,y_0,z_0)$ 到平面 $\pi:Ax+By+Cz+D=0$ 的距离为

$$d=\frac{|Ax_0+By_0+Cz_0+D|}{\sqrt{A^2+B^2+C^2}}.$$

例如,点 $(1,0,1)$ 到平面 $2x-y+z-1=0$ 的距离为

$$d=\frac{|2\times1+(-1)\times0+1\times1-1|}{\sqrt{2^2+(-1)^2+1^2}}=\frac{2}{\sqrt{6}}.$$

8.4.2 直线的方程

1. 直线的点向式方程

定义 3 平行于已知直线的非零向量称为这条直线的**方向向量**.

显然,一条直线有无穷多个方向向量,平行于直线的非零向量都是它的方向向量.

由于过一点且平行于已知方向的直线有且只有一条,因此已知直线 l 上一点

$P_0(x_0,y_0,z_0)$ 和它的一个方向向量 $s=(m,n,p)$,就可确定这条直线 l 的方程(见图 8-32).

由于直线上任一点 $P(x,y,z)$ 与 $P_0(x_0,y_0,z_0)$ 形成的向量 $\overrightarrow{P_0P}$ 与方向向量 s 平行,即 $\overrightarrow{P_0P}//s$,而 $\overrightarrow{P_0P}=(x-x_0,y-y_0,z-z_0)$,根据向量平行的充要条件,有

图 8-32

$$\frac{x-x_0}{m}=\frac{y-y_0}{n}=\frac{z-z_0}{p};$$

反之,满足以上方程组的 x,y,z 所对应的向量 $(x-x_0,y-y_0,z-z_0)$ 与方向向量平行,又点 $P_0(x_0,y_0,z_0)$ 为在直线 l 上的点,故点 (x,y,z) 在直线上.

所以过已知一点 $P_0(x_0,y_0,z_0)$ 且方向向量为 $s=(m,n,p)$ 的直线的方程为

$$\frac{x-x_0}{m}=\frac{y-y_0}{n}=\frac{z-z_0}{p}. \tag{8.7}$$

这个方程由直线上一点及一个方向向量确定,故称**点向式方程**(也称**对称式方程**).

注意:m,n,p 只要不全为零,式(8.7)就是有意义的,当其中一个为零,如 $m=0$,对称式方程(8.7)应理解为对应的分子也为零,即 $\begin{cases} x-x_0=0 \\ \dfrac{y-y_0}{n}=\dfrac{z-z_0}{p} \end{cases}$,其他类似.

在对称式方程(8.7)中,令 $\dfrac{x-x_0}{m}=\dfrac{y-y_0}{n}=\dfrac{z-z_0}{p}=t$,则有

$$\begin{cases} x=x_0+mt \\ y=y_0+nt \\ z=z_0+pt \end{cases} \tag{8.8}$$

方程组(8.8)称为直线的**参数式方程**,其中 t 为参数.

例 5 求过两点 $P_1(1,1,1)$ 与 $P_2(1,3,2)$ 的直线方程.

解 由已知可得向量 $\overrightarrow{P_1P_2}=(0,2,1)$,该向量为所求直线的方向向量.于是所求直线的方程为 $\dfrac{x-1}{0}=\dfrac{y-1}{2}=\dfrac{z-1}{1}$.

2. 直线的一般式方程

空间的直线 l 可以视为两个相交平面的交线(见图 8-33),若两个相交的平面方程分别为

$$\pi_1:A_1x+B_1y+C_1z+D_1=0,$$
$$\pi_2:A_2x+B_2y+C_2z+D_2=0,$$

则直线 l 可由

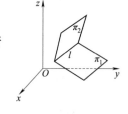

图 8-33

$$\begin{cases} A_1x+B_1y+C_1z+D_1=0 \\ A_2x+B_2y+C_2z+D_2=0 \end{cases} \tag{8.9}$$

表示,该方程组称为直线 l 的**一般式方程**.

注意:(1)因空间中过一条直线的平面有无穷多个,其中任意两个平面方程联立起来都可看作该直线的方程,因此,直线的一般式方程不唯一;

(2)直线的点向式方程与一般式方程可相互转化.

例6　写出直线 $l:\begin{cases} x-2y+2z-3=0 \\ 3x+y-3z+5=0 \end{cases}$ 的点向式方程和参数方程.

分析　为了求点向式方程,需要求出直线上一个点的坐标以及直线的一个方向向量.因此,可在 x,y,z 中选择适当的未知量确定它的值,代入方程组中,求出直线上的一个点的坐标;又因为直线同时在两个平面上,所以直线同时垂直于两个平面的法向量,两个平面的法向量的向量积可取为所求直线的方向向量.求出点向式方程后,令其等于一个参数,即可得到参数方程.

解　取 $z=0$,则可得到一个方程组

$$\begin{cases} x-2y=3 \\ 3x+y=-5 \end{cases},$$

解得 $x=-1,y=-2$,即可知点 $(-1,-2,0)$ 为直线 l 上一点.

取方向向量

$$s=n_1\times n_2=\begin{vmatrix} i & j & k \\ 1 & -2 & 2 \\ 3 & 1 & -3 \end{vmatrix}=4i+9j+7k=(4,9,7),$$

由直线的点向式方程可得

$$\frac{x+1}{4}=\frac{y+2}{9}=\frac{z}{7}.$$

设上述方程等于参数 t,即

$$\frac{x+1}{4}=\frac{y+2}{9}=\frac{z}{7}=t,$$

则可得参数方程为

$$\begin{cases} x=-1+4t \\ y=-2+9t. \\ z=7t \end{cases}$$

3.两直线的夹角

定义4　两直线的方向向量的夹角(通常指锐角)称为**两直线的夹角**.

设直线 l_1 与直线 l_2 的方向向量分别是 $s_1=(m_1,n_1,p_1)$ 与 $s_2=(m_2,n_2,p_2)$,两直线的夹角 φ 应是 $<\widehat{s_1,s_2}>$ 与 $<\widehat{s_1,s_2}>=\pi-<\widehat{s_1,s_2}>$ 中的锐角,于是根据两向量夹角的余弦公式,直线 l_1 与直线 l_2 的夹角 φ 可由下式确定:

$$\cos \varphi = \frac{|m_1 m_2 + n_1 n_2 + p_1 p_2|}{\sqrt{m_1^2 + n_1^2 + p_1^2}\sqrt{m_2^2 + n_2^2 + p_2^2}}. \tag{8.10}$$

根据两向量平行与垂直的充分必要条件可得

$$l_1 \perp l_2 \Leftrightarrow m_1 m_2 + n_1 n_2 + p_1 p_2 = 0; \quad l_1 // l_2 \Leftrightarrow \frac{m_1}{m_2} = \frac{n_1}{n_2} = \frac{p_1}{p_2}.$$

注意:空间两条直线不平行,它们仍然不一定相交(存在异面直线).

例 7 求直线 $l_1: \dfrac{x-1}{1} = \dfrac{y+2}{2} = \dfrac{z-1}{3}$ 与直线 $l_2: \dfrac{x-2}{-4} = \dfrac{y-1}{5} = \dfrac{z-4}{-2}$ 的夹角.

解 直线 l_1 的方向向量 $s_1 = (1,2,3)$,直线 l_2 的方向向量 $s_2 = (-4,5,-2)$,根据

式(8.10),有 $\cos \varphi = \dfrac{|1 \times (-4) + 2 \times 5 + 3 \times (-2)|}{\sqrt{1^2 + 2^2 + 3^2}\sqrt{(-4)^2 + 5^2 + (-2)^2}} = 0$,则 $\varphi = \dfrac{\pi}{2}$,两直线的夹角

为 $\dfrac{\pi}{2}$ 即两直线垂直.

4. 直线与平面的夹角

定义 5 当直线与平面不垂直时,直线和它在平面上的投影直
线的夹角 φ 称为**直线与平面的夹角**,当直线与平面垂直时,规定直
线与平面的夹角为 $\dfrac{\pi}{2}$ (见图8-34).

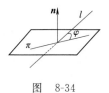

图 8-34

设直线的方向向量为 $s = (m,n,p)$,平面的法向量为 $n = (A,B,C)$,所以直线与平
面的夹角由下式确定:

$$\sin \varphi = |\cos \langle \hat{s,n} \rangle| = \frac{|s \cdot n|}{|s||n|},$$

根据两向量夹角余弦的坐标表示式,有

$$\sin \varphi = \frac{|mA + nB + pC|}{\sqrt{m^2 + n^2 + p^2}\sqrt{A^2 + B^2 + C^2}}. \tag{8.11}$$

因为 s 与 n 垂直表示直线与平面平行,s 与 n 平行表示直线与平面垂直,于是

$$l \perp \pi \Leftrightarrow \frac{A}{m} = \frac{B}{n} = \frac{C}{p}; \quad l // \pi \Leftrightarrow mA + nB + pC = 0.$$

例 8 试确定直线 $l: \dfrac{x+3}{2} = \dfrac{y+4}{7} = \dfrac{z-3}{-3}$ 与平面 $\pi: 4x - 2y - 2z - 3 = 0$ 的位置

关系.

解 直线 l 的方向向量为 $s = (2,7,-3)$,平面 π 的法向量为 $n = (4,-2,-2)$,
设直线 l 与平面 π 的夹角为 φ,根据式(8.11)有

$$\sin \varphi = \frac{|2 \times 4 + 7 \times (-2) + (-3) \times (-2)|}{\sqrt{2^2 + 7^2 + (-3)^2}\sqrt{4^2 + (-2)^2 + (-2)^2}} = 0.$$

又 $\quad 4 \times (-3) - 2 \times (-4) - 2 \times 3 - 3 = -13 \neq 0,$

说明直线 l 上的点 $(-3,-4,3)$ 不在平面 π 上,所以直线 l 与平面 π 平行.

例 9　求直线 $\dfrac{x-2}{1}=\dfrac{y-3}{1}=\dfrac{z-1}{2}$ 与平面 $x+2y+z-4=0$ 的交点坐标.

解　把直线的点向式方程化为参数方程 $x=2+t,y=3+t,z=1+2t$,再代入平面方程,得 $2+t+2(3+t)+1+2t-4=0$,解之得 $t=-1$,代入直线的参数方程中,从而得所求的交点坐标为 $(1,2,-1)$.

例 10　求通过点 $M_0(2,-1,3)$ 且与直线 $\dfrac{x-1}{1}=\dfrac{y+1}{-1}=\dfrac{z-1}{2}$ 垂直相交的直线方程.

解法 1　将已知直线化为参数方程:$x=1+t,y=-1-t,z=1+2t$.

因为交点在已知直线上,所以可设所求直线与已知直线的交点为
$$M_1(1+t,-1-t,1+2t),$$
于是 $\overrightarrow{M_0M_1}=(t-1,-t,2t-2)$ 为所求直线的方向向量.又因为两直线垂直,所以有
$$1\times(t-1)+(-1)\times(-t)+2\times(2t-2)=0,$$
解得 $t=\dfrac{5}{6}$,于是所求直线的方向向量 $\overrightarrow{M_0M_1}=\left(-\dfrac{1}{6},\dfrac{5}{6},-\dfrac{1}{3}\right)$,且 $6\ \overrightarrow{M_0M_1}=(-1,5,-2)$ 也是所求直线的方向向量,因此所求直线的方程为
$$\dfrac{x-2}{-1}=\dfrac{y+1}{5}=\dfrac{z-3}{-2}.$$

解法 2　由于所求直线必定落在过点 $M_0(2,-1,3)$ 并且与已知直线垂直的平面 $x-2+(-1)(y+1)+2(z-3)=0$,即 $x-y+2z-9=0$ 之上,且这个平面与已知直线的交点就是已知直线与所求直线的交点,所以,用例 9 的方法,先把已知直线的方程转化为参数方程:$x=1+t,y=-1-t,z=1+2t$,代入平面方程后解得 $t=\dfrac{5}{6}$,接下来的解法和解法 1 相同.

习　题　8.4

1.求下列各平面的方程:

(1)过点 $P(2,5,4),Q(0,4,3),R(-1,3,2)$;

(2)过点 $(2,0,-1)$ 且与平面 $3x-5y+2z-10=0$ 平行;

(3)过点 $(-1,0,1)$ 且与两直线 $\begin{cases}x+2y-z+1=0\\x-y+z-1=0\end{cases}$ 和 $\begin{cases}2x-y+z=0\\x-y+z=0\end{cases}$ 平行;

(4) 过点 $(3,1,-2)$ 且通过直线 $\dfrac{x-3}{2}=\dfrac{y+4}{3}=\dfrac{z}{1}$;

(5) 平行于 y 轴,且过点 $(1,-5,1)$ 与 $(3,2,-3)$;

(6) 过点 $(2,1,-3)$ 且与直线 $\begin{cases} x+2y-z-7=0 \\ 3x-y-2z+5=0 \end{cases}$ 垂直;

(7) 过两平行直线 $\dfrac{x+3}{3}=\dfrac{y+2}{-2}=\dfrac{z}{1}$ 与直线 $\dfrac{x+3}{3}=\dfrac{y+4}{-2}=\dfrac{z+1}{1}$.

2. 求下列各直线方程:

(1) 过点 $(3,1,5)$ 与点 $(-1,4,-2)$; (2) 过点 $(2,-3,6)$ 且与 y 轴平行;

(3) 过点 $(-1,0,4)$、平行于平面 $3x-4y+z-8=0$ 并且与直线: $\dfrac{x+1}{1}=\dfrac{y-3}{1}=\dfrac{z}{2}$ 相交;

(4) 过点 $(1,-1,3)$ 且与两平面 $x-2y-1=0$ 与 $y+3z-2=0$ 平行;

(5) 过点 $(0,-1,1)$ 且与直线 $\begin{cases} y+2=0 \\ x+2z-7=0 \end{cases}$ 垂直相交;

(6) 过点 $(0,2,0)$ 且同时垂直于 y 轴与直线 $\begin{cases} x=z \\ y=2z \end{cases}$.

3. 求平面 $2x-2y+z-3=0$ 与各坐标面的夹角.

4. 求直线 $\dfrac{x-3}{0}=\dfrac{y-1}{1}=\dfrac{z}{-1}$ 与平面 $3x-y+5z-1=0$ 的夹角.

5. 求直线 $\begin{cases} 3x+2y+3z-6=0 \\ 2x-3y-z+2=0 \end{cases}$ 与直线 $\begin{cases} x+3y-2z+5=0 \\ 2x-5y+z-3=0 \end{cases}$ 的夹角.

6. 试确定下列各组中的直线与平面的位置关系:

(1) $\dfrac{x+3}{-2}=\dfrac{y+4}{-7}=\dfrac{z}{3}$ 和 $4x-2y-2z=3$;

(2) $\dfrac{x}{3}=\dfrac{y}{-2}=\dfrac{z}{7}$ 和 $3x-2y+7z=8$;

(3) $\dfrac{x-2}{3}=\dfrac{y+2}{1}=\dfrac{z-3}{-4}$ 和 $x+y+z=3$.

7. 求点 $(1,-2,0)$ 关于平面 $x-y+2z-1=0$ 上的对称点的坐标.

8. 求直线 $\begin{cases} 2x-4y+z=0 \\ 3x-y-2z-7=0 \end{cases}$ 在平面 $4x-y+z-1=0$ 的投影直线方程.

9. 若直线 $\dfrac{x+1}{m}=\dfrac{y}{2}=\dfrac{z-1}{3}$ 与直线 $\dfrac{x-4}{4}=\dfrac{y-1}{3}=\dfrac{z-3}{2}$ 相交,求常数 m.

10. 求点 $(1,-1,5)$ 到直线 $\dfrac{x-1}{1}=\dfrac{y-2}{2}=\dfrac{z-3}{3}$ 的距离.

第 9 章

多元函数微分学

在上册中所讨论的函数都是只有一个自变量的一元函数,一元函数只能描述因变量随一个自变量变化的变化规律,但在客观世界中往往需要考虑某一变量受多个因素影响下的变化规律.如矩形面积的大小受到矩形的长与宽的影响,在数学上就要用多元函数来描述这种变化规律.本章将一元函数的概念推广到多元函数,在一元函数微分学的基础上,主要讨论二元函数的微分法及其应用,并将二元函数的微分法类推到二元以上的多元函数.要特别提出的是:微积分学从一元函数到二元函数在内容和方法上都会出现一些实质性的差别,但从二元函数到三元或三元以上的函数,在理论性质和研究方法上是一致的,因而可以类推.

9.1 多元函数的基本概念

9.1.1 平面点集的相关基本概念

由平面解析几何可知,在建立了平面直角坐标系 xOy 后,平面上的任一点 P 与一个有序二元实数组 (x,y) 之间就建立了一一对应的关系,这种建立了坐标系的平面称为坐标平面,即 $\mathbf{R}^2 = \{(x,y) \mid x,y \in \mathbf{R}\}$ 就表示 xOy 坐标平面.

定义 1 在 xOy 坐标平面上具有某种性质的点所组成的集合 E 称为**平面点集**,简称点集.记作 $E = \{(x,y) \mid (x,y)$ 具有某种性质 $\}$.

定义 2 设 $P_0(x_0,y_0)$ 是 xOy 平面上的点,δ 是某一正数,在平面上与点 P_0 的距离小于 δ 的点 $P(x,y)$ 所构成的集合,称为**点 P_0 的 δ 邻域**,记作 $U(P_0,\delta)$. 即

$$U(P_0,\delta) = \{(x,y) \mid \sqrt{(x-x_0)^2 + (y-y_0)^2} < \delta\},$$

或

$$U(P_0,\delta) = \{P \mid |PP_0| < \delta\}.$$

在 $U(P_0,\delta)$ 中去掉点 P_0 后的集合称为**点 P_0 的 δ 去心邻域**,记作 $\mathring{U}(P_0,\delta)$,即

$$\mathring{U}(P_0,\delta)=\{(x,y)\,\big|\,0<\sqrt{(x-x_0)^2+(y-y_0)^2}<\delta\},$$

或
$$\mathring{U}(P_0,\delta)=\{P\,|\,0<|PP_0|<\delta\}.$$

如果不需要强调邻域半径 δ,则用 $U(P_0)$ 表示点 P_0 的某个邻域, $\mathring{U}(P_0)$ 表示点 P_0 的某个去心邻域.

下面利用邻域来描述点与点集之间的关系,并对点集进行分类.

定义 3 设 E 是平面上的一个点集, P 是该平面上的一点,若 $\exists\delta>0$,使得 $U(P,\delta)\subset E$,则称 P 是平面点集 E 的**内点**. 如果存在点 P 的某个邻域 $U(P,\delta)$,使得 $U(P,\delta)\cap E=\varnothing$,则称点 P 为点集 E 的**外点**.

所有点都是内点的集合称为**开集**.

定义 4 设 E 是平面上的一个点集, P 是该平面上的一点,若对 $\forall\delta>0$,使得 $U(P,\delta)$ 中既含有属于 E 的点,又含有不属于 E 的点,则称 P 是 E 的**边界点**.

从定义可知,平面点集 E 的边界点 P 可以属于 E,也可以不属于 E.

在图 9-1 中,点 A 是平面点集 E 的内点,点 C 是 E 的外点,点 B 是 E 的边界点.

平面点集 E 的所有边界点组成的集合称为 E 的**边界**.

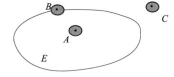

图 9-1

如果点集 E 的边界包含于 E 中,则称 E 为**闭集**.

如平面点集 $E_1=\{(x,y)\,|\,1<x^2+y^2<2\}$ 的边界就是 $\{(x,y)\,|\,x^2+y^2=1\}$ 和 $\{(x,y)\,|\,x^2+y^2=2\}$, E_1 中所有的点都是内点,因而 E_1 是开集.

集合 $E_2=\{(x,y)\,|\,1\leqslant x^2+y^2\leqslant 2\}$ 为闭集, $E_3=\{(x,y)\,|\,1<x^2+y^2\leqslant 2\}$ 既非开集也非闭集.

定义 5 如果对 $\forall\delta>0$,点 P 的去心邻域 $\mathring{U}(P,\delta)$ 内总有点集 E 中的点,那么称点 P 为 E 的**聚点**. 如果点 P 为 E 的聚点,意味着 P 的任意邻域内都含有 E 的无穷多个点.

由聚点的定义可知,点集 E 的聚点可以属于 E,也可以不属于 E. 例如,点集 $E_1=\{(x,y)\,|\,1<x^2+y^2<2\}$ 及它的边界上的一切点都是 E_1 的聚点.

定义 6 如果对于点集 E 中的任意两点,都可以用完全属于 E 的折线把它们连接起来,则称 E 为**连通集**.

连通的开集称为**区域**或**开区域**. 开区域与它的边界一起所构成的点集,称为**闭区域**.

定义 7　设 E 是平面点集,若 $\exists M>0$,使得 $E \subset \{(x,y) \mid x^2+y^2<M\}$,则称 E 是**有界集**,否则称为**无界集**.

例如,集合 $\{(x,y) \mid 0<x^2+y^2<2\}$ 是有界开区域,集合 $\{(x,y) \mid x+y \geqslant 0\}$ 是无界闭区域,$E_2 = \{(x,y) \mid 1 \leqslant x^2+y^2 \leqslant 2\}$ 是有界闭区域.

9.1.2　多元函数的定义

在上册中研究了一元函数的定义,当变量 y 的取值按一定的规律依赖于 x 的取值时,即给定 x 的值按照对应法则能唯一地确定 y 的值,则称这个对应法则为函数,这里变量 y 只依赖一个自变量 x. 但在自然科学与工程技术问题中,往往会遇到一个变量依赖于两个或更多变量的情况. 例如,圆锥的体积 V 与其底面半径 r、高 h 有如下的对应关系式:$V = \dfrac{1}{3}\pi r^2 h$,其中 r,h 是两个独立的自变量,当它们的值取定时,根据上述对应法则有个唯一确定的 V 值与之对应,这里 V 的值依赖于变量 r 与 h 的值,称这个对应法则为 V 关于 r 与 h 的二元函数.

定义 8　设 D 是平面点集,若对 $\forall P(x,y) \in D$,通过某一对应法则(或对应关系)f,在实数域 **R** 内总可以找到唯一一个实数 z 与之相对应,则称 f 为定义在 D 上的**二元函数**. 记为 $z=f(x,y),(x,y) \in D$ 或 $z=f(P),P \in D$,称 x,y 为**自变量**,z 为**因变量**(有时称为函数变量).

自变量 x,y 所能取的每对值的全体称为函数的**定义域**,显然 D 就是上述二元 $z=f(x,y)$ 的定义域,二元函数的定义域是平面点集,而一元函数的定义域是数轴上的点集,两者有本质的区别.

当自变量 x,y 分别取 x_0,y_0 时,即在定义域 D 内取到点 $P_0(x_0,y_0)$ 时,相应的因变量的值记作 $z_0=f(x_0,y_0)$,称为二元函数 $z=f(x,y)$ 在点 $P_0(x_0,y_0)$ 的**函数值**;当动点 $P(x,y)$ 在定义域 D 内取遍时,所有对应函数值的全体称为这个函数的**值域**,记为 $f(D)$.

注意:(1)确定二元函数两个要素:一是定义域;二是对应法则;

(2)在求函数的定义域时,如果函数是由解析式表出,应根据解析式本身求出自变量的取值范围;如果是由实际问题给出的,还应该考虑实际问题的意义.

例 1　求函数 $z=\sqrt{2-x^2-y^2}$ 的定义域.

解　由题意可知,要使得函数有意义,x,y 必须满足 $2-x^2-y^2 \geqslant 0$,所以函数的定义域是 $D=\{(x,y) \mid x^2+y^2 \leqslant 2\}$.

例 2　求函数 $z=\sqrt{x^2+y^2-1}+\ln(y-x)$ 的定义域.

解　由题意可知,x,y 必须满足 $x^2+y^2 \geqslant 1$ 且 $y-x>0$,所以函数的定义域
$$D=\{(x,y) \mid x^2+y^2 \geqslant 1,y>x\}.$$

对于二元函数 $z=f(x,y)$,给定定义域 D 内一点 $P(x,y)$,根据二元函数 $z=f(x,y)$ 可唯一确定一个 z 值,则三元有序数组 (x,y,z) 唯一对应着空间直角坐标系中的一个点 $M(x,y,z)$,当点 $P(x,y)$ 在定义域 D 内变化时,相应的动点 $M(x,y,z)$ 的变化轨迹形成一张空间曲面,这张曲面在 xOy 平面上的投影就是函数的定义域 D.因而二元函数的图形在空间直角坐标系下是一张空间曲面,如图 9-2 所示.而一元函数的图形在平面直角坐标系下是一条平面曲线.

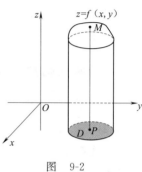

图　9-2

例如,二元函数 $z=2x+3y+1$ 的图形为空间中的一张平面,二元函数 $z=x^2+y^2$ 的图形是一个旋转面.

二元函数给出了因变量 z 的值随着自变量 x 与 y 取值变化而变化的规律.如果一个变量的值随着多个变量取值变化而变化且具有固定的变化规律,则类似地可以给出三元以及三元以上多元函数的定义.

定义 9　设 D 为 n 维空间 $\mathbf{R}^n$ 中的非空点集,如果对 $\forall P(x_1,x_2,\cdots,x_n) \in D$,通过某一对应法则(或对应关系)$f$,在实数域 $\mathbf{R}$ 内总可以找到唯一一个实数 z 与之相对应,则称 f 为定义在 D 上的 n **元函数**.称 $x_1,x_2,\cdots,x_n$ 为**自变量**,z 为**因变量**.记为 $z=f(x_1,x_2,\cdots,x_n),(x_1,x_2,\cdots,x_n) \in D$ 或 $z=f(P),P \in D$.

9.1.3　二元函数的极限

回顾一元函数数 $y=f(x)$ 的极限,其描述性定义是:如果当自变量 x 无限趋近于定点 x_0 时(注意 $y=f(x)$ 在 x_0 可以有定义,也可以没有定义),相应的函数值 $f(x)$ 无限趋近于常数 A,那么称 A 是 $f(x)$ 当 $x \to x_0$ 时的极限.这里动点 x 趋近于定点 x_0 的方式没有限制.把这一思想延伸到二元函数,得到二元函数极限的描述性定义:

设点 $P_0(x_0,y_0)$ 是二元函数 $z=f(x,y)$ 定义域 D 的一个聚点,如果动点 $P(x,y)$ 无限趋近定点 $P_0(x_0,y_0)$ 时,相应函数值 $f(x,y)$ 无限趋近于常数 A,那么称 A 是二元函数 $f(x,y)$ 当 $(x,y) \to (x_0,y_0)$ 时的极限.

下面给出二元函数极限的"ε-δ"语言定义.

定义 10　设二元函数 $z=f(x,y)$ 的定义域为 D,点 $P_0(x_0;y_0)$ 是 D 的一个聚点,A 是一个常数,若对 $\forall \varepsilon>0,\exists \delta>0$,当 $P(x,y) \in D \bigcap \overset{\circ}{U}(P_0,\delta)$ 时,有

$$|f(P)-A|=|f(x,y)-A|<\varepsilon$$

成立,则称函数 $z=f(x,y)$ 当 P 趋于 P_0 时有**极限**,其极限值是 A. 记为

$$\lim_{(x,y)\to(x_0,y_0)}f(x,y)=A \quad 或 \quad f(x,y)\to A(x\to x_0,y\to y_0),$$

或

$$\lim_{P\to P_0}f(P)=A \quad 或 \quad f(P)\to A(P\to P_0).$$

通常把 A 称为函数 $f(x,y)$ 的**二重极限**.

值得指出的是:(1)同一元函数一样,二元函数在一点是否存在极限值与它在这一点是否具有定义无关;

(2)对于一元函数 $y=f(x)$ 来说,动点 x 在数轴上连续变化趋于定点 x_0,只有两个趋近方向:x_0 的左侧,x_0 的右侧. 但对于二元函数 $z=f(x,y)$ 来说,动点 $P(x,y)$ 在平面上无限趋近于 $P_0(x_0,y_0)$,其运动路径与方向有很多,点 P 可以沿直线,可以是沿曲线,也可以是沿点列趋近于 P_0,不可能做到对其运行路径逐一列举的.

(3)根据二重极限 $\lim\limits_{P\to P_0}f(P)=A$ 存在的定义,动点 P 以任何方式趋于 P_0 时,都要求相应的函数值 $f(P)$ 无限趋近于常数 A. 也就是说,如果点 P 以某两种方式趋于 P_0 时,相应的函数值 $f(P)$ 趋近于两个不同的常数,或以某种方式趋近与 P_0 时函数 $f(P)$ 的极限不存在,那么函数在点 P_0 的二重极限就不存在.

例 3　证明二元函数 $f(x,y)=\dfrac{4xy}{x^2+y^2}$ 在原点 $(0,0)$ 不存在极限.

证明　(1)动点 $P(x,y)$ 沿着直线 $y=x$ 趋于原点 $(0,0)$ 时,有

$$\lim_{\substack{(x,y)\to(0,0)\\y=x}}f(x,y)=\lim_{(x,y)\to(0,0)}\frac{4xy}{x^2+y^2}=\lim_{x\to0}\frac{4x^2}{2x^2}=2.$$

(2)动点 $P(x,y)$ 沿着直线 $y=2x$ 趋于原点 $(0,0)$ 时,有

$$\lim_{\substack{(x,y)\to(0,0)\\y=2x}}f(x,y)=\lim_{\substack{(x,y)\to(0,0)\\y=2x}}\frac{4xy}{x^2+y^2}=\lim_{x\to0}\frac{8x^2}{5x^2}=\frac{8}{5}.$$

由于随着动点 (x,y) 沿两种不同路径(一个沿直线 $y=x$,一个沿直线 $y=2x$)趋于点 $(0,0)$ 时,相应的函数值 $f(x,y)$ 趋于不同的数值,所以函数在原点处不存在极限.

例 4　讨论 $f(x,y)=x\sin\dfrac{1}{y}+y\sin\dfrac{1}{x}$ 在原点 $(0,0)$ 处的极限.

解　由于 $0\leqslant|f(x,y)|\leqslant|x|+|y|$,而 $\lim\limits_{(x,y)\to(0,0)}(|x|+|y|)=0$,即对 $\forall\varepsilon>0,\exists\delta>0$,当 $(x,y)\in\mathring{U}((0,0),\delta)$ 时,有 $|x|+|y|<\varepsilon$,于是有 $|f(x,y)|\leqslant|x|+|y|<\varepsilon$,根据二重极限的定义知,$\lim\limits_{(x,y)\to(0,0)}f(x,y)=0$.

二元函数的极限与一元函数极限一样也有类似的四则运算法则.

定理 1 设 $\lim\limits_{(x,y)\to(x_0,y_0)}f(x,y)=A$, $\lim\limits_{(x,y)\to(x_0,y_0)}g(x,y)=B$, k 为常数, 则有:

(1) $\lim\limits_{(x,y)\to(x_0,y_0)}kf(x,y)=k\lim\limits_{(x,y)\to(x_0,y_0)}f(x,y)=kA$;

(2) $\lim\limits_{(x,y)\to(x_0,y_0)}[f(x,y)\pm g(x,y)]=A\pm B$;

(3) $\lim\limits_{(x,y)\to(x_0,y_0)}[f(x,y)g(x,y)]=AB$;

(4)当 $B\neq 0$ 时, 有 $\lim\limits_{(x,y)\to(x_0,y_0)}\dfrac{f(x,y)}{g(x,y)}=\dfrac{\lim\limits_{(x,y)\to(x_0,y_0)}f(x,y)}{\lim\limits_{(x,y)\to(x_0,y_0)}g(x,y)}=\dfrac{A}{B}$.

9.1.4 二元函数的连续性

定义 11 设二元函数 $z=f(x,y)$ 的定义域为 D, $P_0(x_0,y_0)$ 为 D 的聚点, 且 $P_0\in D$, 若 $\lim\limits_{(x,y)\to(x_0,y_0)}f(x,y)=f(x_0,y_0)$, 则称二元函数 $z=f(x,y)$ 在 $P_0(x_0,y_0)$ 点**连续**.

若在 $P_0(x_0,y_0)$ 点任给自变量 x,y 各一个改变量 $\Delta x,\Delta y$, 有相应的函数的改变量
$$\Delta z=\Delta f=f(x_0+\Delta x,y_0+\Delta y)-f(x_0,y_0),$$
则称 Δz 为二元函数 $z=f(x,y)$ 在 $P_0(x_0,y_0)$ 点的**全增量**.

令 $x=x_0+\Delta x,y=y_0+\Delta y$, 则当 $(x,y)\to(x_0,y_0)$ 时, 有 $(\Delta x,\Delta y)\to(0,0)$.

易得到定义 11 的等价定义:

定义 11′ 设二元函数 $z=f(x,y)$ 的定义域为 D, $P_0(x_0,y_0)$ 为 D 的聚点, 且 $P_0\in D$. 如果
$$\lim\limits_{(\Delta x,\Delta y)\to(0,0)}\Delta z=\lim\limits_{(\Delta x,\Delta y)\to(0,0)}[f(x_0+\Delta x,y_0+\Delta y)-f(x_0,y_0)]=0,$$
则称二元函数 $z=f(x,y)$ 在 $P_0(x_0,y_0)$ 点**连续**.

如果函数 $z=f(x,y)$ 在定义域 D 上的每一点都连续, 那么就称函数 $f(x,y)$ 在 D 上连续, 或称 $f(x,y)$ 为 D 上的**连续函数**.

若二元函数 $z=f(x,y)$ 在 $P_0(x_0,y_0)$ 点不连续, 则称 $P_0(x_0,y_0)$ 为 $f(x,y)$ 的**间断点**. 二元函数的间断性与一元函数有所不同, 有时 $f(x,y)$ 可能有间断点, 有时它可能有间断线.

比如, 点 $(0,0)$ 是函数 $f(x,y)=\begin{cases}\dfrac{xy}{x^2+y^2}, & x^2+y^2\neq 0\\ 0, & x^2+y^2=0\end{cases}$ 的间断点;

而函数 $f(x,y)=\dfrac{xy}{y-x^2}$ 不仅有间断点 $(0,0)$, 还有间断线 $y=x^2$.

根据二元函数极限的四则运算法则可以证明: 二元连续函数的和、差、积、商(在分母不为零处)仍是连续函数, 二元连续函数的复合函数也是连续函数.

在上册中已经给出了一元初等函数的定义. 一元初等函数是指由常数及基本初等

函数经过有限次的四则运算和有限次的复合得到的、能用一个式子表示的一元函数.
基于一元初等函数可以给出多元初等函数的定义.

多元初等函数是指可用一个式子表示的多元函数,这个式子是由常数及具有不同
自变量的一元基本初等函数经过有限次的四则运算和有限次的复合而得到的.如
$\dfrac{xy}{y-x^2}$,$\cos(xy+2)$,e^{xy},$\ln\sqrt{x^2y^2+1}$ 等都是多元初等函数.

由于基本初等函数在其定义域内都是连续的,再加上上面指出的连续函数的和、
差、积、商的连续性及连续函数的复合函数的连续性,进一步可以得出如下结论.

结论 一切多元初等函数在其定义区域内是连续的.定义区域是指包含在定义域
内的区域或闭区域.

例 5 求下列极限:

(1) $\lim\limits_{(x,y)\to(1,1)}\dfrac{2xy}{x^2+xy-y^2}$; (2) $\lim\limits_{(x,y)\to(1,2)}\dfrac{x+y}{xy}$.

解 (1)由于 $f(x,y)=\dfrac{2xy}{x^2+xy-y^2}$ 是二元初等函数,其定义域为 $D=\{(x,y)\mid x^2+xy-y^2\neq0\}$,而点 $(1,1)$ 是 D 的内点,所以函数 $f(x,y)$ 在点 $(1,1)$ 连续,有

$$\lim\limits_{(x,y)\to(1,1)}\dfrac{2xy}{x^2+xy-y^2}=\dfrac{2\times1\times1}{1+1-1}=2.$$

(2)由于 $f(x,y)=\dfrac{x+y}{xy}$ 是二元初等函数,其定义域为 $D=\{(x,y)\mid xy\neq0\}$,而点 $(1,2)$ 是 D 的内点,所以函数 $f(x,y)$ 在点 $(1,2)$ 连续,有

$$\lim\limits_{(x,y)\to(1,2)}\dfrac{x+y}{xy}=\dfrac{1+2}{1\times2}=\dfrac{3}{2}.$$

例 6 求 $\lim\limits_{(x,y)\to(0,2)}\dfrac{\sin xy}{x}$.

解 $\lim\limits_{(x,y)\to(0,2)}\dfrac{\sin xy}{x}=\lim\limits_{(x,y)\to(0,2)}\dfrac{\sin xy}{xy}\cdot y=\lim\limits_{(x,y)\to(0,2)}\dfrac{\sin xy}{xy}\cdot\lim\limits_{(x,y)\to(0,2)}y.$

因为 $\lim\limits_{(x,y)\to(0,2)}\dfrac{\sin xy}{xy}\xlongequal{\text{令}\,u=xy}\lim\limits_{u\to0}\dfrac{\sin u}{u}=1,$

所以 $\lim\limits_{(x,y)\to(0,2)}\dfrac{\sin xy}{x}=1\times2=2.$

在例 6 中通过变量替换将二元函数转换成一元函数,进而可以利用一元函数求极限
的方法进行求解.需要提醒的是,不能直接利用洛必达法则求解二重极限.

例 7 求 $\lim\limits_{(x,y)\to(0,2)}(1+xy)^{\frac{2}{\tan xy}}$.

解 令 $u=xy$,当 $(x,y)\to(0,2)$ 时,$u\to0.$ 有

$$\lim_{(x,y)\to(0,2)}(1+xy)^{\frac{2}{\tan xy}}=\lim_{u\to0}(1+u)^{\frac{2}{\tan u}}=\lim_{u\to0}e^{\frac{2}{\tan u}\ln(1+u)}=\lim_{u\to0}e^{\frac{2}{u}\cdot u}=e^2.$$

二元函数在闭区域上连续,同样具有像一元函数在闭区间上连续的性质.

定理 2 （最大最小值定理）如果函数 $f(x,y)$ 在有界闭区域 D 上连续,则 $f(x,y)$ 在 D 上必能取得最大值和最小值.

定理 3 （介值定理）如果函数 $f(x,y)$ 在有界闭区域 D 上连续,M 与 m 分别是其在区域 D 上的最大值和最小值,那么对任意满足 $m<\mu<M$ 的 μ,在区域 D 上至少存在一点 (ξ,η) 使得 $f(\xi,\eta)=\mu$.

本节主要介绍二元函数的相关性质与结论,这些内容都可以推广到其他多元函数.

习　题　9.1

1.描绘下列平面区域,并指出它是开区域还是闭区域,有界还是无界:

(1) $D=\{(x,y)\mid x^2>y\}$;　　　　(2) $D=\{(x,y)\mid x+y\leqslant1,x\geqslant0,y\geqslant0\}$;

(3) $D=\{(x,y)\mid1<x^2+y^2\leqslant4\}$;　(4) $D=\{(x,y)\mid x^2-y^2<1\}$.

2.求下列函数的定义域:

(1) $z=\sqrt{y-\sqrt{x}}$;　　　　　(2) $z=\sqrt{x^2-2}+\sqrt{2-y^2}$;

(3) $z=\dfrac{\ln(1+xy)}{x}$;　　　　(4) $z=\arcsin\dfrac{x}{y^2}+\arccos(1-y)$.

3.计算下列函数在指定点的函数值:

(1) $f(x,y)=\dfrac{x^2-y^2}{xy}$,计算 $f(y,x),f(-x,-y)$;

(2) $f(x,y)=\begin{cases}\dfrac{2xy}{x^2+y^2},&x^2+y^2\neq0\\0,&x^2+y^2=0\end{cases}$,计算 $f(2,1),f(0,2),f(0,0)$;

(3) $f(x,y)=\dfrac{2xy}{x^2+y^2}$,求 $f\left(1,\dfrac{y}{x}\right)$.

(4) $f(u,v)=v^u$,求 $f(xy,x+y)$.

4.求下列函数的极限:

(1) $\lim\limits_{(x,y)\to(0,0)}\dfrac{\sqrt{1+xy}-1}{x}$;　　(2) $\lim\limits_{(x,y)\to(0,0)}\dfrac{2xy}{\sqrt{x^2+y^2}}$;

(3) $\lim\limits_{(x,y)\to(a,0)}\dfrac{e^{xy}-1}{\cos^2 x+\cos^2 y}$;　(4) $\lim\limits_{(x,y)\to(\infty,\infty)}\dfrac{x^2+y^2}{x^4+y^4}$;

(5) $\lim\limits_{(x,y)\to(2,1)}\dfrac{2xy+x^2y}{x^2-xy+y^2}$.

5. 判断 $\lim\limits_{(x,y)\to(0,0)} \dfrac{\sin \pi x \sin \pi y}{\sin^2 \pi x + \sin^2 \pi y}$ 是否存在?

6. 证明 $\lim\limits_{(x,y)\to(0,0)} \dfrac{x^3 y}{x^6 + y^2}$ 的极限不存在.

7. 判定下列函数在点 $(0,0)$ 处是否连续?

(1) $f(x,y) = \begin{cases} 1, xy = 0 \\ 0, xy \neq 0 \end{cases}$;　　　(2) $f(x,y) = \begin{cases} \dfrac{xy}{x^2 + y^2}, x^2 + y^2 \neq 0 \\ 0, \qquad x^2 + y^2 = 0 \end{cases}$.

8. 求下列函数的间断点:

(1) $f(x,y) = \dfrac{e^{x+y}}{x+y}$;　　(2) $f(x,y) = \dfrac{y^2 + 2x}{y^2 - 2x}$;　　(3) $f(x,y) = \dfrac{1}{\ln(x^2 + y^2)}$.

9.2　偏导数

9.2.1　偏导数的概念

一元函数的导数刻画了函数关于自变量的变化率. 推广到多元函数也可以考虑多元函数中因变量关于自变量的变化率. 但是,由于多元函数的自变量有多个,因而因变量与自变量的关系更为复杂. 为使问题简单,仅考虑因变量关于某一个自变量的变化率,即让其他自变量保持不变,只让某一个自变量变化,这时的多元函数就可看成这个自变量的一元函数,该函数对这个自变量的导数就是下面要介绍的偏导数.

设二元函数 $z = f(x,y)$ 在点 $P_0(x_0, y_0)$ 的某邻域内有定义,任给自变量 x 一个改变量 Δx,y 保持不变,有相应的函数值的改变量

$$\Delta z_x = f(x_0 + \Delta x, y_0) - f(x_0, y_0),$$

称其为二元函数 $f(x,y)$ 在点 $P_0(x_0, y_0)$ 处关于自变量 x 的**偏增量**.

同样,任给自变量 y 一个改变量 Δy,x 保持不变,有相应的函数值的改变量

$$\Delta z_y = f(x_0, y_0 + \Delta y) - f(x_0, y_0),$$

称其为二元函数 $f(x,y)$ 在点 $P_0(x_0, y_0)$ 关于自变量 y 的**偏增量**.

定义 1　设二元函数 $z = f(x,y)$ 在点 $P_0(x_0, y_0)$ 的某邻域内有定义,如果

$$\lim_{\Delta x \to 0} \frac{\Delta z_x}{\Delta x} = \lim_{\Delta x \to 0} \frac{f(x_0 + \Delta x, y_0) - f(x_0, y_0)}{\Delta x}$$

存在,那么称 $f(x,y)$ 在点 $P_0(x_0, y_0)$ 处关于 x 存在偏导数,其极限值称为函数 $f(x,y)$ 在点 $P_0(x_0, y_0)$ 关于 x 的偏导数. 记作

$$\frac{\partial f}{\partial x}\bigg|_{\substack{x=x_0\\y=y_0}},\text{或}\frac{\partial z}{\partial x}\bigg|_{\substack{x=x_0\\y=y_0}},\text{或}\frac{\partial z}{\partial x}\bigg|_{(x_0,y_0)},\text{或}f_x(x_0,y_0),\text{或}z_x(x_0,y_0).$$

即
$$f_x(x_0,y_0)=\lim_{\Delta x\to 0}\frac{f(x_0+\Delta x,y_0)-f(x_0,y_0)}{\Delta x}.$$

如果令 $x=x_0+\Delta x$,有

$$f_x(x_0,y_0)=\lim_{\Delta x\to 0}\frac{f(x_0+\Delta x,y_0)-f(x_0,y_0)}{\Delta x}=\lim_{x\to x_0}\frac{f(x,y_0)-f(x_0,y_0)}{x-x_0}.$$

类似地,可定义 $f(x,y)$ 在点 $P_0(x_0,y_0)$ 关于 y 的偏导数:如果

$$\lim_{\Delta y\to 0}\frac{\Delta z_y}{\Delta y}=\lim_{\Delta y\to 0}\frac{f(x_0,y_0+\Delta y)-f(x_0,y_0)}{\Delta y}$$

存在,则其极限值称为函数 $f(x,y)$ 在点 $p_0(x_0,y_0)$ 关于 y 的偏导数. 记作 $\dfrac{\partial f}{\partial y}\bigg|_{\substack{x=x_0\\y=y_0}}$,或

$\dfrac{\partial z}{\partial y}\bigg|_{\substack{x=x_0\\y=y_0}}$,或 $\dfrac{\partial z}{\partial y}\bigg|_{(x_0,y_0)}$,或 $f_y(x_0,y_0)$,或 $z_y(x_0,y_0)$.

即
$$f_y(x_0,y_0)=\lim_{\Delta y\to 0}\frac{f(x_0,y_0+\Delta y)-f(x_0,y_0)}{\Delta y}.$$

如果令 $y=y_0+\Delta y$,有

$$f_y(x_0,y_0)=\lim_{\Delta y\to 0}\frac{f(x_0,y_0+\Delta y)-f(x_0,y_0)}{\Delta y}=\lim_{y\to y_0}\frac{f(x_0,y)-f(x_0,y_0)}{y-y_0}.$$

如果二元函数 $f(x,y)$ 在区域 D 内对任意一点 $P(x,y)$ 都存在关于 x 的偏导数,也就是对 D 内任一点 $P(x,y)$ 都存在唯一的实数($f(x,y)$ 在该点对 x 的偏导数)与之相对应,这就确定了一个 x,y 的二元函数,称这个函数为函数 $f(x,y)$ 关于自变量 x 的**偏导函数**,简称为**偏导数**. 记作

$$\frac{\partial f}{\partial x},\text{或}\frac{\partial z}{\partial x},\text{或}z_x(\text{也可写为}z'_x),\text{或}f_x(x,y)(\text{也可写为}f'_x(x,y)).$$

即
$$f_x(x,y)=\lim_{\Delta x\to 0}\frac{f(x+\Delta x,y)-f(x,y)}{\Delta x}.$$

类似地,可以给出二元函数 $z=f(x,y)$ 关于 y 的偏导数的定义.

即
$$f_y(x,y)=\lim_{\Delta y\to 0}\frac{f(x,y+\Delta y)-f(x,y)}{\Delta y},$$

记作

$$\frac{\partial f}{\partial y},\text{或}\frac{\partial z}{\partial y},\text{或}z_y(\text{也可写为}z'_y),\text{或}f_y(x,y)(\text{也可写为}f'_y(x,y)).$$

由定义可知,二元函数 $z=f(x,y)$ 对 x 的偏导数的本质是求极限,而求极限的过程中,就是让自变量 y 固定不变,视同常量,此时 $f(x,y)$ 只是 x 的一元函数,按照一元函数的求导法则,求 z 对 x 的导数就得到二元函数 $z=f(x,y)$ 对 x 的偏导数;同样

$z=f(x,y)$ 对 y 的偏导数,就是把自变量 x 视同常量,按照一元函数的求导法则,求 z 对 y 的导数.因此计算多元函数的偏导数的过程本质上就是一元函数求导.

综上可知,计算函数 $f(x,y)$ 在 (x_0,y_0) 处对 x 的偏导数值其实就是求对 x 的偏导函数 $f_x(x,y)$ 在 (x_0,y_0) 处的函数值.

可以将二元函数的偏导数的定义推广到二元以上的多元函数的偏导数.比如,三元函数 $u=f(x,y,z)$ 的一阶偏导数:

$$f_x(x,y,z)=\lim_{\Delta x\to 0}\frac{f(x+\Delta x,y,z)-f(x,y,z)}{\Delta x},$$

$$f_y(x,y,z)=\lim_{\Delta y\to 0}\frac{f(x,y+\Delta y,z)-f(x,y,z)}{\Delta y},$$

$$f_z(x,y,z)=\lim_{\Delta z\to 0}\frac{f(x,y,z+\Delta z)-f(x,y,z)}{\Delta z}.$$

例 1　求 $z=xy^2+y\cos x^2$ 的偏导数.

解　对 x 求偏导数,把 y 看作常量,得　　$\dfrac{\partial z}{\partial x}=y^2-2xy\sin x^2$;

对 y 求偏导数,把 x 看作常量,得　　$\dfrac{\partial z}{\partial y}=2xy+\cos x^2$.

例 2　已知关系式 $PV=RT(R$ 为常数),求证

$$\frac{\partial P}{\partial V}\cdot\frac{\partial V}{\partial T}\cdot\frac{\partial T}{\partial P}=-1.$$

证明　因为 $P=\dfrac{RT}{V}$,所以 $\dfrac{\partial P}{\partial V}=-\dfrac{RT}{V^2}$;因为 $V=\dfrac{RT}{P}$,所以 $\dfrac{\partial V}{\partial T}=\dfrac{R}{P}$;

又因为 $T=\dfrac{PV}{R}$,所以 $\dfrac{\partial T}{\partial P}=\dfrac{V}{R}$.故

$$\frac{\partial P}{\partial V}\cdot\frac{\partial V}{\partial T}\cdot\frac{\partial T}{\partial P}=-\frac{RT}{V^2}\cdot\frac{R}{P}\cdot\frac{V}{R}=-\frac{RT}{PV}=-1.$$

特别注意的是:对偏导数而言,$\dfrac{\partial z}{\partial x}$ 是一个整体符号,它不能像一元函数那样看作两个独立符号之比.

例 3　求 $u=\left(\dfrac{x}{y}\right)^z$ 的偏导数.

解　对 x 求偏导数,把 y,z 看作常量,得

$$\frac{\partial u}{\partial x}=z\left(\frac{x}{y}\right)^{z-1}\frac{1}{y}=\frac{z}{y}\left(\frac{x}{y}\right)^{z-1};$$

$$\frac{\partial u}{\partial y}=z\left(\frac{x}{y}\right)^{z-1}\left(-\frac{x}{y^2}\right)=-\frac{xz}{y^2}\left(\frac{x}{y}\right)^{z-1};$$

$$\frac{\partial u}{\partial z}=\left(\frac{x}{y}\right)^z\ln\frac{x}{y}.$$

再次强调一下,二元函数的偏导数还是二元函数,可看看例 1、例 3 的结果.

由一元函数的微分学可知,函数 $f(x)$ 在某点可导必连续,但对二元函数 $f(x,y)$ 来说,如果它在点 $P_0(x_0,y_0)$ 对 x 的偏导数存在,只能保证动点 $P(x,y)$ 沿着直线 $y=y_0$ 趋于 P_0 时函数值 $f(P)$ 趋于 $f(P_0)$. 同样,如果它在点 $P_0(x_0,y_0)$ 对 y 的偏导数存在,只能保证动点 P 沿着直线 $x=x_0$ 趋于 P_0 时函数值 $f(P)$ 趋于 $f(P_0)$. 因此,即使函数 $f(x,y)$ 对 x 和 y 的偏导数都存在,也只能保证动点 P 沿四个方向趋于 P_0 时函数值 $f(P)$ 趋于 $f(P_0)$. 而如果函数 $f(x,y)$ 在点 $P_0(x_0,y_0)$ 连续,则要求当点 P 沿任何方向趋于 P_0 时函数值 $f(P)$ 趋于 $f(P_0)$.

因此,对二元函数来说,即使函数 $f(x,y)$ 对 x 和 y 的偏导数都存在,也不能保证函数 $f(x,y)$ 在点 $P_0(x_0,y_0)$ 连续.

例 4　求函数 $f(x,y)=\begin{cases}1,&\text{当 }x=0\text{ 或者 }y=0\\0,&\text{当 }xy\neq0\end{cases}$ 在点 $(0,0)$ 处的偏导数,并讨论函数点 $(0,0)$ 处是否连续.

解　因为 $f_x(0,0)=\lim\limits_{h\to0}\dfrac{f(0+h,0)-f(0,0)}{h}=\lim\limits_{h\to0}\dfrac{1-1}{h}=0$,

$$f_y(0,0)=\lim\limits_{h\to0}\dfrac{f(0,0+h)-f(0,0)}{h}=\lim\limits_{h\to0}\dfrac{1-1}{h}=0.$$

但是 $\lim\limits_{\substack{y=x\\x\to0}}f(x,y)=\lim\limits_{\substack{y=x\\x\to0}}0=0,\lim\limits_{\substack{y\to0\\x=0}}f(x,y)=\lim\limits_{\substack{y\to0\\x=0}}1=0$,即当点 (x,y) 沿着直线 $y=x$ 趋于点 $(0,0)$ 与沿着纵轴趋于零时,对应的函数值 $f(x,y)$ 趋于不同的数值,因此函数 $f(x,y)$ 在 $(0,0)$ 点不存在二重极限,在该点就不连续.

9.2.2　二元函数偏导数的几何意义

二元函数 $z=f(x,y)$ 在空间直角坐标系下的图像是一张空间曲面 S,设 $M_0(x_0,y_0,f(x_0,y_0))$ 是曲面上一点,过 M_0 点作平面 $y=y_0$,该平面与曲面 S 的交线为 K_1：$\begin{cases}y=y_0\\z=f(x,y)\end{cases}$. 偏导数 $f_x(x_0,y_0)$ 是一元函数 $f(x,y_0)$ 在点 x_0 处的导数,因而 $f_x(x_0,y_0)$ 的几何意义就是平面 $y=y_0$ 上曲线 K_1 在点 M_0 处的切线 L_1 对 x 轴正向的斜率.

同理,偏导数 $f_y(x_0,y_0)$ 的几何意义就是平面 $x=x_0$ 上曲线 K_2：$\begin{cases}x=x_0\\z=f(x,y)\end{cases}$ 在点 $M_0(x_0,y_0,f(x_0,y_0))$ 处的切线 L_2 对 y 轴正向的斜率(见图 9-3).

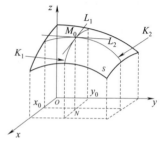

图　9-3

9.2.3　高阶偏导数

如果二元函数 $f(x,y)$ 在区域 D 内任意一点 (x,y) 存在偏导数 $\frac{\partial z}{\partial x}, \frac{\partial z}{\partial y}$，并且这两个偏导数关于 x,y 还存在偏导数，即

$$\frac{\partial}{\partial x}\left(\frac{\partial z}{\partial x}\right), \frac{\partial}{\partial y}\left(\frac{\partial z}{\partial x}\right), \frac{\partial}{\partial x}\left(\frac{\partial z}{\partial y}\right), \frac{\partial}{\partial y}\left(\frac{\partial z}{\partial y}\right)$$

都存在，则称这四个偏导数是二元函数 $f(x,y)$ 的二阶偏导数. 记为

$$\frac{\partial}{\partial x}\left(\frac{\partial z}{\partial x}\right)=\frac{\partial^2 z}{\partial x^2}=z_{xx}=f_{xx}(x,y); \qquad \frac{\partial}{\partial y}\left(\frac{\partial z}{\partial x}\right)=\frac{\partial^2 z}{\partial x\partial y}=z_{xy}=f_{xy}(x,y);$$

$$\frac{\partial}{\partial x}\left(\frac{\partial z}{\partial y}\right)=\frac{\partial^2 z}{\partial y\partial x}=z_{yx}=f_{yx}(x,y); \qquad \frac{\partial}{\partial y}\left(\frac{\partial z}{\partial y}\right)=\frac{\partial^2 z}{\partial y^2}=z_{yy}=f_{yy}(x,y).$$

其中 $\frac{\partial^2 z}{\partial x\partial y}=z_{xy}=f_{xy}(x,y)$ 表示二元函数依次先对 x 后对 y 求偏导数，即按从左往右的顺序依次求偏导数. $f_{xy}(x,y)$ 与 $f_{yx}(x,y)$ 称为二阶混合偏导数，一般情况下是不相等的.

如果 $\frac{\partial^2 z}{\partial x^2}, \frac{\partial^2 z}{\partial x\partial y}, \frac{\partial^2 z}{\partial y\partial x}$ 以及 $\frac{\partial^2 z}{\partial y^2}$ 关于 x,y 仍然存在偏导数，分别求偏导后，可得到 8 个三阶偏导数，依次进行下去，可得四阶、五阶、……、n 阶偏导数. 二阶以及二阶以上的偏导数统称为**高阶偏导数**.

二元函数 $f(x,y)$ 的一阶偏导数有 2 个，二阶偏导数有 4 个，三阶偏导数有 8 个，……，n 阶偏导数有 2^n 个.

例 5　求二元函数 $z=\mathrm{e}^x\cos y$ 的二阶偏导数.

解　先求一阶偏导数：$\frac{\partial z}{\partial x}=\mathrm{e}^x\cos y, \frac{\partial z}{\partial y}=-\mathrm{e}^x\sin y.$

再求二阶偏导数：$\frac{\partial^2 z}{\partial x^2}=\frac{\partial}{\partial x}\left(\frac{\partial z}{\partial x}\right)=\frac{\partial}{\partial x}(\mathrm{e}^x\cos y)=\mathrm{e}^x\cos y,$

$$\frac{\partial^2 z}{\partial x\partial y}=\frac{\partial}{\partial y}\left(\frac{\partial z}{\partial x}\right)=\frac{\partial}{\partial y}(\mathrm{e}^x\cos y)=-\mathrm{e}^x\sin y,$$

$$\frac{\partial^2 z}{\partial y\partial x}=\frac{\partial}{\partial x}\left(\frac{\partial z}{\partial y}\right)=\frac{\partial}{\partial x}(-\mathrm{e}^x\sin y)=-\mathrm{e}^x\sin y,$$

$$\frac{\partial^2 z}{\partial y^2}=\frac{\partial}{\partial y}\left(\frac{\partial z}{\partial y}\right)=\frac{\partial}{\partial y}(-\mathrm{e}^x\sin y)=-\mathrm{e}^x\cos y.$$

例 6　求 $z=x\ln(xy)$ 的二阶偏导数.

解　$\frac{\partial z}{\partial x}=\ln(xy)+x\cdot\frac{y}{xy}=\ln(xy)+1, \qquad \frac{\partial z}{\partial y}=x\cdot\frac{x}{xy}=\frac{x}{y},$

$$\frac{\partial^2 z}{\partial x^2}=\frac{\partial}{\partial x}(\ln(xy)+1)=\frac{y}{xy}=\frac{1}{x},\quad \frac{\partial^2 z}{\partial y^2}=\frac{\partial}{\partial y}\left(\frac{x}{y}\right)=-\frac{x}{y^2},$$

$$\frac{\partial^2 z}{\partial x\partial y}=\frac{\partial}{\partial y}\left(\frac{\partial z}{\partial x}\right)=\frac{\partial}{\partial y}(\ln(xy)+1)=\frac{x}{xy}=\frac{1}{y},$$

$$\frac{\partial^2 z}{\partial y\partial x}=\frac{\partial}{\partial x}\left(\frac{\partial z}{\partial y}\right)=\frac{\partial}{\partial x}\left(\frac{x}{y}\right)=\frac{1}{y}.$$

例 5、例 6 中两个二阶混合偏导数都相等,能否确定所有二元函数的二阶混合偏导数一定相等? 下面的定理 1 给出了答案.

定理 1　若函数 $z=f(x,y)$ 的二阶混合偏导数 $f_{xy}(x,y)$ 与 $f_{yx}(x,y)$ 在区域 D 内连续,则在区域 D 内两个二阶混合偏导数一定相等.

习　题　9.2

1. 求下列函数的偏导数:

(1) $z=\ln(x+\ln y)$;　　　　　　(2) $z=(1+xy)^y$;

(3) $z=x\mathrm{e}^{-xy}$;　　　　　　　(4) $z=\tan\frac{y}{x}\cdot\sin(xy)$;

(5) $f(x,y,z)=\sin\frac{y}{x}\cos\frac{x}{y}+z^2$; (6) $u=x\mathrm{e}^{xyz}$.

2. 设 $z=\ln(\sqrt{x}+\sqrt{y})$,求 $x\frac{\partial z}{\partial x}+y\frac{\partial z}{\partial y}$.

3. 求下列函数的二阶偏导数:

(1) $z=x\sin(x+y)$;　　　　　　(2) $z=x^y$;

(3) $z=y^x\ln(xy)$;　　　　　　(4) $z=\sin^2(ax+by)$.

4. 设 $u=z\arctan\frac{x}{y}$,求证: $\frac{\partial^2 u}{\partial x^2}+\frac{\partial^2 u}{\partial y^2}+\frac{\partial^2 u}{\partial z^2}=0$.

5. 设 $\frac{1}{u^2}=x^2+y^2+z^2$,求证: $\frac{\partial^2 u}{\partial x^2}+\frac{\partial^2 u}{\partial y^2}+\frac{\partial^2 u}{\partial z^2}=0$.

6. 设 $f(x,y)=\begin{cases}\dfrac{x^2 y}{x^2+y^2}, & x^2+y^2\neq 0\\ 0, & x^2+y^2=0\end{cases}$,求 $f_x(x,y)$ 及 $f_y(x,y)$.

7. 设 $f(x,y)=\displaystyle\int_0^{xy}\mathrm{e}^{-t^2}\mathrm{d}t$,求 $\frac{\partial^2 f}{\partial x^2}$.

8. 已知函数 $z=u(x,y)\mathrm{e}^{ax+by}$,且 $\frac{\partial^2 u}{\partial x\partial y}=0$,确定常数 a 和 b,使函数 $z=z(x,y)$ 满足

方程 $\dfrac{\partial^2 z}{\partial x \partial y} - \dfrac{\partial z}{\partial x} - \dfrac{\partial z}{\partial y} + z = 0$.

9.3 全微分

先回顾一下一元函数微分的概念:设函数 $y = f(x)$ 在点 x_0 的某邻域 $U(x_0, \delta)$ 内有定义,任给 x_0 一个增量 $\Delta x (x_0 + \Delta x \in U(x_0, \delta))$,得到相应函数值的增量 $\Delta y = f(x_0 + \Delta x) - f(x_0)$,如果存在不依赖于 Δx 的常数 A,使得 $\Delta y = A \cdot \Delta x + o(\Delta x)$,则称函数 $y = f(x)$ 在点 x_0 处是可微的,称 $A \cdot \Delta x$ 为 $y = f(x)$ 在点 x_0 处的微分. 将一元函数微分的概念推广到二元函数就得到二元函数全微分的概念.

9.3.1 全微分的概念

定义 1 设函数 $z = f(x, y)$ 在点 $P(x, y)$ 的某邻域 $U(P, \delta)$ 内有定义,任给自变量 x, y 各一个改变量 $\Delta x, \Delta y$,得到函数在点 $P(x, y)$ 处的**全增量** Δz,即

$$\Delta z = f(x + \Delta x, y + \Delta y) - f(x, y).$$

如果 Δz 可表示为

$$\Delta z = A \Delta x + B \Delta y + o(\rho),$$

其中 A, B 是与 $\Delta x, \Delta y$ 无关,仅与 x, y 有关的函数或常数,$\rho = \sqrt{(\Delta x)^2 + (\Delta y)^2}$,则称函数 $f(x, y)$ 在点 $P(x, y)$ 处**可微**,且 $A \Delta x + B \Delta y$ 称为函数在点 $P(x, y)$ 处的**全微分**. 记作

$$\mathrm{d}z = A \Delta x + B \Delta y.$$

由定义可知,若 $z = f(x, y)$ 在点 $P(x_0, y_0)$ 处可微,有

$$\Delta z = f(x, y) - f(x_0, y_0) = A \Delta x + B \Delta y + o(\rho).$$

因为

$$\lim_{(\Delta x, \Delta y) \to (0,0)} \rho = \lim_{(\Delta x, \Delta y) \to (0,0)} \sqrt{(\Delta x)^2 + (\Delta y)^2} = 0,$$

从而有 $\lim\limits_{(\Delta x, \Delta y) \to (0,0)} \Delta z = \lim\limits_{(\Delta x, \Delta y) \to (0,0)} [A \Delta x + B \Delta y + o(\rho)] = 0$.

$$\lim_{(x, y) \to (x_0, y_0)} f(x, y) = \lim_{(x, y) \to (x_0, y_0)} [f(x_0, y_0) + \Delta z] = f(x_0, y_0),$$

因此函数 $z = f(x, y)$ 在点 $P(x_0, y_0)$ 处连续.

函数 $f(x, y)$ 在某点连续是函数在该点可微的**必要条件**. 换句话说,若 $f(x, y)$ 在某点不连续,则 $f(x, y)$ 在该点不可微.

对于一元函数,可微与可导是等价的,但对于二元函数来说这个结论不成立. 前面

已经讨论了二元函数在某点即使两个偏导数存在,也不能保证函数在该点连续,也就不能保证在该点可微了.

定理 1 (**必要性**)若函数 $z=f(x,y)$ 在点 $P(x,y)$ 处可微,则函数 $f(x,y)$ 在点 $P(x,y)$ 处存在两个偏导数 $\dfrac{\partial z}{\partial x}$,$\dfrac{\partial z}{\partial y}$,并且 $\mathrm{d}z=\dfrac{\partial z}{\partial x}\Delta x+\dfrac{\partial z}{\partial y}\Delta y$.

证明 因为函数 $f(x,y)$ 在点 $P(x,y)$ 处可微,所以

$$\Delta z=A\Delta x+B\Delta y+o(\rho).$$

当 $\Delta y=0$ 时,$\rho=\sqrt{(\Delta x)^2+(\Delta y)^2}=|\Delta x|$,有

$$\Delta z_x=A\Delta x+o(\rho)=A\Delta x+o(|\Delta x|),$$

所以

$$\lim_{\Delta x\to 0}\frac{\Delta z_x}{\Delta x}=\lim_{\Delta x\to 0}\frac{A\Delta x+o(|\Delta x|)}{\Delta x}=A=\frac{\partial z}{\partial x}.$$

同理可得

$$\frac{\partial z}{\partial y}=B.$$

故

$$\mathrm{d}z=\frac{\partial z}{\partial x}\Delta x+\frac{\partial z}{\partial y}\Delta y.$$

综上所述,两个一阶偏导数存在是二元函数可微的必要条件,而不是充分条件.那么,两个一阶偏导数存在的二元函数还要满足什么条件才一定可微呢?下面的定理回答了这个问题.

定理 2 (**充分性**)若函数 $z=f(x,y)$ 在点 $P(x,y)$ 的某个邻域内两个一阶偏导数 $\dfrac{\partial z}{\partial x}$,$\dfrac{\partial z}{\partial y}$ 不仅存在,而且在点 $P(x,y)$ 处都连续,则函数 $z=f(x,y)$ 在该点可微.

证明 由已知函数 $z=f(x,y)$ 在点 $P(x,y)$ 的某个邻域内 $\dfrac{\partial z}{\partial x}$,$\dfrac{\partial z}{\partial y}$ 都存在,假设点 $(x+\Delta x,y+\Delta y)$ 为这邻域内任一点,函数的全增量

$$\begin{aligned}\Delta z&=f(x+\Delta x,y+\Delta y)-f(x,y)\\&=[f(x+\Delta x,y+\Delta y)-f(x,y+\Delta y)]+[f(x,y+\Delta y)-f(x,y)].\end{aligned}$$

对于 $f(x+\Delta x,y+\Delta y)$ 与 $f(x,y+\Delta y)$,由于第二个坐标都是 $y+\Delta y$,因而可以将 $f(x+\Delta x,y+\Delta y)-f(x,y+\Delta y)$ 看作一元函数 $f(x,y+\Delta y)$ 在点 x 的函数值增量.同理 $f(x,y+\Delta y)-f(x,y)$ 看作一元函数 $f(x,y)$ 在点 y 的函数值增量.

由条件 $\dfrac{\partial z}{\partial x}$ 与 $\dfrac{\partial z}{\partial y}$ 在点 $P(x,y)$ 连续可知,$f_x(x,y)$ 与 $f_y(x,y)$ 在点 (x,y) 及其附近存在,因而当 $\Delta x,\Delta y$ 充分小时,应用一元微分学中值定理得

$$f(x+\Delta x,y+\Delta y)-f(x,y+\Delta y)=f_x(x+\theta_1\Delta x,y+\Delta y)\cdot\Delta x,0<\theta_1<1,$$

$$f(x,y+\Delta y)-f(x,y)=f_y(x,y+\theta_2\Delta y)\cdot\Delta y,0<\theta_2<1.$$

于是 $\Delta z = f_x(x+\theta_1\Delta x,y+\Delta y)\cdot\Delta x + f_y(x,y+\theta_2\Delta y)\cdot\Delta y.$

又根据 $\dfrac{\partial z}{\partial x}$ 与 $\dfrac{\partial z}{\partial y}$ 在点 $P(x,y)$ 连续,有

$$f_x(x+\theta_1\Delta x,y+\Delta y)=f_x(x,y)+\alpha,\ f_y(x,y+\theta_2\Delta y)=f_y(x,y)+\beta,$$

当 $\Delta x\to 0,\Delta y\to 0$ 时,$\alpha\to 0,\beta\to 0.$

所以 $\Delta z = f_x(x,y)\cdot\Delta x + f_y(x,y)\cdot\Delta y + \alpha\Delta x + \beta\Delta y.$ \hfill (9.1)

而且当 $\Delta x\to 0,\Delta y\to 0$ 时,

$$\frac{|\alpha\Delta x+\beta\Delta y|}{\sqrt{(\Delta x)^2+(\Delta y)^2}}\leqslant\frac{|\alpha\Delta x|}{\sqrt{(\Delta x)^2+(\Delta y)^2}}+\frac{|\beta\Delta y|}{\sqrt{(\Delta x)^2+(\Delta y)^2}}\leqslant|\alpha|+|\beta|\to 0,$$

所以 $\alpha\Delta x+\beta\Delta y=o(\sqrt{(\Delta x)^2+(\Delta y)^2})=o(\rho).$

因此有 $\Delta z=f_x(x,y)\cdot\Delta x+f_y(x,y)\cdot\Delta y+o(\rho)$,也就是函数 $z=f(x,y)$ 在点 (x,y) 处可微.

像一元函数一样,规定自变量的改变量 $\Delta x,\Delta y$ 分别记作 $\mathrm{d}x,\mathrm{d}y$,并称为自变量的微分. 所以二元函数 $z=f(x,y)$ 的全微分可以表示为

$$\mathrm{d}z=\frac{\partial z}{\partial x}\cdot\mathrm{d}x+\frac{\partial z}{\partial y}\cdot\mathrm{d}y=f_x\cdot\mathrm{d}x+f_y\cdot\mathrm{d}y,$$

即二元函数的全微分等于二元函数对所有自变量的偏微分之和.

例 1 求函数 $z=\ln\sqrt{1+x^2+y^2}$ 在点 $(1,1)$ 的全微分.

解 因为 $z=\ln\sqrt{1+x^2+y^2}=\dfrac{1}{2}\ln(1+x^2+y^2)$,故有

$$\frac{\partial z}{\partial x}=\frac{1}{2}\cdot\frac{2x}{1+x^2+y^2}=\frac{x}{1+x^2+y^2},$$

$$\frac{\partial z}{\partial y}=\frac{1}{2}\cdot\frac{2y}{1+x^2+y^2}=\frac{y}{1+x^2+y^2},$$

所以 $\dfrac{\partial z}{\partial x}\Big|_{(1,1)}=\dfrac{1}{3},\qquad \dfrac{\partial z}{\partial x}\Big|_{(1,1)}=\dfrac{1}{3},$

于是 $\mathrm{d}z\big|_{(1,1)}=\dfrac{1}{3}\mathrm{d}x+\dfrac{1}{3}\mathrm{d}y.$

例 2 求 $z=\mathrm{e}^{-\frac{x}{y}}$ 的全微分.

解 因为 $\dfrac{\partial z}{\partial x}=\mathrm{e}^{-\frac{x}{y}}\cdot\left(-\dfrac{1}{y}\right),\quad \dfrac{\partial z}{\partial y}=\mathrm{e}^{-\frac{x}{y}}\cdot\left(\dfrac{x}{y^2}\right)$,所以

$$\mathrm{d}z=-\frac{1}{y}\mathrm{e}^{-\frac{x}{y}}\mathrm{d}x+\frac{x}{y^2}\mathrm{e}^{-\frac{x}{y}}\mathrm{d}y.$$

9.3.2　全微分在近似计算中的应用

设函数 $z=f(x,y)$ 在点 $P_0(x_0,y_0)$ 处可微,则函数在点 $P_0(x_0,y_0)$ 处的全增量为

$$\Delta z=f(x_0+\Delta x,y_0+\Delta y)-f(x_0,y_0)=f_x(x_0,y_0)\Delta x+f_y(x_0,y_0)\Delta y+o(\rho),$$

其中 $\rho=\sqrt{(\Delta x)^2+(\Delta y)^2}$,$o(\rho)$ 是 ρ 的高阶无穷小.

当 $|\Delta x|$,$|\Delta y|$ 充分小时,有

$$\Delta z=f(x_0+\Delta x,y_0+\Delta y)-f(x_0,y_0)$$
$$\approx \mathrm{d}z=f_x(x_0,y_0)\Delta x+f_y(x_0,y_0)\Delta y,$$

于是

$$f(x_0+\Delta x,y_0+\Delta y)\approx f(x_0,y_0)+f_x(x_0,y_0)\Delta x+f_y(x_0,y_0)\Delta y.$$

或令 $x=x_0+\Delta x,y=y_0+\Delta y$,则有

$$f(x,y)\approx f(x_0,y_0)+f_x(x_0,y_0)(x-x_0)+f_y(x_0,y_0)(y-y_0). \tag{9.2}$$

利用式(9.2)进行近似计算时,首先要构造一个二元函数 $f(x,y)$;再在 (x,y) 附近确定一点 (x_0,y_0),要求 $f(x_0,y_0)$ 容易计算,且 $\Delta x=x-x_0,\Delta y=y-y_0$ 都要比较小;最后根据近似计算式(9.2)计算 $f(x,y)$.

例3　求 $(0.98)^{0.99}$ 的近似值.

分析　首先根据题目构造一个二元函数:将 $(0.98)^{0.99}$ 中的两个数字用两个变量替换就得到二元函数 $f(x,y)=x^y$.观察到在点 $(0.98,0.99)$ 附近有点 $(1,1)$,$f(1,1)=1$,因此取 $x_0=1,y_0=1$.

解　设函数 $f(x,y)=x^y$,并取 $x_0=1,y_0=1$,于是

$$\Delta x=0.98-1=-0.02,\quad \Delta y=0.99-1=-0.01.$$

由于 $f_x(x,y)=yx^{y-1}$,$f_y(x,y)=x^y\ln x$,有 $f'_x(1,1)=1$,$f'_y(1,1)=0$,且 $f(1,1)=1$,所以

$$(0.98)^{0.99}=f(1-0.02,1-0.01)\approx f(1,1)+f_x(1,1)\Delta x+f_y(1,1)\Delta y$$
$$=1-0.02=0.98.$$

例4　设一直角三角形的斜边长为 10.11 cm,其中一个锐角为 29°,求这个锐角对边长度的近似值(见图9-4).

解　设斜边为 x,锐角为 y,所求对边的长为 z,有关系式
$z=f(x,y)=x\sin y$.

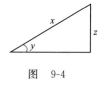

图　9-4

由于在点 $(10.11,29°)$ 附近的点 $(10,30°)$,有 $f(10,30°)=10\times\sin 30°=5$,

于是取

$$x_0=10,\quad y_0=30°=\frac{\pi}{6},$$

$$\Delta x = 10.11 - 10 = 0.11, \quad \Delta y = 29° - 30° = -1° = -\frac{\pi}{180}.$$

又 $f_x(x,y) = \sin y, f_y(x,y) = x\cos y,$ 可得

$$f_x\left(10, \frac{\pi}{6}\right) = \frac{1}{2}, f_y\left(10, \frac{\pi}{6}\right) = 5\sqrt{3},$$

所以 $f\left(10 + 0.11, \frac{\pi}{6} - \frac{\pi}{180}\right)$

$$\approx f\left(10, \frac{\pi}{6}\right) + f_x\left(10, \frac{\pi}{6}\right) \cdot (0.11) + f_y\left(10, \frac{\pi}{6}\right) \cdot \left(-\frac{\pi}{180}\right)$$

$$= 5 + \frac{1}{2} \times 0.11 + 5\sqrt{3} \times \left(-\frac{\pi}{180}\right) \approx 4.904.$$

习 题 9.3

1.求下列数在指定点的全微分:

(1)$z = 4 - \frac{1}{4}(x^2 + y^2),$ $\left(\frac{3}{2}, \frac{3}{2}\right)$; (2)$z = \ln\sqrt{1 + x^2 + y^2}, (1,1).$

2.求下列函数的全微分:

(1)$f(x,y) = e^{xy}\sin x\cos y$; (2)$f(x,y) = \arccos\frac{y}{x} - e^{\frac{x}{y}}$;

(3)$z = 3xe^{-y} + \sqrt{xy}$; (4)$z = \arctan\left(\frac{x+y}{y-x}\right)$;

(5)$u(x,y,z) = x^y y^z z^x.$

3.设 $z = e^{\frac{y}{x}}$,求当 $x=1, y=-2, \Delta x = 0.1, \Delta y = 0.05$ 时全增量和全微分.

4.设 $f(x,y) = \begin{cases} (x^2+y^2)\cos\dfrac{1}{\sqrt{x^2+y^2}}, & x^2+y^2 \neq 0 \\ 0, & x^2+y^2 = 0 \end{cases}$,讨论 $f(x,y)$ 在 $(0,0)$ 点的连续性、偏导数的存在性及可微性.

5.计算下列各式的近似值:

(1)$\sqrt{(1.97)^3 + (2.02)^3}$; (2)$(2.04)^{3.02}$;

(3)$\ln(\sqrt[3]{1.03} + \sqrt[4]{0.97} - 1)$; (4)$\cos 59° \cdot \cot 44°.$

6.为了使扇形的面积保持不变,当扇形中心角 $\alpha = 60°$ 增加 $\Delta\alpha = 1°$ 时,求其半径变化的近似值($R = 20$ cm).

7.有水泥做成开顶的长方形水池,它的外形长 5 m,宽 4 m,高 3 m,它的四壁及底的厚度为 20 cm,求所需水泥量的近似值.

9.4　多元函数的微分法则

在一元函数微分法中,我们讨论了复合函数的微分法. 如果由函数 $y=f(u)$, $u=\varphi(x)$ 复合而成的函数为 $y=f[\varphi(x)]$,则求 $\dfrac{\mathrm{d}y}{\mathrm{d}x}$ 的链式法则是

$$\frac{\mathrm{d}y}{\mathrm{d}x}=\frac{\mathrm{d}f}{\mathrm{d}u}\cdot\frac{\mathrm{d}u}{\mathrm{d}x}.$$

把这一法则推广到多元函数上去,就是下面将要介绍的求多元复合函数偏导数的**链式法则**.

9.4.1　复合函数的微分法

1. 两个中间变量,一个自变量的情形

定理 1　如果函数 $u=\varphi(x)$, $v=\psi(x)$ 在点 x 处都存在导数,函数 $z=f(u,v)$ 在对应点 (u,v) 具有一阶连续偏导数,则复合函数 $z=f[\varphi(x),\psi(x)]$ 在点 x 可导,且

$$\frac{\mathrm{d}z}{\mathrm{d}x}=\frac{\partial f}{\partial u}\cdot\frac{\mathrm{d}u}{\mathrm{d}x}+\frac{\partial f}{\partial v}\cdot\frac{\mathrm{d}v}{\mathrm{d}x}$$

或

$$\frac{\mathrm{d}z}{\mathrm{d}x}=\frac{\partial z}{\partial u}\cdot\frac{\mathrm{d}u}{\mathrm{d}x}+\frac{\partial z}{\partial v}\cdot\frac{\mathrm{d}v}{\mathrm{d}x}. \tag{9.3}$$

称式(9.3)中的导数 $\dfrac{\mathrm{d}z}{\mathrm{d}x}$ 为**全导数**.

证明　任给自变量 x 一个改变量 Δx,得到相应函数 $u=\varphi(x)$, $v=\psi(x)$ 各一个改变量 Δu, Δv,则复合函数也相应地有一个改变量

$$\Delta z=f(u+\Delta u,v+\Delta v)-f(u,v).$$

当 $z=f(u,v)$ 关于 u,v 存在一阶连续偏导数,由 9.3 节的式(9.1),有

$$\Delta z=\frac{\partial f}{\partial u}\cdot\Delta u+\frac{\partial f}{\partial v}\cdot\Delta v+\beta_1\cdot\Delta u+\beta_2\cdot\Delta v,$$

并且

$$\lim_{\substack{\Delta u\to0\\\Delta v\to0}}\beta_1=0,\qquad\lim_{\substack{\Delta u\to0\\\Delta v\to0}}\beta_2=0,$$

所以

$$\frac{\Delta z}{\Delta x}=\frac{\partial f}{\partial u}\cdot\frac{\Delta u}{\Delta x}+\frac{\partial f}{\partial v}\cdot\frac{\Delta v}{\Delta x}+\beta_1\frac{\Delta u}{\Delta x}+\beta_2\frac{\Delta v}{\Delta x}.$$

又因为 $u=\varphi(x)$, $v=\psi(x)$ 对 x 的导数存在,所以

$$\lim_{\Delta x\to0}\frac{\Delta u}{\Delta x}=\frac{\mathrm{d}u}{\mathrm{d}x},\lim_{\Delta x\to0}\frac{\Delta v}{\Delta x}=\frac{\mathrm{d}v}{\mathrm{d}x},\quad\text{且}\lim_{\Delta x\to0}\Delta u=0,\lim_{\Delta x\to0}\Delta v=0,$$

故

$$\lim_{\Delta x\to0}\frac{\Delta z}{\Delta x}=\lim_{\Delta x\to0}\left(\frac{\partial f}{\partial u}\cdot\frac{\Delta u}{\Delta x}+\frac{\partial f}{\partial v}\cdot\frac{\Delta v}{\Delta x}+\beta_1\frac{\Delta u}{\Delta x}+\beta_2\frac{\Delta v}{\Delta x}\right)=\frac{\partial f}{\partial u}\cdot\frac{\mathrm{d}u}{\mathrm{d}x}+\frac{\partial f}{\partial v}\cdot\frac{\mathrm{d}v}{\mathrm{d}x},$$

所以
$$\frac{\mathrm{d}z}{\mathrm{d}x}=\frac{\partial f}{\partial u}\cdot\frac{\mathrm{d}u}{\mathrm{d}x}+\frac{\partial f}{\partial v}\cdot\frac{\mathrm{d}v}{\mathrm{d}x}.$$

定理 1 中复合函数 $z=f[\varphi(x),\psi(x)]$ 的复合过程可形象地用图 9-5 表示,将复合函数的因变量放在"链条"最上层,往下是中间变量,最下层是复合函数的自变量.从图 9-5 可以看到,复合函数的因变量到最终自变量有两条分支:$z\rightarrow u\rightarrow x$ 及 $z\rightarrow v\rightarrow x$,从最左侧分支开始按链式法则的思想求出因变量对自变量的导数,直到最右侧分支.如最左侧分支 z 对 x 求导得到 $\frac{\partial z}{\partial u}\cdot\frac{\mathrm{d}u}{\mathrm{d}x}$,最右侧分支 z 对 x 求导得到 $\frac{\partial z}{\partial v}\cdot\frac{\mathrm{d}v}{\mathrm{d}x}$,将各分支的结果全部加起来就是 $\frac{\mathrm{d}z}{\mathrm{d}x}$.

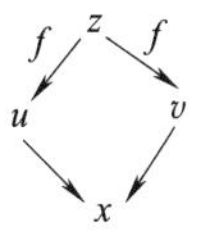

图 9-5

在上面等式中既有求偏导又有求导,什么情况下求偏导,什么情况下求导呢? 当链中的支点下有分支岔路时,该支点变量对其下支的支点变量求偏导;该支点下只有单支分路时,该支点变量对其下支的支点变量求导.即遵循"岔路偏导、单路求导"的原则.

多元函数的链式法则运用的关键在于要分清楚多元函数的复合过程,其本质与一元函数的链式法则是一致的,只是由于自变量增加,导致"链"的分支增加了.

定理 1 可推广到多个中间变量,一个自变量的情形:

如果 $u_i=u_i(x)(i=1,2,\cdots,n)$ 关于自变量 x 可导,且函数 $z=f(u_1,u_2,\cdots,u_n)$ 在对应点处存在一阶连续偏导数,那么复合函数 $z=f[u_1(x),u_2(x),\cdots,u_n(x)]$ 在点 x 处可导,且全导数为

$$\frac{\mathrm{d}z}{\mathrm{d}x}=\frac{\partial f}{\partial u_1}\cdot\frac{\mathrm{d}u_1}{\mathrm{d}x}+\frac{\partial f}{\partial u_2}\cdot\frac{\mathrm{d}u_2}{\mathrm{d}x}+\cdots+\frac{\partial f}{\partial u_n}\cdot\frac{\mathrm{d}u_n}{\mathrm{d}x}=\sum_{k=1}^{n}\frac{\partial f}{\partial u_k}\cdot\frac{\mathrm{d}u_k}{\mathrm{d}x}.$$

例 1　设 $z=\mathrm{e}^{u-v^2}$,$u=\ln x$,$v=\sin x$,求全导数 $\frac{\mathrm{d}z}{\mathrm{d}x}$.

分析　根据已知条件知,z 是 u,v 的二元函数,而 u,v 都是 x 的一元函数,因此最终 z 是 x 的一元函数.

解　因为 $\frac{\partial z}{\partial u}=\mathrm{e}^{u-v^2}$,$\frac{\partial z}{\partial v}=-2v\mathrm{e}^{u-v^2}$,$\frac{\mathrm{d}u}{\mathrm{d}x}=\frac{1}{x}$,$\frac{\mathrm{d}v}{\mathrm{d}x}=\cos x$,由定理 1 得

$$\frac{\mathrm{d}z}{\mathrm{d}x}=\frac{\partial z}{\partial u}\cdot\frac{\mathrm{d}u}{\mathrm{d}x}+\frac{\partial z}{\partial v}\cdot\frac{\mathrm{d}v}{\mathrm{d}x}=\mathrm{e}^{u-v^2}\cdot\frac{1}{x}-2v\mathrm{e}^{u-v^2}\cdot\cos x$$

$$=\frac{1}{x}\mathrm{e}^{\ln x-\sin^2 x}-\sin 2x\mathrm{e}^{\ln x-\sin^2 x}.$$

注意:在以后计算复合函数的偏导数时,一般都假定满足定理的条件,无须验证.

例 2　设 $w=\sqrt{u^2+v^2}+\ln h$,$u=\sin x$,$v=\mathrm{e}^{2x}$,$h=x^2$,求全导数 $\frac{\mathrm{d}w}{\mathrm{d}x}$.

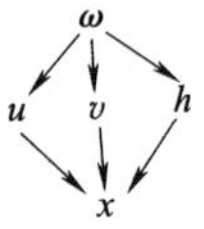

分析 根据已知条件知，w 是 u,v,h 的三元函数，而 u,v,h 都是 x 的一元函数，因此最终 w 是 x 的一元函数.

图 9-6

解 复合过程如图 9-6 所示，从 w 到 x 有三个分支. 所以

$$\frac{\mathrm{d}w}{\mathrm{d}x} = \frac{\partial w}{\partial u} \cdot \frac{\mathrm{d}u}{\mathrm{d}x} + \frac{\partial w}{\partial v} \cdot \frac{\mathrm{d}v}{\mathrm{d}x} + \frac{\partial w}{\partial h} \cdot \frac{\mathrm{d}h}{\mathrm{d}x}$$

$$= \frac{u}{\sqrt{u^2+v^2}} \cdot \cos x + \frac{v}{\sqrt{u^2+v^2}} \cdot 2\mathrm{e}^{2x} + \frac{1}{h} \cdot 2x$$

$$= \frac{\sin x \cos x}{\sqrt{\sin^2 x + \mathrm{e}^{4x}}} + \frac{2\mathrm{e}^{4x}}{\sqrt{\sin^2 x + \mathrm{e}^{4x}}} + \frac{2}{x}.$$

例 3 设 $z = (\sin x)^{\ln x}$，求 $\dfrac{\mathrm{d}z}{\mathrm{d}x}$.

这种类型的导数在一元函数的对数求导法中已经讲过，下面用二元函数偏导数的链式法则进行计算.

解 设 $z = u^v, u = \sin x, v = \ln x$，则

$$\frac{\mathrm{d}z}{\mathrm{d}x} = \frac{\partial z}{\partial u} \cdot \frac{\mathrm{d}u}{\mathrm{d}x} + \frac{\partial z}{\partial v} \cdot \frac{\mathrm{d}v}{\mathrm{d}x} = vu^{v-1} \cdot \cos x + u^v \ln u \cdot \left(\frac{1}{x}\right)$$

$$= \ln x (\sin x)^{\ln x - 1} \cos x + \frac{1}{x} (\sin x)^{\ln x} \ln \sin x.$$

这种将复杂的一元函数变换为二元函数，进而求解的方法显得更为简单.

2. 多个中间变量，多个自变量的情形

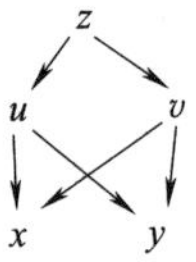

定理 2 如果函数 $u = \varphi(x,y), v = \psi(x,y)$ 在点 (x,y) 都存在两个一阶偏导数. 函数 $z = f(u,v)$ 在对应点 (u,v) 处存在一阶连续偏导数，那么复合函数 $z = f[\varphi(x), \psi(x)]$ 在点 (x,y) 的两个一阶偏导数都存在，且

图 9-7

$$\frac{\partial z}{\partial x} = \frac{\partial z}{\partial u} \cdot \frac{\partial u}{\partial x} + \frac{\partial z}{\partial v} \cdot \frac{\partial v}{\partial x}, \qquad \frac{\partial z}{\partial y} = \frac{\partial z}{\partial u} \cdot \frac{\partial u}{\partial y} + \frac{\partial z}{\partial v} \cdot \frac{\partial v}{\partial y}.$$

定理 2 中复合函数 $z = f[\varphi(x), \psi(x)]$ 的复合过程可形象地用图 9-7 表示，最上层是复合函数的因变量，最下层是复合函数的自变量. 从图 9-7 可以看到，复合函数的因变量到自变量 x 有两条分支：$z \rightarrow u \rightarrow x$ 及 $z \rightarrow v \rightarrow x$，将每支按链式法则的思想求导分别得到 $\dfrac{\partial z}{\partial u} \cdot \dfrac{\partial u}{\partial x}$ 与 $\dfrac{\partial z}{\partial u} \cdot \dfrac{\partial v}{\partial x}$，最后将两式相加，就得到 $\dfrac{\partial z}{\partial x} = \dfrac{\partial z}{\partial u} \cdot \dfrac{\partial u}{\partial x} + \dfrac{\partial z}{\partial v} \cdot \dfrac{\partial v}{\partial x}$.

定理 2 可推广到多个中间变量，多个自变量的情形：

如果函数 $u_k = \varphi_k(x_1, x_2, \cdots x_m)(k=1,2,\cdots,n)$ 在某点都存在一阶偏导数，且函数 $z = f(u_1, u_2, \cdots u_n)$ 在对应点处具有一阶连续偏导数，那么复合函数 $z = f[u_1(x_1, x_2, \cdots, x_m), \cdots, u_n(x_1, x_2, \cdots, x_m)]$ 在该点的所有一阶偏导数都存在，且

$$\frac{\partial z}{\partial x_i} = \sum_{k=1}^{n} \frac{\partial z}{\partial u_k} \cdot \frac{\partial u_k}{\partial x_i} \quad (i=1,2,\cdots,m).$$

例 4　设 $z=\dfrac{u}{v}-uv, u=x\sin y, v=y\cos x$，求 $\dfrac{\partial z}{\partial x}, \dfrac{\partial z}{\partial y}$.

分析　首先确定复合函数的复合构成，可将复合过程图示化，复合过程如图 9-7 所示.

解　根据定理 2，得

$$\frac{\partial z}{\partial x} = \frac{\partial z}{\partial u} \cdot \frac{\partial u}{\partial x} + \frac{\partial z}{\partial v} \cdot \frac{\partial v}{\partial x} = \left(\frac{1}{v}-v\right)\sin y + \left(\frac{u}{v^2}+u\right)y\sin x$$

$$= \sin y\left(\frac{1}{y\cos x}-y\cos x\right) + xy\sin x\sin y\left(\frac{1}{y^2\cos^2 x}+1\right),$$

$$\frac{\partial z}{\partial y} = \frac{\partial z}{\partial u} \cdot \frac{\partial u}{\partial y} + \frac{\partial z}{\partial v} \cdot \frac{\partial v}{\partial y} = \left(\frac{1}{v}-v\right)x\cos y - \left(\frac{u}{v^2}+u\right)\cos x$$

$$= x\cos y\left(\frac{1}{y\cos x}-y\cos x\right) - x\cos x\sin y\left(\frac{1}{y^2\cos^2 x}+1\right).$$

例 5　设 $z=u\mathrm{e}^{\frac{v}{u}}, u=x^2+y^2, v=xy$，求 $\dfrac{\partial z}{\partial x}, \dfrac{\partial z}{\partial y}$.

解

$$\frac{\partial z}{\partial x} = \frac{\partial z}{\partial u} \cdot \frac{\partial u}{\partial x} + \frac{\partial z}{\partial v} \cdot \frac{\partial v}{\partial x} = \left(1-\frac{v}{u}\right)\mathrm{e}^{\frac{v}{u}}(2x) + \mathrm{e}^{\frac{v}{u}} \cdot y$$

$$= \left[2x\left(1-\frac{xy}{x^2+y^2}\right)+y\right]\mathrm{e}^{\frac{xy}{x^2+y^2}} = \left(2x+\frac{y^3-x^2y}{x^2+y^2}\right)\mathrm{e}^{\frac{xy}{x^2+y^2}},$$

$$\frac{\partial z}{\partial y} = \frac{\partial z}{\partial u} \cdot \frac{\partial u}{\partial y} + \frac{\partial z}{\partial v} \cdot \frac{\partial v}{\partial y} = \left(1-\frac{v}{u}\right)\mathrm{e}^{\frac{v}{u}}(2y) + \mathrm{e}^{\frac{v}{u}} \cdot x$$

$$= \left[2y\left(1-\frac{xy}{x^2+y^2}\right)+x\right]\mathrm{e}^{\frac{xy}{x^2+y^2}} = \left(2y+\frac{x^3-xy^2}{x^2+y^2}\right)\mathrm{e}^{\frac{xy}{x^2+y^2}}.$$

3. x 既充当中间变量的角色，又是自变量的情形

这种情况下求偏导数的分析过程与前面基本一致，只是要注意符号的运用，下面通过例子加以说明.

例 6　如果函数 $u=u(x,y)$ 在点 (x,y) 处存在两个一阶偏导数，函数 $z=f(x,u)$ 在对应点处存在两个连续一阶偏导数，求 $\dfrac{\partial z}{\partial x}$.

图　9-8

解　将复合函数的复合过程图示化，如图 9-8 所示. 可以看到 x 既是中间变量又是自变量，因变量到自变量 x 有两个分支，$z \rightarrow x$ 及 $z \rightarrow u \rightarrow x$，根据链式法则，有

$$\frac{\partial z}{\partial x} = \frac{\partial f}{\partial x} + \frac{\partial f}{\partial u} \cdot \frac{\partial u}{\partial x}. \tag{9.4}$$

注意：在式(9.4)中，$\dfrac{\partial z}{\partial x}$ 是复合函数 $z=f(x,u(x))$ 的因变量 z 对其自变量 x 求导数，而 $\dfrac{\partial f}{\partial x}$ 是函数 $z=f(x,u)$ 中的因变量 z 对其自变量 x 求偏导数，两者有本质的不同，因此不可以将式(9.4)写成 $\dfrac{\partial z}{\partial x}=\dfrac{\partial z}{\partial x}+\dfrac{\partial z}{\partial u}\cdot\dfrac{\partial u}{\partial x}$.

例 7　设 $z=f\left(\dfrac{x}{y}\right)$，$f(u)$ 是可微函数，证明：$x\dfrac{\partial z}{\partial x}+y\dfrac{\partial z}{\partial y}=0$.

分析　函数 $z=f\left(\dfrac{x}{y}\right)$ 是以 x,y 为自变量的复合函数，复合过程如图 9-9 所示，是由外层函数 $z=f(u)$ 与内层函数 $u=\dfrac{x}{y}$ 复合而成的.

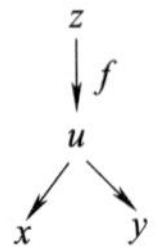

图　9-9

证明　令 $u=\dfrac{x}{y}$，则 $\dfrac{\partial z}{\partial x}=\dfrac{\mathrm{d}f}{\mathrm{d}u}\cdot\dfrac{\partial u}{\partial x}=f'(u)\cdot\dfrac{1}{y}$，

$$\dfrac{\partial z}{\partial y}=\dfrac{\mathrm{d}f}{\mathrm{d}u}\cdot\dfrac{\partial u}{\partial y}=f'(u)\left(-\dfrac{x}{y^2}\right),$$

故

$$x\dfrac{\partial z}{\partial x}+y\dfrac{\partial z}{\partial y}=f'(u)\left(\dfrac{x}{y}-y\dfrac{x}{y^2}\right)=0.$$

例 8　设 $u=f(xy,x^2+y^2,xyz)$，求 $\dfrac{\partial u}{\partial x},\dfrac{\partial u}{\partial y},\dfrac{\partial u}{\partial z}$.

分析　函数 $u=f(xy,x^2+y^2,xyz)$ 是以 x,y,z 为自变量的复合函数，复合过程如图 9-10 所示，这个复合函数是由外层函数 $u=f(r,s,t)$，与内层函数 $r=xy,s=x^2+y^2,t=xyz$ 复合而成的. 外层函数是 f 函数，其自变量分别 xy,x^2+y^2,xyz，即 r,s 和 t.

图　9-10

解　令 $r=xy,s=x^2+y^2,t=xyz$.

函数 u 关于 r,s,t 的偏导数 $\dfrac{\partial u}{\partial r},\dfrac{\partial u}{\partial s},\dfrac{\partial u}{\partial t}$，为了记号的简单和方便，以后用 1 表示复合函数外层函数中从左往右的第 1 个自变量，比如这里 1 表示外层函数 $u=f(r,s,t)$ 的自变量 r，2 表示外层函数中从左往右的第 2 个自变量即 s. 于是记

$$\dfrac{\partial f}{\partial r}=f_1,\qquad\dfrac{\partial f}{\partial s}=f_2,\qquad\dfrac{\partial f}{\partial t}=f_3,$$

所以

$$\dfrac{\partial u}{\partial x}=\dfrac{\partial f}{\partial r}\cdot\dfrac{\partial r}{\partial x}+\dfrac{\partial f}{\partial s}\cdot\dfrac{\partial s}{\partial x}+\dfrac{\partial f}{\partial t}\cdot\dfrac{\partial t}{\partial x}=yf_1+2xf_2+yzf_3,$$

$$\dfrac{\partial u}{\partial y}=\dfrac{\partial f}{\partial r}\cdot\dfrac{\partial r}{\partial y}+\dfrac{\partial f}{\partial s}\cdot\dfrac{\partial s}{\partial y}+\dfrac{\partial f}{\partial t}\cdot\dfrac{\partial t}{\partial y}=xf_1+2yf_2+xzf_3,$$

$$\frac{\partial u}{\partial z}=\frac{\partial f}{\partial r}\cdot\frac{\partial r}{\partial z}+\frac{\partial f}{\partial s}\cdot\frac{\partial s}{\partial z}+\frac{\partial f}{\partial t}\cdot\frac{\partial t}{\partial z}=f_1\cdot 0+f_2\cdot 0+f_3\cdot xy=xyf_3.$$

注意：一阶偏导函数 f_1,f_2,f_3 都是以 r,s,t 为自变量的三元函数，但 r,s,t 又分别是 x,y,z 的三元函数，因此最终 f_1,f_2,f_3 都是 x,y,z 的复合函数.

例 9　设 $z=f\left(x+\dfrac{1}{y},y+\dfrac{1}{x}\right)$，且二元函数 $f(u,v)$ 具有连续二阶偏导数，求 $\dfrac{\partial^2 z}{\partial x^2},\dfrac{\partial^2 z}{\partial x\partial y}$.

分析　$z=f\left(x+\dfrac{1}{y},y+\dfrac{1}{x}\right)$ 是以 x,y 为自变量的复合函数，外层函数 f 是二元函数，其自变量分别为 $x+\dfrac{1}{y}$ 与 $y+\dfrac{1}{x}$. 需要注意的是一阶偏导函数 f_1,f_2 还是以 x,y 为自变量的复合函数. 其复合过程如图 9-11 所示.

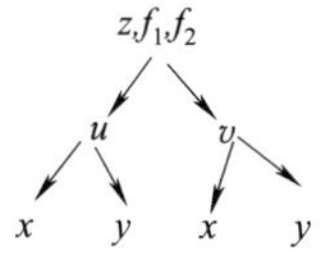

图　9-11

解　令 $u=x+\dfrac{1}{y},v=y+\dfrac{1}{x}$，则

$$\frac{\partial z}{\partial x}=f_1\cdot\frac{\partial u}{\partial x}+f_2\cdot\frac{\partial v}{\partial x}=f_1-\frac{1}{x^2}f_2,$$

$$\frac{\partial^2 z}{\partial x^2}=\frac{\partial}{\partial x}\left(\frac{\partial z}{\partial x}\right)=\frac{\partial}{\partial x}\left(f_1-\frac{1}{x^2}f_2\right)=\frac{\partial f_1}{\partial x}-\frac{\partial}{\partial x}\left(\frac{1}{x^2}f_2\right)$$

$$=\left(f_{11}\cdot\frac{\partial u}{\partial x}+f_{12}\cdot\frac{\partial v}{\partial x}\right)-\left[f_2\cdot\frac{\partial}{\partial x}\left(\frac{1}{x^2}\right)+\frac{1}{x^2}\cdot\frac{\partial f_2}{\partial x}\right]$$

$$=f_{11}+f_{12}\cdot\frac{-1}{x^2}-\left[2\frac{-1}{x^3}f_2+\frac{1}{x^2}\left(f_{21}\cdot\frac{\partial u}{\partial x}+f_{22}\cdot\frac{\partial v}{\partial x}\right)\right]$$

$$=f_{11}-\frac{1}{x^2}f_{12}+2\frac{1}{x^3}f_2-\frac{1}{x^2}\left(f_{21}+f_{22}\cdot\frac{-1}{x^2}\right)$$

$$=f_{11}-\frac{1}{x^2}f_{12}+\frac{2}{x^3}f_2-\frac{1}{x^2}f_{21}+\frac{1}{x^4}f_{22}.$$

由于 $f(u,v)$ 具有连续二阶偏导数，因此有 $f_{12}=f_{21}$，于是

$$\frac{\partial^2 z}{\partial x^2}=f_{11}-\frac{2}{x^2}f_{12}+\frac{2}{x^3}f_2+\frac{1}{x^4}f_{22}.$$

$$\frac{\partial^2 z}{\partial x\partial y}=\frac{\partial}{\partial y}\left(\frac{\partial z}{\partial x}\right)=\frac{\partial}{\partial y}\left(f_1-\frac{1}{x^2}f_2\right)=\frac{\partial f_1}{\partial y}-\frac{\partial}{\partial y}\left(\frac{1}{x^2}f_2\right)$$

$$=\left(f_{11}\cdot\frac{\partial u}{\partial y}+f_{12}\cdot\frac{\partial v}{\partial y}\right)-\frac{1}{x^2}\cdot\frac{\partial f_2}{\partial y}$$

$$=\left(f_{11}\cdot\frac{-1}{y^2}+f_{12}\cdot 1\right)-\frac{1}{x^2}\left(f_{21}\cdot\frac{\partial u}{\partial y}+f_{22}\cdot\frac{\partial v}{\partial y}\right)$$

$$= \frac{-1}{y^2} f_{11} + f_{12} - \frac{1}{x^2} \left(f_{21} \cdot \frac{-1}{y^2} + f_{22} \cdot 1 \right) = \frac{-1}{y^2} f_{11} + f_{12} + \frac{1}{x^2 y^2} f_{21} - \frac{1}{x^2} f_{22},$$

由于 $f(u,v)$ 具有连续二阶偏导数,有 $f_{12} = f_{21}$,故

$$\frac{\partial^2 z}{\partial x \partial y} = \frac{-1}{y^2} f_{11} + \left(1 + \frac{1}{x^2 y^2} \right) f_{12} - \frac{1}{x^2} f_{22}.$$

9.4.2 全微分形式不变性

设函数 $z = f(u,v)$ 具有一阶连续偏导数,则全微分为 $dz = \dfrac{\partial z}{\partial u} du + \dfrac{\partial z}{\partial v} dv$.

如果 u 和 v 都是中间变量,即 $u = \varphi(x,y)$,$v = \psi(x,y)$,且这两个函数都具有连续偏导数,那么复合函数 $z = f[\varphi(x,y),\psi(x,y)]$ 的全微分为

$$dz = \frac{\partial z}{\partial x} dx + \frac{\partial z}{\partial y} dy = \left(\frac{\partial z}{\partial u} \cdot \frac{\partial u}{\partial x} + \frac{\partial z}{\partial v} \cdot \frac{\partial v}{\partial x} \right) dx + \left(\frac{\partial z}{\partial u} \cdot \frac{\partial u}{\partial y} + \frac{\partial z}{\partial v} \cdot \frac{\partial v}{\partial y} \right) dy$$

$$= \frac{\partial z}{\partial u} \cdot \left(\frac{\partial u}{\partial x} dx + \frac{\partial u}{\partial y} dy \right) + \frac{\partial z}{\partial v} \cdot \left(\frac{\partial v}{\partial x} dx + \frac{\partial v}{\partial y} dy \right) = \frac{\partial z}{\partial u} du + \frac{\partial z}{\partial v} dv.$$

由此可见,不论 u,v 作为自变量还是中间变量,函数的全微分形式是一样的,这个性质称为**全微分形式的不变性**.

例 10 设函数 $f(u)$ 可微,且 $f'(0) = \dfrac{1}{2}$,利用全微分形式的不变性求函数 $z = f(4x^2 - y^2)$ 在点 $(1,2)$ 处的全微分.

解 对函数 $z = f(4x^2 - y^2)$ 微分得

$$dz = df(4x^2 - y^2) = f'(4x^2 - y^2)d(4x^2 - y^2)$$

$$= f'(4x^2 - y^2) \cdot [d(4x^2) - dy^2] = f'(4x^2 - y^2) \cdot (8x\,dx - 2y\,dy),$$

所以 $$dz \big|_{(1,2)} = f'(0)(8dx - 4dy) = 4dx - 2dy.$$

注意:$f'(4x^2 - y^2)$ 表示函数 f 对其自变量 $(4x^2 - y^2)$ 求导.

习 题 9.4

1. 设 $z = \arcsin \dfrac{x}{y}$,$y = \sqrt{x^2 + 1}$,求 $\dfrac{dz}{dx}$.

2. $z = xy + yt$,$y = e^x$,$t = \sin x$,求 $\dfrac{dz}{dx}$.

3. $z = x^2 \ln y$,而 $x = \dfrac{u}{v}$,$y = 3u - 2v$,求 $\dfrac{\partial z}{\partial u}$,$\dfrac{\partial z}{\partial v}$.

4. 求下列各函数的偏导数:

(1) $z = f(x, y)$，$x = uv$，$y = \dfrac{u}{v}$，求 $\dfrac{\partial z}{\partial x}$，$\dfrac{\partial z}{\partial y}$；

(2) $z = f(x^2 - y^2, e^{xy})$，其中 f 的两个一阶偏导存在，求 $\dfrac{\partial z}{\partial x}$，$\dfrac{\partial z}{\partial y}$；

(3) $u = f\left(\dfrac{x}{y}, \dfrac{y}{z}\right)$，其中 f 的两个一阶偏导存在，求 $\dfrac{\partial u}{\partial x}$，$\dfrac{\partial u}{\partial y}$，$\dfrac{\partial u}{\partial z}$；

(4) $z = \dfrac{y}{f(x^2 - y^2)}$，其中 $f(u)$ 为可导函数，求 $\dfrac{\partial z}{\partial x}$，$\dfrac{\partial z}{\partial y}$.

5. 设 $z = xy + xF(u)$，$u = \dfrac{y}{x}$，证明：$x \dfrac{\partial z}{\partial x} + y \dfrac{\partial z}{\partial y} = z + xy$.

6. 设函数 $f(u)$ 可导，$z = yf\left(\dfrac{y^2}{x}\right)$，求 $2x \dfrac{\partial z}{\partial x} + y \dfrac{\partial z}{\partial y}$.

7. 设 $z = \arctan \dfrac{x}{y}$，$x = u + v$，$y = u - v$，证明：$\dfrac{\partial z}{\partial u} + \dfrac{\partial z}{\partial v} = \dfrac{u - v}{u^2 + v^2}$.

8. 求下列函数的二阶偏导数及全微分（其中 f 具有二阶连续偏导数）：

(1) $z = f(xy^2, x^2 y)$；　　　　(2) $u = f(x, xe^y, xye^z)$；

(3) $u = f(x + xy + xyz)$；　　(4) $z = f(x + y, x - y, xy)$.

9. 设 $f(u)$ 具有二阶连续导数，$z = f(e^x \sin y)$ 满足方程 $\dfrac{\partial^2 z}{\partial x^2} + \dfrac{\partial^2 z}{\partial y^2} = ze^{2x}$，求 $f(u)$.

10. 设 $f(u)$ 有连续导数，且 $f(1) = 2$，记 $z = f(e^x y^2)$，若 $\dfrac{\partial z}{\partial x} = z$，求 $f(x)$ 在 $x > 0$ 的表达式.

9.5　隐函数的求导公式

在上册第 2 章中已经介绍了隐函数的概念及求导方法，但是第 2 章中相关题目的已知条件都明确了由 $F(x, y) = 0$ 能确定一个隐函数，是不是对任给的一个方程 $F(x, y) = 0$ 都能确定一隐函数呢？我们知道，在方程 $F(x, y) = 0$ 中 x 与 y 的地位是等同的，如果这个方程能确定一个隐函数，这个函数的因变量是 x 还是 y？这节就来解决有关隐函数的这些问题.

下面称具有两个变量的方程为二元方程，具有三个变量的方程为三元方程.

定理 1　**（二元方程的隐函数存在定理）**设函数 $F(x, y)$ 在点 $P_0(x_0, y_0)$ 的某邻域 $U(P_0, \delta)$ 内具有连续偏导数，且 $F(x_0, y_0) = 0$，$F_y(x_0, y_0) \neq 0$，则方程 $F(x, y) = 0$ 在邻域 $U(P_0, \delta)$ 内能唯一确定一个具有连续导数的函数 $y = f(x)$，满足 $y_0 = f(x_0)$，并有

$$\frac{\mathrm{d}y}{\mathrm{d}x} = -\frac{F_x}{F_y}. \tag{9.5}$$

此定理不作证明,只推导其式(9.5).

设由方程 $F(x,y)=0$ 确定了函数 $y=f(x)$,将其代回方程后得

$$F(x,f(x)) \equiv 0.$$

注意到上述方程中函数 F 是二元函数,其自变量分别为 x 与 $y=f(x)$,因此 $F(x,f(x))$ 是以 x 为自变量的复合函数,其复合过程如图 9-12 所示.

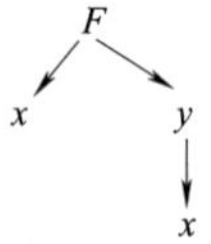

图 9-12

于是方程两边对 x 求导数,可得 $F_x + F_y \dfrac{\mathrm{d}y}{\mathrm{d}x} = 0.$

由于在 $U(P_0,\delta)$ 内 F_y 连续,且 $F_y(x_0,y_0) \neq 0$,

所以在 $U(P_0,\delta)$ 内 $F_y \neq 0$,于是有

$$\frac{\mathrm{d}y}{\mathrm{d}x} = -\frac{F_x}{F_y}.$$

定理 1 表明:(1)并不是所有的二元方程 $F(x,y)=0$ 都能确定一个隐函数,但由函数 $F(x,y)$ 的性质可以断定方程 $F(x,y)=0$ 是否存在隐函数及这个隐函数的性质.

(2)设二元方程 $F(x,y)=0$ 能确定一个隐函数,在其他条件不变的条件下,如果满足 $F_y(x_0,y_0) \neq 0$,则确定的隐函数为 $y=f(x)$;如果满足 $F_x(x_0,y_0) \neq 0$,则确定的隐函数为 $x=g(y)$.

例 1　验证方程 $\dfrac{x^2}{9} + \dfrac{y^2}{16} = 1$ 在 $(0,4)$ 的某一邻域内能唯一确定一个有连续导数的隐函数 $y=f(x)$,且 $f(0)=4$,并求 $\dfrac{\mathrm{d}y}{\mathrm{d}x}$ 在 $x=0$ 的值.

解　设 $F(x,y) = \dfrac{x^2}{9} + \dfrac{y^2}{16} - 1$,则 $F(x,y)=0$.

有 $F_x = \dfrac{2x}{9}$,$F_y = \dfrac{y}{8}$,$F(0,4)=0$,$F_y(0,4)=\dfrac{1}{2} \neq 0$,因此由定理 1 可知,方程 $\dfrac{x^2}{9} + \dfrac{y^2}{16} = 1$ 在 $(0,4)$ 的某一邻域内能唯一确定一个有连续导数的隐函数 $y=f(x)$,且 $f(0)=4$.

并且　$\dfrac{\mathrm{d}y}{\mathrm{d}x} = -\dfrac{F_x}{F_y} = -\dfrac{16x}{9y}$,所以 $\dfrac{\mathrm{d}y}{\mathrm{d}x}\Big|_{\substack{x=0 \\ y=4}} = 0.$

一个方程只能约束一个变量,因此二元方程 $F(x,y)=0$ 有可能确定一个具有一个自变量的隐函数,定理 1 是二元方程的隐函数存在定理.类似地,三元方程 $F(x,y,z)=0$ 也有可能确定一个具有两个自变量的隐函数,下面的定理 2 就是三元方程的隐函数存在定理.

定理 2　(三元方程的隐函数存在定理)设函数 $F(x,y,z)$ 在点 $P_0(x_0,y_0,z_0)$ 的邻

域 $U(P_0,\delta)$ 内具有连续偏导数,且 $F(x_0,y_0,z_0)=0$,$F_z(x_0,y_0,z_0)\neq0$,则方程 $F(x,y,z)=0$ 在邻域 $U(P_0,\delta)$ 内唯一确定一个具有连续偏导数的函数 $z=f(x,y)$,满足 $z_0=f(x_0,y_0)$,并有

$$\frac{\partial z}{\partial x}=-\frac{F_x}{F_z},\quad \frac{\partial z}{\partial y}=-\frac{F_y}{F_z}. \tag{9.6}$$

证明从略.

如果称方程 $F(x,y,z)=0$ 的左边函数 $F(x,y,z)$ 为方程函数,可以看到式(9.6)与式(9.5)有相同的规律.比如,要求未知隐函数的因变量 z 对自变量 x 的偏导 $\dfrac{\partial z}{\partial x}$,将其转化为求已知函数 $F(x,y,z)$ 的偏导数之比的负值,即 $-\dfrac{F_x}{F_z}$,分子部分正好是函数 F 对隐函数自变量的偏导,分母部分是函数 F 对隐函数因变量的偏导.

例 2　设方程 $x+y+z=\mathrm{e}^{(x+y^2+z)}$ 确定了函数 $z=f(x,y)$,求 $\dfrac{\partial z}{\partial x},\dfrac{\partial z}{\partial y}$.

解法 1　令 $F(x,y,z)=x+y+z-\mathrm{e}^{(x+y^2+z)}$,

有 $F_x=1-\mathrm{e}^{(x+y^2+z)}$,$F_y=1-2y\mathrm{e}^{(x+y^2+z)}$,$F_z=1-\mathrm{e}^{(x+y^2+z)}$.

代入式(9.6),得

$$\frac{\partial z}{\partial x}=-\frac{F_x}{F_z}=-\frac{1-\mathrm{e}^{(x+y^2+z)}}{1-\mathrm{e}^{(x+y^2+z)}}=-1;$$

$$\frac{\partial z}{\partial y}=-\frac{F_y}{F_z}=-\frac{1-2y\mathrm{e}^{(x+y^2+z)}}{1-\mathrm{e}^{(x+y^2+z)}}.$$

解法 2　方程 $x+y+z=\mathrm{e}^{(x+y^2+z)}$ 两边对 x 求偏导,得

$$1+\frac{\partial z}{\partial x}=\mathrm{e}^{(x+y^2+z)}\cdot\left(1+\frac{\partial z}{\partial x}\right),$$

解得

$$\frac{\partial z}{\partial x}=\frac{1-\mathrm{e}^{(x+y^2+z)}}{\mathrm{e}^{(x+y^2+z)}-1}=-1,$$

方程 $x+y+z=\mathrm{e}^{(x+y^2+z)}$ 两边对 y 求偏导,得

$$1+\frac{\partial z}{\partial y}=\mathrm{e}^{(x+y^2+z)}\cdot\left(2y+\frac{\partial z}{\partial y}\right),$$

解得

$$\frac{\partial z}{\partial y}=\frac{1-2y\mathrm{e}^{(x+y^2+z)}}{\mathrm{e}^{(x+y^2+z)}-1}.$$

例 3　设 $\varphi(u^2-x^2,u^2-y^2,u^2-z^2)=0$ 确定了函数 $u=u(x,y,z)$,试证:

$$\frac{u_x}{x}+\frac{u_y}{y}+\frac{u_z}{z}=\frac{1}{u}.$$

分析　$\varphi(u^2-x^2,u^2-y^2,u^2-z^2)$ 是 x,y,z 的复合函数,外层函数 φ 的三个自变量

分别为 u^2-x^2, u^2-y^2 与 u^2-z^2. 为了使符号更为简洁,分别记这三个自变量为 1,2,3.

证明 方程 $\varphi(u^2-x^2,u^2-y^2,u^2-z^2)=0$ 两边对 x 求偏导,得

$$\varphi_1 \cdot \frac{\partial(u^2-x^2)}{\partial x}+\varphi_2 \cdot \frac{\partial(u^2-y^2)}{\partial x}+\varphi_3 \cdot \frac{\partial(u^2-z^2)}{\partial x}=0,$$

有

$$\varphi_1 \cdot \left(2u\frac{\partial u}{\partial x}-2x\right)+\varphi_2 \cdot 2u\frac{\partial u}{\partial x}+\varphi_3 \cdot 2u\frac{\partial u}{\partial x}=0,$$

解得

$$\frac{\partial u}{\partial x}=\frac{x\varphi_1}{u(\varphi_1+\varphi_2+\varphi_3)};$$

方程 $\varphi(u^2-x^2,u^2-y^2,u^2-z^2)$ 两边对 y 求偏导,得

$$\varphi_1 \cdot \frac{\partial(u^2-x^2)}{\partial y}+\varphi_2 \cdot \frac{\partial(u^2-y^2)}{\partial y}+\varphi_3 \cdot \frac{\partial(u^2-z^2)}{\partial y}=0,$$

有

$$\varphi_1 \cdot 2u\frac{\partial u}{\partial y}+\varphi_2 \cdot 2u\left(\frac{\partial u}{\partial y}-2y\right)+\varphi_3 \cdot 2u\frac{\partial u}{\partial y}=0,$$

解得

$$\frac{\partial u}{\partial y}=\frac{y\varphi_2}{u(\varphi_1+\varphi_2+\varphi_3)};$$

同样地,方程 $\varphi(u^2-x^2,u^2-y^2,u^2-z^2)$ 两边对 z 求偏导,可解得

$$\frac{\partial u}{\partial z}=\frac{z\varphi_3}{u(\varphi_1+\varphi_2+\varphi_3)};$$

因此

$$\frac{u_x}{x}+\frac{u_y}{y}+\frac{u_z}{z}$$

$$=\frac{\varphi_1}{u(\varphi_1+\varphi_2+\varphi_3)}+\frac{\varphi_2}{u(\varphi_1+\varphi_2+\varphi_3)}+\frac{\varphi_3}{u(\varphi_1+\varphi_2+\varphi_3)}=\frac{1}{u}.$$

下面将方程的隐函数存在定理(即定理 1 与定理 2)推广到方程组 $\begin{cases}F(x,y,u,v)=0 \\ G(x,y,u,v)=0\end{cases}$ 的情形,方程组中有四个变量受到两个方程的约束,实质只有两个独立变量,当给定两个变量的值根据这个方程组有可能唯一确定另外两个变量的值,即由这个方程组有可能确定两个二元函数.是否能根据函数 $F(x,y,u,v)$ 与 $G(x,y,u,v)$ 的性质判断方程组存在隐函数组及隐函数的性质? 下面的定理 3 很好地回答了这个问题.

定理 3 (**方程组的隐函数存在定理**)设函数 $F(x,y,u,v)$ 与 $G(x,y,u,v)$ 在点 P_0 (x_0,y_0,u_0,v_0) 的邻域 $U(P_0,\delta)$ 内对各个自变量都具有连续偏导数,$F(x_0,y_0,u_0,v_0)=0$,且偏导数所组成的函数行列式(也称雅可比(Jacobi)式)

$$J=\frac{\partial(F,G)}{\partial(u,v)}=\begin{vmatrix} \dfrac{\partial F}{\partial u} & \dfrac{\partial F}{\partial v} \\ \dfrac{\partial G}{\partial u} & \dfrac{\partial G}{\partial v} \end{vmatrix}$$

在点 $P_0(x_0,y_0,u_0,v_0)$ 不等于零,则方程组 $\begin{cases} F(x,y,u,v)=0 \\ G(x,y,u,v)=0 \end{cases}$ 在邻域 $U(P_0,\delta)$ 内能唯一

确定两个都具有连续偏导数的函数 $u=u(x,y)$ 与 $v=v(x,y)$,满足 $u_0=u(x_0,y_0)$, $v_0=$

$v(x_0,y_0)$,并有

$$\frac{\partial u}{\partial x}=-\frac{1}{J}\frac{\partial(F,G)}{\partial(x,v)}=-\frac{\begin{vmatrix} F_x & F_v \\ G_x & G_v \end{vmatrix}}{\begin{vmatrix} F_u & F_v \\ G_u & G_v \end{vmatrix}}, \quad \frac{\partial u}{\partial y}=-\frac{1}{J}\frac{\partial(F,G)}{\partial(y,v)}=-\frac{\begin{vmatrix} F_y & F_v \\ G_y & G_v \end{vmatrix}}{\begin{vmatrix} F_u & F_v \\ G_u & G_v \end{vmatrix}},$$

$$\frac{\partial v}{\partial x}=-\frac{1}{J}\frac{\partial(F,G)}{\partial(u,x)}=-\frac{\begin{vmatrix} F_u & F_x \\ G_u & G_x \end{vmatrix}}{\begin{vmatrix} F_u & F_v \\ G_u & G_v \end{vmatrix}}, \quad \frac{\partial v}{\partial y}=-\frac{1}{J}\frac{\partial(F,G)}{\partial(u,y)}=-\frac{\begin{vmatrix} F_u & F_y \\ G_u & G_y \end{vmatrix}}{\begin{vmatrix} F_u & F_v \\ G_u & G_v \end{vmatrix}}.$$

$$(9.7)$$

式(9.7)式(9.6)有相同的规律.方程组中的方程函数有 $F(x,y,u,v)$ 与 $G(x,y,u,$

$v)$,确定的隐函数也有两个,因而两个方程函数分别对两个隐函数的因变量 u 与 v 的偏

导数就形成了函数行列式 J.在求 $\frac{\partial u}{\partial x}$ 时,分母为函数行列式 J,分子为将 J 中的 u 全部

替换为自变量 x,最后加上负号,就得到了 $\frac{\partial u}{\partial x}$.

例 4 设方程组 $\begin{cases} u^3+xv=y \\ v^3+yu=x \end{cases}$,求 $\frac{\partial u}{\partial x}$, $\frac{\partial v}{\partial x}$.

解法 1 令　　$F(x,y,u,v)=u^3+xv-y, G(x,y,u,v)=v^3+yu-x$,

有　　　　　　$F_x=v, F_y=-1, F_u=3u^2, F_v=x$,

　　　　　　　$G_x=-1, G_y=u, G_u=y, G_v=3v^2$,

$$J=\frac{\partial(F,G)}{\partial(u,v)}=\begin{vmatrix} F_u & F_v \\ G_u & G_v \end{vmatrix}=\begin{vmatrix} 3u^2 & x \\ y & 3v^2 \end{vmatrix}=9u^2v^2-xy,$$

$$\frac{\partial(F,G)}{\partial(x,v)}=\begin{vmatrix} F_x & F_v \\ G_x & G_v \end{vmatrix}=\begin{vmatrix} v & x \\ -1 & 3v^2 \end{vmatrix}=3v^3+x,$$

$$\frac{\partial(F,G)}{\partial(u,x)}=\begin{vmatrix} F_u & F_x \\ G_u & G_x \end{vmatrix}=\begin{vmatrix} 3u^2 & v \\ y & -1 \end{vmatrix}=-3u^2-yv,$$

根据式(9.7)有

$$\frac{\partial u}{\partial x} = -\frac{\begin{vmatrix} F_x & F_v \\ G_x & G_v \end{vmatrix}}{\begin{vmatrix} F_u & F_v \\ G_u & G_v \end{vmatrix}} = -\frac{3v^3 + x}{9u^2v^2 - xy},$$

$$\frac{\partial v}{\partial x} = -\frac{\begin{vmatrix} F_u & F_x \\ G_u & G_x \end{vmatrix}}{\begin{vmatrix} F_u & F_v \\ G_u & G_v \end{vmatrix}} = -\frac{-3u^2 - yv}{9u^2v^2 - xy} = \frac{3u^2 + yv}{9u^2v^2 - xy}.$$

解法 2 对方程组两边分别对 x 求偏导,得

$$\begin{cases} 3u^2 \dfrac{\partial u}{\partial x} + v + x \dfrac{\partial v}{\partial x} = 0 \\ 3v^2 \dfrac{\partial v}{\partial x} + y \dfrac{\partial u}{\partial x} = 1 \end{cases},$$

将上式化为线性方程组的标准形式,得

$$\begin{cases} 3u^2 \dfrac{\partial u}{\partial x} + x \dfrac{\partial v}{\partial x} = -v \\ y \dfrac{\partial u}{\partial x} + 3v^2 \dfrac{\partial v}{\partial x} = 1 \end{cases},$$

以 $\dfrac{\partial u}{\partial x}, \dfrac{\partial v}{\partial x}$ 为变量,根据线性方程组的克莱姆法则求解,得

$$\frac{\partial u}{\partial x} = \frac{\begin{vmatrix} -v & x \\ 1 & 3v^2 \end{vmatrix}}{\begin{vmatrix} 3u^2 & x \\ y & 3v^2 \end{vmatrix}} = \frac{-3v^3 - x}{9u^2v^2 - xy} = \frac{3v^3 + x}{xy - 9u^2v^2},$$

$$\frac{\partial v}{\partial x} = \frac{\begin{vmatrix} 3u^2 & -v \\ y & 1 \end{vmatrix}}{\begin{vmatrix} 3u^2 & x \\ y & 3v^2 \end{vmatrix}} = \frac{3u^2 + yv}{9u^2v^2 - xy}.$$

习 题 9.5

1. 设三元方程 $xy - z\ln y + e^{xz} = 1$,根据隐函数存在定理,存在点 $(0,1,1)$ 的一个邻域,在此邻域内该方程(   ).

A. 只能确定一个具有连续偏导数的隐函数 $z = z(x, y)$

B. 可确定两个具有连续偏导数的隐函数 $x = x(y, z)$ 和 $z = z(x, y)$

C. 可确定两个具有连续偏导数的隐函数 $y = y(x, z)$ 和 $z = z(x, y)$

D. 可确定两个具有连续偏导数的隐函数 $x = x(y, z)$ 和 $y = y(x, z)$

2. 如果定理 1 的条件都满足,且 $F(x, y)$ 的二阶偏导数都连续,求 $\dfrac{\mathrm{d}^2 y}{\mathrm{d} x^2}$.

3. 证明方程 $\sin y + \mathrm{e}^x - xy^2 = 1$,在 $(0, 0)$ 的某一邻域内能唯一确定一个有连续导数的隐函数 $y = f(x)$,且当 $x = 0$ 时 $y = 0$,求 $\dfrac{\mathrm{d} y}{\mathrm{d} x}$ 在 $x = 0$ 的值.

4. 设方程 $x + y + z = \mathrm{e}^{-(x+y+z)}$ 确定了函数 $z = f(x, y)$,求 $\dfrac{\partial z}{\partial x}, \dfrac{\partial z}{\partial y}$.

5. 设 $F(u, v)$ 具有连续偏导数,且 $\dfrac{\partial F}{\partial v} \neq 0$,方程 $F(xy, z - 2x) = 0$ 所确定的隐函数为 $z = f(x, y)$,验证:$x \dfrac{\partial f}{\partial x} - y \dfrac{\partial f}{\partial y} = 2x$.

6. 设 $x + y + z = \mathrm{e}^{(x+y^2+z)}$ 确定了函数 $z = f(x, y)$,求 $\dfrac{\partial^2 z}{\partial x \partial y}$.

7. 设 $\mathrm{e}^z - xyz = 0$ 确定了函数 $z = f(x, y)$,求 $\dfrac{\partial^2 z}{\partial x \partial y}$.

8. 求由方程 $xy + yz + zx = 1$ 所确定的函数 $z = f(x, y)$ 的偏导 $\dfrac{\partial^2 z}{\partial x \partial y}$.

9. 设 $\dfrac{x}{z} = \ln \dfrac{z}{y}$ 确定了函数 $z = f(x, y)$,求 $\dfrac{\partial^2 z}{\partial x^2}, \dfrac{\partial^2 z}{\partial y^2}$.

10. 设函数 $f(u, v)$ 可微,$z = f(x, y)$ 是由方程 $(x+1)z - y^2 = x^2 f(x - z, y)$ 确定,求 $\mathrm{d} z \big|_{(0,1)}$.

11. 设 $F(x, x+y + x+y+z) = 0$ 确定隐函数 $z = f(x, y)$,F 具有二阶连续偏导数,试求 $\dfrac{\partial z}{\partial x}, \dfrac{\partial z}{\partial y}, \dfrac{\partial^2 z}{\partial y^2}$.

12. 设函数 $z = f(x, y)$ 满足方程 $x - az = \varphi(y - bz)$,其中 φ 为可微函数,a, b 为常数,证明 $a \dfrac{\partial z}{\partial x} + b \dfrac{\partial z}{\partial y} = 1$.

13. 求由方程 $xyz + \sqrt{x^2 + y^2 + z^2} = \sqrt{2}$ 所确定的函数 $z = z(x, y)$ 在点 $(1, 0, -1)$ 处的全微分.

14. 设 $\varphi(u^2 - x^2, u^2 - y^2, u^2 - z^2) = 0$ 确定了 u 关于 x, y, z 的函数,证明:

$$\frac{u_x}{x} + \frac{u_y}{y} + \frac{u_z}{z} = \frac{1}{u}.$$

15. 设 $f(x,y,z)=\mathrm{e}^{x}yz^{2}$,其中 $z=z(x,y)$ 是由 $x+y+z+xyz=0$ 所确定的隐函数,求 $f_{x}(0,1,-1)$.

16. 设 $u=u(x,y),v=v(x,y)$ 是由方程组 $\begin{cases}x=u\cos\dfrac{v}{u}\\[2mm]y=u\sin\dfrac{v}{u}\end{cases}$ 所确定的函数,求 $\dfrac{\partial u}{\partial x},\dfrac{\partial u}{\partial y},\dfrac{\partial v}{\partial x},\dfrac{\partial v}{\partial y}$.

17. 设由方程组 $\begin{cases}xu-yv=0\\yu+xv=1\end{cases}$ 确定了函数 $u=u(x,y)$ 与 $v=v(x,y)$,求 $\dfrac{\partial u}{\partial x},\dfrac{\partial u}{\partial y},\dfrac{\partial v}{\partial x},\dfrac{\partial v}{\partial y}$.

18. 设由方程组 $\begin{cases}z=x^{2}+y^{2}\\x^{2}+2y^{2}+3z^{2}=20\end{cases}$ 确定了函数 $y=y(x)$ 与 $z=z(x)$,求 $\dfrac{\mathrm{d}y}{\mathrm{d}x},\dfrac{\mathrm{d}z}{\mathrm{d}x}$.

19. 设由方程组 $\begin{cases}u=f(ux,v+y)\\v=g(u-x,v^{2}y)\end{cases}$ 确定了函数 $u=u(x,y)$ 与 $v=v(x,y)$,其中 f,g 具有一阶连续偏导数,求 $\dfrac{\partial u}{\partial y},\dfrac{\partial v}{\partial y}$.

9.6 偏导数的几何应用

9.6.1 空间曲线在一点处的切线与法平面

定义 1 设 P_{0} 是空间曲线 L 上的一个定点,P 是空间曲线 L 上动点,过 P_{0}、P 作割线 $P_{0}P$,当动点 P 沿着曲线 L 无限地趋近于定点 P_{0} 时,割线 $P_{0}P$ 的极限位置(如果极限存在)就称为曲线 L 在点 P_{0} 的**切线**(见图 9-13).

称过点 P_{0} 且垂直切线的平面为曲线在 P_{0} 点处的**法平面**.

下面来求空间曲线 L 的切线与法平面的方程.

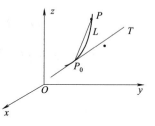

图 9-13

1. 空间曲线 L 的方程是由参数方程所确定的情形

设空间曲线 L 的方程是由参数方程 $\begin{cases}x=\varphi(t)\\y=\psi(t)\ (\alpha\leqslant t\leqslant\beta)\\z=\tau(t)\end{cases}$ 所确定的,假定 x,y,z 对 t 均存在导数且不同时为零.

当参数 t 取 t_{0} 时,对应曲线 L 上的点为 $P_{0}(x_{0},y_{0},z_{0})$,当 t 有一个改变量 Δt 时,曲

线 L 上对应参数 $t_0 + \Delta t$ 的动点记为 $P(x_0 + \Delta x, y_0 + \Delta y, z_0 + \Delta z)$,则割线 $P_0 P$ 的方程为

$$\frac{x - x_0}{\Delta x} = \frac{y - y_0}{\Delta y} = \frac{z - z_0}{\Delta z},$$

于是

$$\frac{x - x_0}{\dfrac{\Delta x}{\Delta t}} = \frac{y - y_0}{\dfrac{\Delta y}{\Delta t}} = \frac{z - z_0}{\dfrac{\Delta z}{\Delta t}}.$$

当 $\Delta t \to 0$ 时,$(\Delta x, \Delta y, \Delta z) \to (0,0,0)$,动点 P 沿着曲线 L 无限地趋近于定点 P_0,其割线 $P_0 P$ 的极限位置就是曲线 L 在 P_0 点的切线.又因 x, y, z 对 t 均有导数且不同时为零,所以对上式两边取极限,

有

$$\lim_{\Delta t \to 0} \frac{x - x_0}{\dfrac{\Delta x}{\Delta t}} = \lim_{\Delta t \to 0} \frac{y - y_0}{\dfrac{\Delta y}{\Delta t}} = \lim_{\Delta t \to 0} \frac{z - z_0}{\dfrac{\Delta z}{\Delta t}},$$

即**曲线 L 在点 P_0 处的切线方程为**

$$\frac{x - x_0}{x'(t_0)} = \frac{y - y_0}{y'(t_0)} = \frac{z - z_0}{z'(t_0)}. \tag{9.8}$$

曲线 L 在点 P_0 处的切线的方向向量称为曲线在 P_0 处的切向量,其指向与参数 t 的增长方向一致.曲线 L 在点 P_0 处切向量为

$$\boldsymbol{T} = (x'(t_0), y'(t_0), z'(t_0)). \tag{9.9}$$

曲线在点 P_0 处的法平面方程为

$$x'(t_0)(x - x_0) + y'(t_0)(y - y_0) + z'(t_0)(z - z_0) = 0.$$

2. 空间曲线 L 的方程为 $\begin{cases} y = \varphi(x) \\ z = \psi(x) \end{cases} (a \leqslant x \leqslant b)$ 的情形

此时曲线 L 的方程可以看成是特殊的参数方程 $\begin{cases} x = x \\ y = \varphi(x) \ (a \leqslant x \leqslant b) \\ z = \psi(x) \end{cases}$,其中 $\varphi'(x)$,

$\psi'(x)$ 存在.由式(9.9)知,曲线 L 在点 P_0 处切向量为

$$T = (1, \varphi'(x_0), \psi'(x_0)), \tag{9.10}$$

则曲线 L 在 $P_0(x_0, y_0, z_0)$ 点的切线方程为

$$\frac{x - x_0}{1} = \frac{y - y_0}{\varphi'(x_0)} = \frac{z - z_0}{\psi'(x_0)}.$$

曲线在点 $P_0(x_0, y_0, z_0)$ 处的法平面方程为

$$(x - x_0) + \varphi'(x_0)(y - y_0) + \psi'(x_0)(z - z_0) = 0.$$

例1 求曲线 $x=t-\sin t, y=1-\cos t, z=4\sin\dfrac{t}{2}$ 在点 $\left(\dfrac{\pi}{2}-1,1,2\sqrt{2}\right)$ 处的切线与法平面方程.

解 因为当 $x_0=\dfrac{\pi}{2}-1, y_0=1, z_0=2\sqrt{2}$ 时,对应的参数 $t_0=\dfrac{\pi}{2}$,于是

$$\frac{\mathrm{d}x}{\mathrm{d}t}=1-\cos t, \quad \frac{\mathrm{d}y}{\mathrm{d}t}=\sin t, \quad \frac{\mathrm{d}z}{\mathrm{d}t}=2\cos\frac{t}{2}.$$

当 $t_0=\dfrac{\pi}{2}$ 时,曲线的切向量为 $(x'(t_0),y'(t_0),z'(t_0))=(1,1,\sqrt{2})$,所以在点 $\left(\dfrac{\pi}{2}-1,1,2\sqrt{2}\right)$ 处的切线方程为

$$\frac{x+1-\dfrac{\pi}{2}}{1}=\frac{y-1}{1}=\frac{z-2\sqrt{2}}{\sqrt{2}};$$

在点 $\left(\dfrac{\pi}{2}-1,1,2\sqrt{2}\right)$ 处法平面方程为

$$x+y+\sqrt{2}z-4-\frac{\pi}{2}=0.$$

3. 空间曲线 L 的方程为一般方程 $\begin{cases}F(x,y,z)=0\\G(x,y,z)=0\end{cases}$ 的情形

设点 $P_0(x_0,y_0,z_0)$ 是曲线 L 上的一点,函数 F,G 在点 $P_0(x_0,y_0,z_0)$ 的某一邻域内都具有一阶连续偏导数,且 $\left|\dfrac{\partial(F,G)}{\partial(y,z)}\right|_{(x_0,y_0,z_0)}\neq 0$,由 9.5 节的定理 3 可知,方程组 $\begin{cases}F(x,y,z)=0\\G(x,y,z)=0\end{cases}$ 在点 $P_0(x_0,y_0,z_0)$ 的这一邻域内确定了一组函数 $\begin{cases}y=\varphi(x)\\z=\psi(x)\end{cases}$,这正好转换成了上面 2 的情形,只要求出 $\varphi'(x_0),\psi'(x_0)$ 即可.

方程组 $\begin{cases}F(x,y,z)=0\\G(x,y,z)=0\end{cases}$ 两边对 x 求导,得到

$$\begin{cases}F_x+F_y\cdot\dfrac{\mathrm{d}y}{\mathrm{d}x}+F_z\cdot\dfrac{\mathrm{d}z}{\mathrm{d}x}=0\\[2mm]G_x+G_y\cdot\dfrac{\mathrm{d}y}{\mathrm{d}x}+G_z\cdot\dfrac{\mathrm{d}z}{\mathrm{d}x}=0\end{cases}.$$

由假设知在点 $P_0(x_0,y_0,z_0)$ 的某一邻域内 $\left|\dfrac{\partial(F,G)}{\partial(y,z)}\right|\neq 0$,求解上面的方程组可得

$$\frac{\mathrm{d}y}{\mathrm{d}x}=-\frac{\begin{vmatrix}F_x & F_z\\G_x & G_z\end{vmatrix}}{\begin{vmatrix}F_y & F_z\\G_y & G_z\end{vmatrix}}=\frac{\begin{vmatrix}F_z & F_x\\G_z & G_x\end{vmatrix}}{\begin{vmatrix}F_y & F_z\\G_y & G_z\end{vmatrix}}=\frac{\partial(F,G)}{\partial(z,x)}\bigg/\frac{\partial(F,G)}{\partial(y,z)},$$

$$\frac{\mathrm{d}z}{\mathrm{d}x} = -\frac{\begin{vmatrix} F_y & F_x \\ G_y & G_x \end{vmatrix}}{\begin{vmatrix} F_y & F_z \\ G_y & G_z \end{vmatrix}} = \frac{\begin{vmatrix} F_x & F_y \\ G_x & G_y \end{vmatrix}}{\begin{vmatrix} F_y & F_z \\ G_y & G_z \end{vmatrix}} = \frac{\partial(F,G)}{\partial(x,y)} \bigg/ \frac{\partial(F,G)}{\partial(y,z)}.$$

由式(9.10)知,曲线 L 在点 $P_0(x_0,y_0,z_0)$ 的切向量为

$$\boldsymbol{T} = \left(1, \frac{\partial(F,G)}{\partial(z,x)} \bigg/ \frac{\partial(F,G)}{\partial(y,z)}, \frac{\partial(F,G)}{\partial(x,y)} \bigg/ \frac{\partial(F,G)}{\partial(y,z)}\right)\bigg|_{P_0}.$$

将切向量 $\boldsymbol{T}$ 乘以 $\dfrac{\partial(F,G)}{\partial(y,z)}\bigg|_{P_0}$,还是曲线 L 在点 $P_0(x_0,y_0,z_0)$ 的切向量,得

$$\boldsymbol{T}_1 = \left(\frac{\partial(F,G)}{\partial(y,z)}, \frac{\partial(F,G)}{\partial(z,x)}, \frac{\partial(F,G)}{\partial(x,y)}\right)\bigg|_{P_0}. \tag{9.11}$$

$\boldsymbol{T}_1$ 也可以表示为

$$\boldsymbol{T}_1 = \begin{vmatrix} \boldsymbol{i} & \boldsymbol{j} & \boldsymbol{k} \\ F_x & F_y & F_z \\ G_x & G_y & G_z \end{vmatrix}_{P_0} \tag{9.12}$$

曲线 L 在点 $P_0(x_0,y_0,z_0)$ 的切线方程为

$$\frac{x-x_0}{\begin{vmatrix} F_y & F_z \\ G_y & G_z \end{vmatrix}_{P_0}} = \frac{y-y_0}{\begin{vmatrix} F_z & F_x \\ G_z & G_x \end{vmatrix}_{P_0}} = \frac{z-z_0}{\begin{vmatrix} F_x & F_y \\ G_x & G_y \end{vmatrix}_{P_0}}.$$

曲线 L 在点 $P_0(x_0,y_0,z_0)$ 的法平面方程为

$$\begin{vmatrix} F_y & F_z \\ G_y & G_z \end{vmatrix}_{P_0}(x-x_0) + \begin{vmatrix} F_z & F_x \\ G_z & G_x \end{vmatrix}_{P_0}(y-y_0) + \begin{vmatrix} F_x & F_y \\ G_x & G_y \end{vmatrix}_{P_0}(z-z_0) = 0.$$

可以看到,只要求出曲线在点 $P_0(x_0,y_0,z_0)$ 的切向量,就能很快地写出曲线 L 在点 $P_0(x_0,y_0,z_0)$ 的切线方程与法平面方程.

例 2　求曲线 $L:\begin{cases} x^2+y^2=10 \\ x^2+z^2=10 \end{cases}$ 在点 $(3,1,1)$ 处的切线与法平面方程.

解法 1　令 $F(x,y,z)=x^2+y^2-10, G(x,y,z)=x^2+z^2-10$,

则 $F_x=2x, F_y=2y, F_z=0, G_x=2x, G_y=0, G_z=2z$,

$$\boldsymbol{T}_1 = \begin{vmatrix} \boldsymbol{i} & \boldsymbol{j} & \boldsymbol{k} \\ F_x & F_y & F_z \\ G_x & G_y & G_z \end{vmatrix}_{(3,1,1)} = \begin{vmatrix} \boldsymbol{i} & \boldsymbol{j} & \boldsymbol{k} \\ 2x & 2y & 0 \\ 2x & 0 & 2z \end{vmatrix}_{(3,1,1)}$$

$$= \begin{vmatrix} \boldsymbol{i} & \boldsymbol{j} & \boldsymbol{k} \\ 6 & 2 & 0 \\ 6 & 0 & 2 \end{vmatrix} = 4\boldsymbol{i} - 12\boldsymbol{j} - 12\boldsymbol{k} = 4(1,-3,-3).$$

取$(1,-3,-3)$作为曲线 L 在点$(3,1,1)$的切向量,所以,曲线 L 在点$(3,1,1)$的切线方程为

$$\frac{x-3}{1}=\frac{y-1}{-3}=\frac{z-1}{-3}.$$

曲线 L 在点$(3,1,1)$的法平面方程为

$$(x-3)-3(y-1)-3(z-1)=0,$$

即 $x-3y-3z+3=0$.

解法 2 将方程组 $\begin{cases} x^2+y^2=10 \\ x^2+z^2=10 \end{cases}$ 中每个方程两边对 x 求导,得

$$\begin{cases} 2x+2y\dfrac{\mathrm{d}y}{\mathrm{d}x}=0 \\[2mm] 2x+2z\dfrac{\mathrm{d}z}{\mathrm{d}x}=0 \end{cases},$$

解得 $\left.\dfrac{\mathrm{d}y}{\mathrm{d}x}\right|_{(3,1,1)}=\left(-\dfrac{x}{y}\right)\Big|_{(3,1,1)}=-3,\left.\dfrac{\mathrm{d}z}{\mathrm{d}x}\right|_{(3,1,1)}=\left(-\dfrac{x}{z}\right)\Big|_{(3,1,1)}=-3,$

曲线 L 在点$(3,1,1)$的切向量为$(1,-3,-3)$,

曲线 L 在点$(3,1,1)$的切线方程为

$$\frac{x-3}{1}=\frac{y-1}{-3}=\frac{z-1}{-3}.$$

曲线 L 在点$(3,1,1)$的法平面方程为

$$(x-3)-3(y-1)-3(z-1)=0,$$

即 $$x-3y-3z+3=0.$$

9.6.2 空间曲面在一点处的切平面与法线

定义 2 如果曲面 Σ 上任意一条通过点 P 的曲线在点 P 的切线都在同一平面上,则称这个平面为曲面 Σ 在 P 点的**切平面**.过 P 点且垂直**切平面**的直线称为曲面 Σ 在 P 点的**法线**.

1.曲面 Σ 方程为 $F(x,y,z)=0$ 的情形

设曲面 Σ 方程是 $F(x,y,z)=0,P_0(x_0,y_0,z_0)$ 是曲面上一点,函数 $F(x,y,z)$ 在 P_0 点存在连续偏导数,且不同时为零.在曲面 Σ 上过点 P_0 任意引一条曲线 Γ(见图 9-14).

设曲线 Γ 的参数方程为

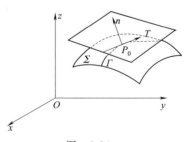

图 9-14

$$\begin{cases} x = \varphi(t) \\ y = \psi(t) \qquad (\alpha \leqslant t \leqslant \beta), \\ z = \omega(t) \end{cases}$$

当 $t = t_0$ 时对应点为 $P_0(x_0, y_0, z_0)$，且 $\varphi'(t), \psi'(t), \omega'(t)$ 不全为零.

由式(9.8)知曲线 Γ 在点 P_0 的切线方程为

$$\frac{x - x_0}{\varphi'(t_0)} = \frac{y - y_0}{\psi'(t_0)} = \frac{z - z_0}{\omega'(t_0)}.$$

又由于曲线 Γ 在曲面 Σ 上，因此曲线上的任一点都满足曲面 Σ 的方程，即有

$$F[\varphi(t), \psi(t), \omega(t)] \equiv 0.$$

又 $F(x, y, z)$ 在 P_0 点存在连续偏导数，因此有 $\dfrac{\mathrm{d}}{\mathrm{d}t} F[\varphi(t), \psi(t), \omega(t)] \Big|_{t=t_0} = 0.$

即 $F_x(x_0, y_0, z_0)\varphi'(t_0) + F_y(x_0, y_0, z_0)\psi'(t_0) + F_z(x_0, y_0, z_0)\omega'(t_0) = 0,$　(9.13)

注意到式(9.13)中等号左端为两项乘积之和，因此式(9.13)可写成

$$(F_x(x_0, y_0, z_0), F_y(x_0, y_0, z_0), F_z(x_0, y_0, z_0)) \cdot (\varphi'(t_0), \psi'(t_0), \omega'(t_0)) = 0.$$

如果令向量 $\boldsymbol{n} = (F_x(x_0, y_0, z_0), F_y(x_0, y_0, z_0), F_z(x_0, y_0, z_0))$，曲线 Γ 在点 P_0 的切向量为 $\boldsymbol{T} = (\varphi'(t_0), \psi'(t_0), \omega'(t_0))$，于是式(9.13)就表示 $\boldsymbol{n} \cdot \boldsymbol{T} = 0$，即曲面 Σ 上过点 P_0 所引出的任意曲线的切线都垂直于非零向量 $\boldsymbol{n}$，表明曲面 Σ 上过点 P_0 所引出的任意曲线的切线都在同一个平面上，这个平面就是曲面 Σ 在点 P_0 的切平面，$\boldsymbol{n}$ 就是这个**切平面的法向量**，简称**曲面 $\boldsymbol{\Sigma}$ 在点 $\boldsymbol{P_0}$ 的法向量**，因此曲面 Σ 在点 $P_0(x_0, y_0, z_0)$ 处的**切平面方程**为

$$F_x(x_0, y_0, z_0)(x - x_0) + F_y(x_0, y_0, z_0)(y - y_0) + F_z(x_0, y_0, z_0)(z - z_0) = 0.$$

曲面 Σ 在点 $P_0(x_0, y_0, z_0)$ 处的**法线方程**为

$$\frac{x - x_0}{F_x(x_0, y_0, z_0)} = \frac{y - y_0}{F_y(x_0, y_0, z_0)} = \frac{z - z_0}{F_z(x_0, y_0, z_0)}.$$

2. 曲面 $\boldsymbol{\Sigma}$ 方程为 $\boldsymbol{z = f(x, y)}$ 的情形

将曲面方程 $z = f(x, y)$ 转化为 $f(x, y) - z = 0.$

令 $F(x, y, z) = f(x, y) - z$，有

$$F_x(x, y, z) = f_x(x, y), \quad F_y(x, y, z) = f_y(x, y), \quad F_z(x, y, z) = -1.$$

当函数 $f(x, y)$ 的两个偏函数在点 (x_0, y_0) 连续时，曲面 Σ 在点 $P_0(x_0, y_0, z_0)$ 处的法向量为 $(f_x(x_0, y_0), f_y(x_0, y_0), -1)$，此时切平面为

$$f_x(x_0, y_0)(x - x_0) + f_y(x_0, y_0)(y - y_0) - (z - z_0) = 0,$$

或　　　　　　　　$$z - z_0 = f_x(x_0, y_0)(x - x_0) + f_y(x_0, y_0)(y - y_0).$$

可以看到上式右端正好是函数 $z=f(x,y)$ 在点 (x_0,y_0) 的全微分,而左端是切平面上点的竖坐标的增量,这揭示了函数 $z=f(x,y)$ 在点 (x_0,y_0) 的全微分的几何意义.

曲面 Σ 在点 $P_0(x_0,y_0,z_0)$ 处的法线方程为

$$\frac{x-x_0}{f_x(x_0,y_0)}=\frac{y-y_0}{f_y(x_0,y_0)}=\frac{z-z_0}{-1}.$$

$\boldsymbol{n}=(f_x(x_0,y_0),f_y(x_0,y_0),-1)$ 是**曲面 Σ 在点 $P_0(x_0,y_0,z_0)$ 处的一个法向量**.

例 3 求马鞍面 $z=xy$ 在点 $P_0(1,2,2)$ 处的切平面与法线方程.

解 因为 $\frac{\partial z}{\partial x}=y,\frac{\partial z}{\partial y}=x$,在 $P_0(1,2,2)$ 处,$\frac{\partial z}{\partial x}=1,\frac{\partial z}{\partial y}=2$,所以在 $P_0(1,2,2)$ 点的切平面方程为

$$z-2=1\cdot(x-1)+2\cdot(y-2),$$

即
$$x+2y-z-3=0,$$

在 $P_0(1,2,2)$ 点法线方程为

$$\frac{x-1}{1}=\frac{y-2}{2}=\frac{z-2}{-1}.$$

例 4 求球面 $x^2+y^2+z^2=4x$ 在点 $P_0(1,1,\sqrt{2})$ 处的切平面与法线方程.

解 设 $F(x,y,z)=x^2+y^2+z^2-4x$,球面方程为 $F(x,y,z)=0$.

有
$$F_x=2x-4,\quad F_y=2y,\quad F_z=2z,$$

于是
$$F_x(1,1,\sqrt{2})=-2,\quad F_y(1,1,\sqrt{2})=2,\quad F_z(1,1,\sqrt{2})=2\sqrt{2}.$$

得到球面在 $P_0(1,1,\sqrt{2})$ 的一个法向量 $(-2,2,2\sqrt{2})$,这个法向量除以 2 还是球面在点 P_0 的法向量,即 $(-1,1,\sqrt{2})$ 也是球面在 P_0 的一个法向量.

因此在点 $P_0(1,1,\sqrt{2})$ 处的切平面方程为

$$-(x-1)+(y-1)+\sqrt{2}(z-\sqrt{2})=0,$$

即
$$x-y-\sqrt{2}z+2=0.$$

在点 $P_0(1,1,\sqrt{2})$ 处的法线方程为

$$\frac{x-1}{-1}=\frac{y-1}{1}=\frac{z-\sqrt{2}}{\sqrt{2}}.$$

如果曲面 Σ 的方程为 $z=f(x,y)$,在点 $P_0(x_0,y_0,z_0)$ 处的法向量有两个即 $\boldsymbol{n}_1=(-f_x(x_0,y_0),-f_y(x_0,y_0),1)$ 与 $\boldsymbol{n}_2=(f_x(x_0,y_0),f_y(x_0,y_0),-1)$,设 α,β,γ 为法向量的方向角,则向量 $\boldsymbol{n}_1$ 的方向余弦如下:

$$\cos\alpha=\frac{-f_x(x_0,y_0)}{\sqrt{(f_x(x_0,y_0))^2+(f_y(x_0,y_0))^2+1}},$$

$$\cos \beta = \frac{-f_y(x_0, y_0)}{\sqrt{(f_x(x_0, y_0))^2 + (f_y(x_0, y_0))^2 + 1}},$$

$$\cos \gamma = \frac{1}{\sqrt{(f_x(x_0, y_0))^2 + (f_y(x_0, y_0))^2 + 1}},$$

同样可求出向量 $\boldsymbol{n}_2$ 的方向余弦. 显然向量 $\boldsymbol{n}_1$ 与 z 轴正向的夹角为锐角,指向朝上;向量 $\boldsymbol{n}_2$ 与 z 轴正向的夹角为钝角,指向朝下.

习　题　9.6

1. 求曲线 $x = a\cos t, y = a\sin t, z = bt$ 在 $t = \dfrac{\pi}{2}$ 处的切线与法平面方程.

2. 求曲线 $y = x, z = x^2$ 在点 $(1,1,1)$ 处的切线与法平面方程.

3. 求曲线在指定处的切线与法平面方程:

(1) 曲线 $\begin{cases} x^2 + y^2 + z^2 = 4a^2 \\ x^2 + y^2 = 2ax \end{cases}$ （a 为常数）,点 $(a, a, \sqrt{2}\,a)$;

(2) 曲线 $\begin{cases} x^2 + y^2 = 10 \\ y^2 + z^2 = 25 \end{cases}$,点 $(1, 3, 4)$;

4. 求曲线 $x = t, y = t^2, z = t^3$ 上一点,使得曲线在该点的切线与平面 $x + 2y + z = 0$ 平行,求这个切线方程.

5. 求曲面 $x^2 + y^2 - z^2 = 4$ 上与平面 $x + 2y - z + 1 = 0$ 平行的切平面方程.

6. 求曲面 $z = xy$ 上一点,使得曲面在该点的切平面与平面 $x + 3y + z = 0$ 平行,求这个切平面方程.

7. 求下列曲面在指定点的切平面与法线方程:

(1) 曲面 $f(x, y) = 8x + xy - x^2 - 5$,点 $(2, -3, 1)$;

(2) 曲面 $e^z - z + xy = 3$,点 $(2, 1, 0)$.

9.7　方向导数与梯度

我们已经知道 $z = f(x, y)$ 的偏导数 $\dfrac{\partial z}{\partial x}$ 是函数沿着 x 轴方向的变化率,$\dfrac{\partial z}{\partial y}$ 是函数沿着 y 轴方向的变化率.但在许多物理问题中需要知道函数沿任意方向的变化率,以及沿什么方向函数的变化率最大,为此要引入多元函数在一点沿一给定方向的方向导数及梯度的概念.

9.7.1 方向导数

设函数 $z = f(x, y)$ 在点 $P_0(x_0, y_0)$ 的某个邻域 $U(P_0, \delta)$ 内有定义,l 是 xOy 平面上以 P_0 为始点的一条射线,α 与 β 是方向 l 的方向角(见图 9-15),则 $e = (\cos\alpha, \cos\beta)$ 是与 l 同向的单位向量,且射线 l 的参数方程为

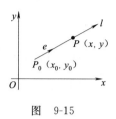

图 9-15

$$\begin{cases} x = x_0 + t\cos\alpha \\ y = y_0 + t\cos\beta \end{cases} \quad (t \geqslant 0).$$

若点 $P(x_0 + t\cos\alpha, y_0 + t\cos\beta)$ 为射线 l 上一点,且 $P \in U(P_0, \delta)$,则 $f(x_0 + t\cos\alpha, y_0 + t\cos\beta) - f(x_0, y_0)$ 表示当自变量由点 P_0 沿方向 l 变化到点 P 时相应的函数值增量,此时点 P_0 到点 P 的距离为

$$\sqrt{(x_0 + t\cos\alpha - x_0)^2 + (y_0 + t\cos\beta - y_0)^2} = t,$$

于是函数在这一段内的平均变化率为 $\dfrac{f(x_0 + t\cos\alpha, y_0 + t\cos\beta) - f(x_0, y_0)}{t}$.

当 P 沿着方向 l 趋于 P_0 时,即当 $t \to 0^+$ 时,如果平均变化率的极限存在,则称此极限为**函数 $f(x, y)$ 在 P_0 点沿方向 l 的方向导数**,记作 $\left.\dfrac{\partial f}{\partial l}\right|_{(x_0, y_0)}$,即

$$\left.\frac{\partial f}{\partial l}\right|_{(x_0, y_0)} = \lim_{t \to 0^+} \frac{f(x_0 + t\cos\alpha, y_0 + t\cos\beta) - f(x_0, y_0)}{t}.$$

从定义上看,方向导数 $\left.\dfrac{\partial f}{\partial l}\right|_{(x_0, y_0)}$ 就是函数 $f(x, y)$ 在 P_0 点沿方向 l 的变化率.

定理 1 如果函数 $z = f(x, y)$ 在点 $P_0(x_0, y_0)$ 可微分,则函数在该点沿任一方向 l 的方向导数存在,且有

$$\left.\frac{\partial f}{\partial l}\right|_{(x_0, y_0)} = f_x(x_0, y_0)\cos\alpha + f_y(x_0, y_0)\cos\beta, \tag{9.14}$$

其中 $\cos\alpha, \cos\beta$ 为方向 l 的方向余弦.

证明 已知函数 $z = f(x, y)$ 在点 $P_0(x_0, y_0)$ 可微分,故有

$$f(x_0 + \Delta x, y_0 + \Delta y) - f(x_0, y_0)$$

$$= f_x(x_0, y_0)\Delta x + f_y(x_0, y_0)\Delta y + o(\sqrt{(\Delta x)^2 + (\Delta y)^2}).$$

由于点 $P_0(x_0, y_0)$ 与点 $(x_0 + \Delta x, y_0 + \Delta y)$ 都在射线 l 上,应有

$$\Delta x = t\cos\alpha, \Delta y = t\cos\beta, t = \sqrt{(\Delta x)^2 + (\Delta y)^2},$$

所以 $\left.\dfrac{\partial f}{\partial l}\right|_{(x_0, y_0)} = \lim_{t \to 0^+} \dfrac{f(x_0 + t\cos\alpha, y_0 + t\cos\beta) - f(x_0, y_0)}{t}$

$$= \lim_{t \to 0^+} \frac{f_x(x_0,y_0)\Delta x + f_y(x_0,y_0)\Delta y + o(t)}{t}$$

$$= f_x(x_0,y_0)\cos\alpha + f_y(x_0,y_0)\cos\beta.$$

例 1 求函数 $z = x^2 + y^2$ 在点 $A(1,2)$ 处沿从点 $A(1,2)$ 到点 $B(2,2+\sqrt{3})$ 的方向导数.

分析 根据方向导数的计算式(9.14)，首先要计算方向 l 的方向余弦.

解 因为方向 l 即向量 $\overrightarrow{AB}$ 的方向，$\overrightarrow{AB} = (1,\sqrt{3})$，与 $\overrightarrow{AB}$ 同向的单位向量 $e_l = \left(\frac{1}{2}, \frac{\sqrt{3}}{2}\right)$，所以 $\overrightarrow{AB}$ 的方向余弦分别是 $\cos\alpha = \frac{1}{2}$，$\cos\beta = \frac{\sqrt{3}}{2}$，且

$$\frac{\partial z}{\partial x}\bigg|_{(1,2)} = 2x\,|_{(1,2)} = 2, \quad \frac{\partial z}{\partial y}\bigg|_{(1,2)} = 2y\,|_{(1,2)} = 4,$$

因而根据式(9.14)，所求的方向导数为

$$\frac{\partial f}{\partial l}\bigg|_{(1,2)} = \frac{\partial z}{\partial x}\bigg|_{(1,2)}\cos\alpha + \frac{\partial z}{\partial y}\bigg|_{(1,2)}\cos\beta = 2 \times \frac{1}{2} + 4 \times \frac{\sqrt{3}}{2} = 1 + 2\sqrt{3}.$$

可以将二元函数的方向导数定义推广到三元函数：

函数 $u = f(x,y,z)$ 在空间一点 $P_0(x_0,y_0,z_0)$ 沿着方向 $e_l = (\cos\alpha, \cos\beta, \cos\gamma)$ 的方向导数为

$$\frac{\partial f}{\partial l}\bigg|_{(x_0,y_0,z_0)} = \lim_{t \to 0^+} \frac{f(x_0 + t\cos\alpha, y_0 + t\cos\beta, z_0 + t\cos\gamma) - f(x_0,y_0,z_0)}{t}.$$

如果函数 $f(x,y,z)$ 在点 $f(x_0,y_0,z_0)$ 可微分，那么函数在该点沿着方向 $e_l = (\cos\alpha, \cos\beta, \cos\gamma)$ 的方向导数为

$$\frac{\partial f}{\partial l}\bigg|_{(x_0,y_0,z_0)} = f_x(x_0,y_0,z_0)\cos\alpha + f_y(x_0,y_0,z_0)\cos\beta + f_z(x_0,y_0,z_0)\cos\gamma.$$

例 2 求函数 $u = x^2 + y^2 + z^2$ 在曲线 $x = t, y = t^2, z = t^3$ 上点 $(1,1,1)$ 处，沿曲线在该点的切线正方向(沿 t 增大的方向)的方向导数.

解 先求曲线在给定点处的切线方向.

给定点 $(1,1,1)$ 所对应的参数 $t = 1$，且 $x' = 1, y' = 2t, z' = 3t^2$，故曲线在给定点处的切线正方向的方向向量为

$$l = (x',y',z')\,|_{t=1} = (1, 2t, 3t^2)\,|_{t=1} = (1,2,3),$$

l 的方向余弦为 $\cos\alpha = \frac{1}{\sqrt{14}}$，$\cos\beta = \frac{2}{\sqrt{14}}$，$\cos\gamma = \frac{3}{\sqrt{14}}$.

又 $\frac{\partial u}{\partial x}\bigg|_{(1,1,1)} = 2x\,|_{(1,1,1)} = 2, \frac{\partial u}{\partial y}\bigg|_{(1,1,1)} = 2y\,|_{(1,1,1)} = 2, \frac{\partial u}{\partial z}\bigg|_{(1,1,1)} = 2z\,|_{(1,1,1)} = 2,$

故所求的方向导数为

$$\frac{\partial f}{\partial l}\bigg|_{(1,1,1)} = 2 \times \frac{1}{\sqrt{14}} + 2 \times \frac{2}{\sqrt{14}} + 2 \times \frac{3}{\sqrt{14}} = \frac{12}{\sqrt{14}} = \frac{6}{7}\sqrt{14}.$$

9.7.2 梯度

通过计算 $\dfrac{\partial f}{\partial l}\bigg|_{(x_0,y_0)}$ 可以知道函数 $z=f(x,y)$ 在 $P_0(x_0,y_0)$ 点沿方向 l 的变化率,如果要知道函数 $f(x,y)$ 在 $P_0(x_0,y_0)$ 点沿哪个方向的变化率最大,就要知道梯度的概念.

定义1 设函数 $z=f(x,y)$ 在平面区域 D 内具有一阶连续偏导数,则对于 D 中的任一点 $P_0(x_0,y_0)$,都可定义一个向量

$$f_x(x_0,y_0)\boldsymbol{i} + f_y(x_0,y_0)\boldsymbol{j},$$

称这个向量为函数 $f(x,y)$ 在点 $P_0(x_0,y_0)$ 的**梯度**,记作 $\mathbf{grad}\, f(x_0,y_0)$ 或 $\nabla f(x_0,y_0)$,即

$$\mathbf{grad}\, f(x_0,y_0) = \nabla f(x_0,y_0) = f_x(x_0,y_0)\boldsymbol{i} + f_y(x_0,y_0)\boldsymbol{j},$$

其中 $\nabla = \dfrac{\partial}{\partial x}\boldsymbol{i} + \dfrac{\partial}{\partial y}\boldsymbol{j}$ 称为(二维的)向量微分算子或 Nabla 算子,$\nabla f = \dfrac{\partial f}{\partial x}\boldsymbol{i} + \dfrac{\partial f}{\partial y}\boldsymbol{j}$.

如果函数 $z=f(x,y)$ 在点 $P_0(x_0,y_0)$ 可微分,$\boldsymbol{e}_l = (\cos\alpha,\cos\beta)$ 是与方向 l 同向的单位向量,根据定理1,有

$$\begin{aligned}
\frac{\partial f}{\partial l}\bigg|_{(x_0,y_0)} &= f_x(x_0,y_0)\cos\alpha + f_y(x_0,y_0)\cos\beta \\
&= (f_x(x_0,y_0),f_y(x_0,y_0)) \cdot (\cos\alpha,\cos\beta) = \mathbf{grad}\, f(x_0,y_0) \cdot \boldsymbol{e}_l \\
&= |\mathbf{grad}\, f(x_0,y_0)| \cos(\mathbf{grad}\, f(x_0,y_0),\boldsymbol{e}_l)
\end{aligned} \tag{9.15}$$

由式(9.15)可知:

(1)当方向 $\boldsymbol{e}_l$ 与梯度 $\mathbf{grad}\, f(x_0,y_0)$ 方向相同时,$\dfrac{\partial f}{\partial l}\bigg|_{(x_0,y_0)}$ 取最大,最大的方向导数就是 $|\mathbf{grad}\, f(x_0,y_0)|$,即函数 $f(x,y)$ 在点 $P_0(x_0,y_0)$ 沿梯度方向增加最快. 所以,函数 $f(x,y)$ 在一点的梯度是这样一个向量,它的方向是函数在这点的方向导数取得最大值的方向,它的模就等于方向导数的最大值.

(2)当 $\boldsymbol{e}_l$ 与梯度 $\mathbf{grad}\, f(x_0,y_0)$ 向量夹角为 π 时,$\dfrac{\partial f}{\partial l}\bigg|_{(x_0,y_0)}$ 取最小,最小的方向导数就是 $-|\mathbf{grad}\, f(x_0,y_0)|$,即函数 $f(x,y)$ 在点 $P_0(x_0,y_0)$ 沿梯度方向 $\mathbf{grad}\, f(x_0,y_0)$ 的反方向减少最快.

(3)当 $\boldsymbol{e}_l$ 与梯度 $\mathbf{grad}\, f(x_0,y_0)$ 向量正交(夹角为 $\dfrac{\pi}{2}$)时,$\dfrac{\partial f}{\partial l}\bigg|_{(x_0,y_0)} = 0$,即函数 $f(x,y)$ 在点 $P_0(x_0,y_0)$ 沿与梯度正交的方向的变化率为零.

例 3　求 $\mathbf{grad}\ \arctan\dfrac{x}{y}$.

解　令 $f(x,y)=\arctan\dfrac{x}{y}$，有

$$f_x=\frac{1}{1+\left(\dfrac{x}{y}\right)^2}\cdot\frac{1}{y}=\frac{y}{x^2+y^2},\qquad f_y=\frac{1}{1+\left(\dfrac{x}{y}\right)^2}\cdot\frac{-x}{y^2}=\frac{-x}{x^2+y^2},$$

则
$$\mathbf{grad}\ \arctan\frac{x}{y}=\frac{y}{x^2+y^2}\boldsymbol{i}-\frac{x}{x^2+y^2}\boldsymbol{j}.$$

二元函数梯度的概念可以推广到三元函数的情形.

设函数 $f(x,y,z)$ 在空间区域 G 内具有一阶连续偏导数，则对于每一点 $P_0(x_0,y_0,z_0)\in G$，都可定义一个向量

$$f_x(x_0,y_0,z_0)\boldsymbol{i}+f_y(x_0,y_0,z_0)\boldsymbol{j}+f_z(x_0,y_0,z_0)\boldsymbol{k},$$

称这个向量为函数 $f(x,y,z)$ 在点 $P_0(x_0,y_0,z_0)$ 的**梯度**，记作 $\mathbf{grad}\ f(x_0,y_0,z_0)$ 或 $\nabla f(x_0,y_0,z_0)$，即

$$\begin{aligned}
\mathbf{grad}\ f(x_0,y_0,z_0)&=\nabla f(x_0,y_0)\\
&=f_x(x_0,y_0,z_0)\boldsymbol{i}+f_y(x_0,y_0,z_0)\boldsymbol{j}+f_z(x_0,y_0,z_0)\boldsymbol{k},
\end{aligned}$$

其中 $\nabla=\dfrac{\partial}{\partial x}\boldsymbol{i}+\dfrac{\partial}{\partial y}\boldsymbol{j}+\dfrac{\partial}{\partial z}\boldsymbol{k}$ 称为（三维的）向量微分算子或 Nabla 算子，

$$\nabla f=\frac{\partial f}{\partial x}\boldsymbol{i}+\frac{\partial f}{\partial y}\boldsymbol{j}+\frac{\partial f}{\partial z}\boldsymbol{k}.$$

经过与二元函数的情形类似的讨论可得出结论：三元函数 $f(x,y,z)$ 在点 $P_0(x_0,y_0,z_0)$ 的梯度 $\mathbf{grad}\ f(x_0,y_0,z_0)$ 是这样一个向量，函数 $f(x,y,z)$ 在点 $P_0(x_0,y_0,z_0)$ 沿这个方向的方向导数最大，即函数 $f(x,y,z)$ 在 $P_0(x_0,y_0,z_0)$ 沿这个方向增加最快. 所以，函数 $f(x,y,z)$ 在一点的梯度是这样一个向量，它的方向是函数在这点的方向导数取得最大值的方向，它的模就等于方向导数的最大值.

例 4　求函数 $u=xy^2z$ 在点 $P_0(1,-1,2)$ 处变化最快的方向，并求沿这个方向的方向导数.

解　因为 $\dfrac{\partial u}{\partial x}=y^2z,\dfrac{\partial u}{\partial y}=2xyz,\dfrac{\partial u}{\partial z}=xy^2$，有

$$\frac{\partial u}{\partial x}\bigg|_{(1,-1,2)}=2,\quad \frac{\partial u}{\partial y}\bigg|_{(1,-1,2)}=-4,\quad \frac{\partial u}{\partial z}\bigg|_{(1,-1,2)}=1,$$

所以
$$\nabla u\bigg|_{(1,-1,2)}=\left(\frac{\partial u}{\partial u}\boldsymbol{i}+\frac{\partial u}{\partial y}\boldsymbol{j}+\frac{\partial u}{\partial z}\boldsymbol{k}\right)\bigg|_{(1,-1,2)}=2\boldsymbol{i}-4\boldsymbol{j}+\boldsymbol{k}.$$

根据梯度与方向导数的关系，函数 $u=xy^2z$ 在点 $P_0(1,-1,2)$ 处沿向量 $\boldsymbol{n}_1=$

$\nabla u \big|_{(1,-1,2)} = (2,-4,1)$ 的方向增加最快,其方向导数为

$$\big| \nabla u \big|_{(1,-1,2)} \big| = \sqrt{2^2 + (-4)^2 + 1^2} = \sqrt{21}.$$

函数 $u = xy^2z$ 在点 $P_0(1,-1,2)$ 处沿向量 $\boldsymbol{n}_2 = -\nabla u \big|_{(1,-1,2)} = (-2,4,-1)$ 的方向减少最快,其方向导数为

$$-\big| \nabla u \big|_{(1,-1,2)} \big| = -\sqrt{2^2 + (-4)^2 + 1^2} = -\sqrt{21}.$$

例 5 一块长方形的金属板,四个顶点的坐标分别是 $A(1,1),B(5,1),C(1,3),D(5,3)$,在坐标原点处有一个火焰,它使金属板受热,假定板上任意一点处的温度与该点到原点的距离成反比,在 $M(3,2)$ 处有一只蚂蚁,问这只蚂蚁应沿什么方向爬行才能最快到达最凉快的地点?

解 设板上任一点 (x,y) 处的温度 $T(x,y) = \dfrac{k}{\sqrt{x^2+y^2}}$,$k$ 是一个比例常数.

在 $M(3,2)$ 处温度减少最快的方向是 $-\mathbf{grad}\ T(3,2)$. 而

$$\mathbf{grad}\ T = \frac{\partial T}{\partial x}\boldsymbol{i} + \frac{\partial T}{\partial y}\boldsymbol{j} = -kx(x^2+y^2)^{-\frac{3}{2}}\boldsymbol{i} - ky(x^2+y^2)^{-\frac{3}{2}}\boldsymbol{j},$$

$$\mathbf{grad}\ T(3,2) = -\frac{3k}{13^{\frac{3}{2}}}\boldsymbol{i} - \frac{2k}{13^{\frac{3}{2}}}\boldsymbol{j},$$

因此蚂蚁应沿着向量 $\left(\dfrac{3k}{13^{\frac{3}{2}}}, \dfrac{2k}{13^{\frac{3}{2}}} \right)$ 所指的方向逃跑才能最快到达最凉快的地点. 蚂蚁虽然不懂梯度,但凭它的感觉细胞的反馈信号,它将沿着这个方向逃跑.

习 题 9.7

1. 求函数 $z = x\mathrm{e}^{2y}$ 在点 $M(1,0)$ 处沿着从点 $M(1,0)$ 到点 $N(2,3)$ 的方向导数.

2. 求函数 $z = x^2 - y^2$ 在点 $M(1,1)$ 沿与 x 轴正向成 $60°$ 的方向 l 的方向导数.

3. 求函数 $z = \ln(x+y)$ 在抛物线 $y^2 = 4x$ 上点 $P(1,2)$ 处,沿着这抛物线在该点处偏向 x 轴正向的切线方向的方向导数.

4. 求函数 $f(x,y,z) = xy + yz + zx$ 在点 $(1,2,1)$ 沿方向 l 方向导数,其中 l 的方向角分别为 $30°,45°,60°$.

5. 求函数 $u = xy^2 + z^2 - xyz$ 在点 $(2,1,3)$ 处沿着从点 $(2,1,3)$ 到点 $(3,2,5)$ 的方向的方向导数.

6. 求函数 $f(x,y,z) = x^2y + z^2$ 点 $(1,2,0)$ 处沿向量 $\boldsymbol{n} = (1,2,2)$ 的方向导数.

7. 求函数 $u = x + y + z$ 在球面 $x^2 + y^2 + z^2 = 1$ 上点 (x_0, y_0, z_0) 处的内法线方向的

方向导数.

8. 求曲线 $\begin{cases} xyz=1 \\ y^2=x \end{cases}$ 在点 $(1,1,1)$ 处的切线的方向余弦.

9. 设 $e_l=(\cos\theta,\sin\theta)$,求函数 $f(x,y)=x^2-xy+y^2$ 在点 $(1,1)$ 沿方向 l 的方向导数,并分别确定角 θ,使这导数有:(1)最大值;(2)最小值;(3)等于 0.

10. 设函数 $f(x,y,z)=x^2+2y^2+3z^2+xy+3x-2y-6z$,求 **grad** $f(0,0,0)$, **grad** $f(1,1,2)$.

11. 设函数 $f(x,y,z)=xy+\dfrac{z}{y}$,求 **grad** $f(2,1,1)$.

9.8 多元函数的极值

9.8.1 多元函数的极值与最值

在实际问题中经常会遇到求最值问题,和一元函数类似,多元函数的最值与极值有密切联系,因此下面以二元函数为例,讨论多元函数的极值问题.

定义 1 设二元函数 $z=f(x,y)$ 的定义域为 D,点 $P_0(x_0,y_0)$ 是 D 的内点,如果存在 $\boldsymbol{\delta}>\boldsymbol{0}$,对 $\forall (x,y)\in U(P_0,\delta)$ 都有

$$f(x,y)\leqslant f(x_0,y_0),$$

则称二元函数 $z=f(x,y)$ 在 $P_0(x_0,y_0)$ 点取得**极大值**,P_0 称为函数 $z=f(x,y)$ 的**极大值点**. 如果存在 $\delta>0$,对 $\forall (x,y)\in U(P_0,\delta)$ 都有

$$f(x,y)\geqslant f(x_0,y_0),$$

则称二元函数 $z=f(x,y)$ 在 $P_0(x_0,y_0)$ 点取得**极小值**,P_0 称为函数 $z=f(x,y)$ 的**极小值点**.

极大值与极小值统称为**极值**,极大值点与极小值点统称为**极值点**.

根据定义,极值点必须是函数定义域的内点.

我们知道,可导的一元函数 $f(x)$ 在 x_0 点取得极值的必要条件是 $f'(x_0)=0$,对于二元函数有类似的结果.

定理 1 （极值点的必要条件）如果函数 $z=f(x,y)$ 在 (x_0,y_0) 点的两个一阶偏导数都存在,并且在点 (x_0,y_0) 取得极值,则有

$$\begin{cases} f_x(x_0,y_0)=0 \\ f_y(x_0,y_0)=0 \end{cases}.$$

证明 不妨设函数 $z=f(x,y)$ 在 $P_0(x_0,y_0)$ 点取得极小值,即对 (x_0,y_0) 点的某个邻域内的任一点 (x,y),都有 $f(x,y) \geqslant f(x_0,y_0)$.特别地,在这个邻域内有

$$f(x,y_0) \geqslant f(x_0,y_0),$$

即当 $y=y_0$ 时,一元函数 $z=f(x,y_0)$ 在 x_0 点必取得极小值,又 $f_x(x_0,y_0)$ 存在,因而必有 $f_x(x_0,y_0)=0$.

同理可得 $f_y(x_0,y_0)=0$.

定义 2 如果函数 $z=f(x,y)$ 在 $P_0(x_0,y_0)$ 点的两个一阶偏导数都存在,称满足

$$\begin{cases} f_x(x_0,y_0)=0 \\ f_y(x_0,y_0)=0 \end{cases}$$

的点 (x_0,y_0) 为函数的**驻点**(或稳定点).

例 1 函数 $z=x^2+y^2$ 在 $(0,0)$ 点的任一邻域内的函数值都大于等于 $(0,0)$ 点的函数值 0,函数在点 $(0,0)$ 处取得极小值.函数在 $(0,0)$ 点的两个一阶偏导数为 0,$(0,0)$ 点是函数的驻点,这里函数的驻点是函数的极值点.

例 2 函数 $z=-\sqrt{x^2+y^2}$ 在 $(0,0)$ 点的任一邻域内的函数值都小于等于 $(0,0)$ 点的函数值 0,但是函数在 $(0,0)$ 点的偏导数不存在,这里二元函数的偏导数不存在的点是函数的极值点.

由定理 1 及例 1、例 2 可知,二元函数的极值点只可能是驻点或者偏导数不存在的点.

例 3 函数 $z=xy$ 在 $(0,0)$ 点的任一邻域内,有的点的函数值大于 $(0,0)$ 点的函数值 0,有的点的函数值小于 $(0,0)$ 点的函数值 0,因此函数 $z=xy$ 在 $(0,0)$ 点没有极值.但是函数在 $(0,0)$ 点的两个一阶偏导数为 0,说明二元函数的驻点未必是极值点.

一阶偏导数同时存在的二元函数 $z=f(x,y)$ 的极值点一定是驻点,但例 3 说明了驻点未必是函数的极值点.那么驻点要满足什么条件才是函数的极值点呢?请看定理 2.

定理 2 (判定驻点为极值点的充分条件)设函数 $z=f(x,y)$ 在点 (x_0,y_0) 的某个邻域内具有二阶连续偏导数,又 $f_x(x_0,y_0)=0$,$f_y(x_0,y_0)=0$,记

$$A=f_{xx}(x_0,y_0),B=f_{xy}(x_0,y_0),C=f_{yy}(x_0,y_0),$$

则:(1)当 $AC-B^2>0$ 时,函数 $f(x,y)$ 在 (x_0,y_0) 点取得极值,且当 $A>0$ 时,函数 $f(x,y)$ 在 (x_0,y_0) 点取得极小值,当 $A<0$ 时,函数 $f(x,y)$ 在 $P_0(x_0,y_0)$ 点取得极大值;

(2)当 $AC-B^2<0$ 时,函数 $f(x,y)$ 在 $P_0(x_0,y_0)$ 点不取得极值;

(3)当 $AC-B^2=0$ 时,函数 $f(x,y)$ 在 $P_0(x_0,y_0)$ 点处可能取得极值,也可能没有极

值,要另行讨论.

证明从略.

综上,若函数 $f(x,y)$ 具有二阶连续偏导数,那么求极值的步骤如下:

(1)求一阶偏导数后,解方程组 $\begin{cases} f_x(x,y)=0 \\ f_y(x,y)=0 \end{cases}$ 求出驻点;

(2)对每个驻点,求出定理 2 中的 A,B,C;

(3)确定 $AC-B^2$ 的符号,根据定理 2 的结论判定函数在哪个驻点取得极值,在哪个驻点不取得极值.

(4)计算出极值点的函数值,求得极大值或极小值.

例 4　求函数 $f(x,y)=24xy-6xy^2-4x^2y+x^2y^2$ 的极值.

解　因为　　　$f_x(x,y)=24y-6y^2-8xy+2xy^2=2y(x-3)(y-4)$,

$f_y(x,y)=24x-12xy-4x^2+2x^2y=2x(x-6)(y-2)$,

求解方程组　　　$\begin{cases} f_x(x,y)=2y(x-3)(y-4)=0 \\ f_y(x,y)=2x(x-6)(y-2)=0 \end{cases}$,

解得函数的驻点为 $(0,0),(6,0),(3,2),(0,4),(6,4)$.

又　$A=f_{xx}(x,y)=-8y+2y^2,C=f_{yy}(x,y)=-12x+2x^2$,

$B=f_{xy}(x,y)=24-12y-8x+4xy$.

因为在点 $(0,0)$ 处,$A=0,C=0,B=24,AC-B^2=-24^2<0$,

在点 $(6,0)$ 处,$A=0,C=0,B=-24,AC-B^2=-24^2<0$,

在点 $(0,4)$ 处,$A=0,C=0,B=-24,AC-B^2=-24^2<0$,

在点 $(6,4)$ 处,$A=0,C=0,B=24,AC-B^2=-24^2<0$,

所以,$f(0,0),f(6,0),f(0,4),f(6,4)$ 都不是函数的极值.

因为在点 $(3,2)$ 处,$A=-8,C=-18,B=0,AC-B^2=144>0$,故函数在 $(3,2)$ 点取得极值,又 $A=-8<0$,所以 $f(3,2)=36$ 是函数的极大值.

如果函数在驻点的某个邻域内具有二阶连续偏导数,可以用定理 2 来判定驻点是否是极值点.需要注意的是,函数在偏导数不存在的点处也有可能取得极值,如例 2.

与一元函数相类似,可以利用函数的极值来求函数的最值.我们知道,如果函数 $z=f(x,y)$ 在闭区域 D 上连续,则函数 $f(x,y)$ 在 D 上一定可以取得最大值与最小值.这种使函数取得最大值与最小值的点既可能是 D 的内点,也可能是 D 的边界点.

假定函数 $z=f(x,y)$ 在闭区域 D 上连续,在 D 内可微分且只有有限个驻点.如果取得最值的点是 D 的内点,此时函数最值点一定是函数的极值点.由于函数在 D 内可微分,故极值点一定是驻点.因此只要求出函数 $f(x,y)$ 在闭区域 D 的所有驻点,将所有驻点的函数值与函数在 D 边界上的最大值与最小值相比较,其中的最小值就是函数在闭区域 D 上的最小值,其中的最大值就是函数在闭区域 D 的最大值.

例 5 求函数 $f(x,y)=\sin x+\sin y-\sin(x+y)$ 在闭区域 D 上的最大值,其中 D 是由 x 轴、y 轴及直线 $x+y=2\pi$ 所围成的三角形闭区域.

解 闭区域 D 如图 9-16 所示.

因为函数 $f(x,y)$ 在闭区域 D 上连续,故在 D 上必存在最大值.

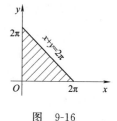

图 9-16

$$
令 \quad
\begin{cases}
\dfrac{\partial f}{\partial x}=\cos x-\cos(x+y)=0 \\[2mm]
\dfrac{\partial f}{\partial y}=\cos y-\cos(x+y)=0
\end{cases},
$$

解得 $\cos x=\cos y$,在 D 内必有 $x=y$.

代入上面的方程组中,有 $\cos x-\cos 2x=0$,即 $\cos x-2\cos^2 x+1=0$.

也就是 $(2\cos x+1)(1-\cos x)=0$,解得 $x=\dfrac{2}{3}\pi$,$x=0$(舍去).

故在 D 内只有唯一的驻点 $\left(\dfrac{2}{3}\pi,\dfrac{2}{3}\pi\right)$,且 $f\left(\dfrac{2}{3}\pi,\dfrac{2}{3}\pi\right)=\dfrac{\sqrt{3}}{2}$.

下面求 $f(x,y)$ 在边界上的最大值.

当 $(x,y)\in\{(x,y)\mid 0\leqslant x\leqslant 2\pi,y=0\}$ 时,$f(x,y)=0$;

当 $(x,y)\in\{(x,y)\mid x=0,0\leqslant y\leqslant 2\pi\}$ 时,$f(x,y)=0$;

当 $(x,y)\in\{(x,y)\mid x+y=2\pi\}$ 时,$f(x,y)=\sin x+\sin(2\pi-x)+\sin 2\pi=0$.

可知 $f(x,y)$ 在边界上的最大值为 0.

因此函数 $f(x,y)$ 在闭区域 D 上的最大值为 $\dfrac{\sqrt{3}}{2}$.

一般求函数 $f(x,y)$ 在闭区域 D 的边界上的最值相当复杂.在实际问题中如果根据问题的性质,可以确定 $f(x,y)$ 在 D 的内部取得最大值(最小值),而函数在 D 内只有一个驻点,那么可以肯定这个驻点就是函数在 D 上的最大值点(最小值点).

例 6 用铁皮制造一个容积为 8 m^3 的无盖长方体油箱,问怎样选择油箱的长、宽、高才能使用的铁皮最省.

解 设油箱的长、宽、高分别为 $x \text{ m}$,$y \text{ m}$,$h \text{ m}$.

由题意可得 $8=xyh$,解出 $h=\dfrac{8}{xy}$.

设无盖油箱的面积为 S,则

$$S = xy + 2h(x+y) = xy + \frac{16}{x} + \frac{16}{y} \quad (x > 0, y > 0).$$

问题转化为求二元函数 S 在区域 $D = \{(x,y) \mid x > 0, y > 0\}$ 上的最小值. 令

$$\begin{cases} S'_x = y - \dfrac{16}{x^2} = 0 \\ S'_y = x - \dfrac{16}{y^2} = 0 \end{cases},$$

解得

$$\begin{cases} x = 2\sqrt[3]{2} \\ y = 2\sqrt[3]{2} \end{cases}.$$

根据题意可知,油箱所用材料面积的最小值一定存在,且在区域 D 的内部取得,又函数在 D 上只有唯一的驻点,因此可以断定当油箱的长为 $2\sqrt[3]{2}$ m、宽为 $2\sqrt[3]{2}$ m、高为 $\sqrt[3]{2}$ m 时油箱所用材料最省.

9.8.2 条件极值与拉格朗日乘数法

前面讲的极值问题,除了要求函数的自变量在函数的定义域内这个条件外,并无其他条件,称这样的极值为**无条件极值**. 但在许多实际问题中,会对函数的自变量提出一些附加条件再求函数的极值,这样的极值就称为**条件极值**.

有时通过把条件极值转化为无条件极值进而进行求解. 如例 6,求在油箱容积为 8 m^3 时表面积 $S = xy + 2h(x+y)$ 最小的问题,这就是对自变量 x, y, h 附加了条件 $8 = xyh$,因此是个条件极值问题. 通过对附加条件 $8 = xyh$ 变形,得到 $h = \dfrac{8}{xy}$,将问题转化为求

$S = xy + \dfrac{16}{x} + \dfrac{16}{y}$ ($x > 0, y > 0$) 的最小值问题,这就是一个无条件极值问题了.

但在很多问题中,要将条件极值转化为无条件极值并不容易. 因此,有必要寻找出求条件极值的一般方法,这就是下面的**拉格朗日乘数法**.

下面先来寻求函数 $\qquad\qquad z = f(x,y) \qquad\qquad\qquad$ (9.16)

在条件

$$\varphi(x,y) = 0 \qquad\qquad\qquad (9.17)$$

下取得极值的必要条件.

如果函数 $z = f(x,y)$ 在 (x_0, y_0) 取得极值,那么必有 $\varphi(x_0, y_0) = 0$.

设在 (x_0, y_0) 的某个邻域内,函数 $f(x,y)$ 与 $\varphi(x,y)$ 均有连续的一阶偏导数,且 $\varphi_y(x_0, y_0) \neq 0$,由隐函数存在定理可知,方程 $\varphi(x,y) = 0$ 确定了一个具有连续导数的函数 $y = \psi(x)$,将其代入式(9.16)中,得到

$$z = f[x, \psi(x)]. \qquad (9.18)$$

这样二元函数 $z = f(x,y)$ 在 (x_0, y_0) 取得极值,就相当于一元函数(9.18)在 $x = x_0$ 取得极值,由一元可导函数取得极值的必要条件可得

$$\frac{dz}{dx}\bigg|_{(x_0, y_0)} = \frac{df[x, \psi(x)]}{dx}\bigg|_{(x_0, y_0)} = f_x(x_0, y_0) + f_y(x_0, y_0) \cdot \frac{dy}{dx}\bigg|_{(x_0, y_0)} = 0. \quad (9.19)$$

式(9.17)两边对 x 求偏导,得

$$\varphi_x(x,y) + \varphi_y(x,y) \cdot \frac{dy}{dx} = 0,$$

进而得到 $\dfrac{dy}{dx}\bigg|_{x=x_0} = -\dfrac{\varphi_x(x_0, y_0)}{\varphi_y(x_0, y_0)}$,将其代入式(9.19),得到

$$f_x(x_0, y_0) - f_y(x_0, y_0) \cdot \frac{\varphi_x(x_0, y_0)}{\varphi_y(x_0, y_0)} = 0. \qquad (9.20)$$

故 $\varphi(x_0, y_0) = 0$ 与式(9.20)是函数 $z = f(x,y)$ 在条件 $\varphi(x,y) = 0$ 下取得极值的必要条件.

令 $\dfrac{f_y(x, y_0)}{\varphi_y(x_0, y_0)} = -\lambda$,即 $f_y(x_0, y_0) + \lambda \varphi_y(x_0, y_0) = 0$,又由式(9.20)可得

$$f_x(x_0, y_0) + \lambda \varphi_x(x_0, y_0) = 0.$$

因而上述必要条件变为

$$\begin{cases} f_x(x_0, y_0) + \lambda \varphi_x(x_0, y_0) = 0 \\ f_y(x_0, y_0) + \lambda \varphi_y(x_0, y_0) = 0. \\ \varphi(x_0, y_0) = 0 \end{cases}$$

若引进辅助函数 $L(x,y) = f(x,y) + \lambda \varphi(x,y)$,称 λ 为拉格朗日乘子,函数 $L(x,y)$ 称为拉格朗日函数.

综上所述可得以下结论:

拉格朗日乘数法 要找函数 $z = f(x,y)$ 在附加条件 $\varphi(x,y) = 0$ 下可能的极值点,可以先作拉格朗日函数

$$L(x,y) = f(x,y) + \lambda \varphi(x,y),$$

再求拉格朗日函数的一阶偏导,并使之为零,再与方程 $\varphi(x,y) = 0$ 联立起来,得

$$\begin{cases} f_x(x,y) + \lambda \varphi_x(x,y) = 0 \\ f_y(x,y) + \lambda \varphi_y(x,y) = 0. \\ \varphi(x,y) = 0 \end{cases}$$

解出 x, y, λ,其中的 (x,y) 就是函数 $z = f(x,y)$ 在附加条件 $\varphi(x,y) = 0$ 下可能的极值点.至于如何确定所求得的点是否是极值点,在实际问题中往往可以根据问题本身的性质来判定.

拉格朗日乘数法可以推广到自变量多于两个、条件多于一个的情形. 例如,要求函数

$$u = f(x, y, z)$$

在附加条件

$$\varphi_1(x, y, z) = 0, \varphi_2(x, y, z) = 0$$

下可能的极值点.

先作拉格朗日函数

$$L(x, y, z) = f(x, y, z) + \lambda \varphi_1(x, y, z) + \mu \varphi_2(x, y, z),$$

其中,λ, μ 为拉格朗日乘子,有几个附加条件就有几个拉格朗日乘子. 求拉格朗日函数的偏导数并使之为零,再与两个附加条件形成方程组,求解方程组得出的 (x, y, z) 就是可能的条件极值点.

例 7 求函数 $u = xyz$ 在

$$\frac{1}{x} + \frac{1}{y} + \frac{1}{z} = \frac{1}{a} \quad (x > 0, y > 0, z > 0, a > 0) \tag{9.21}$$

条件下的极值.

解 作拉格朗日函数 $L(x, y, z) = xyz + \lambda\left(\dfrac{1}{x} + \dfrac{1}{y} + \dfrac{1}{z} + \dfrac{1}{a}\right)$,

求解方程组

$$\begin{cases} L_x(x, y, z, \lambda) = yz - \dfrac{\lambda}{x^2} = 0 \\[2mm] L_y(x, y, z, \lambda) = xz - \dfrac{\lambda}{y^2} = 0 \\[2mm] L_z(x, y, z, \lambda) = xy - \dfrac{\lambda}{z^2} = 0 \\[2mm] \dfrac{1}{x} + \dfrac{1}{y} + \dfrac{1}{z} - \dfrac{1}{a} = 0 \end{cases},$$

由前三式可得 $xyz - \dfrac{\lambda}{x} = 0, xyz - \dfrac{\lambda}{y} = 0, xyz - \dfrac{\lambda}{z} = 0$,三式相加有

$$3xyz - \lambda\left(\frac{1}{x} + \frac{1}{y} + \frac{1}{z}\right) = 0,$$

将方程组的第四式代入得 $xyz = \dfrac{\lambda}{3a}$,将结果代入方程组的前三式,得到 $x = y = z = 3a$. 因此点 $(3a, 3a, 3a)$ 是所要求的唯一可能的条件极值点.

设由方程 $\dfrac{1}{x} + \dfrac{1}{y} + \dfrac{1}{z} = \dfrac{1}{a}$ 所确定的隐函数为 $z = g(x, y)$,如果能证明 $x = 3a, y = 3a$ 是函数 $u = xyz = xy \cdot g(x, y)$ 的极值点,那么就证明了 $(3a, 3a, 3a)$ 是所要求的条件

极值点.

由式(9.21)根据隐函数求导法则可得 $\dfrac{\partial z}{\partial x}=-\dfrac{z^2}{x^2}$，$\dfrac{\partial z}{\partial y}=\dfrac{z^2}{y^2}$，在 $x=3a$，$y=3a$，$z=3a$ 时，

$\dfrac{\partial z}{\partial x}=\dfrac{\partial z}{\partial y}=-1$. 方程 $u=xyz=xy \cdot g(x,y)$ 两边对 x 求偏导，得

$$u_x=yz+xy\frac{\partial z}{\partial x}=yz-\frac{y}{x}z^2, \quad u_y=xz+xy\frac{\partial z}{\partial y}=xz-\frac{x}{y}z^2.$$

有 $u_x|_{(3a,3a,3a)}=0$，$u_y|_{(3a,3a,3a)}=0$，因而对二元函数 $u=xyz=xyg(x,y)$ 来说 $x=3a$，$y=3a$ 是其驻点.

又 $\quad A=\dfrac{\partial^2 u}{\partial x^2}=y\dfrac{\partial z}{\partial x}+\dfrac{y}{x^2}z^2-\dfrac{2yz}{x}\dfrac{\partial z}{\partial x}, \quad C=\dfrac{\partial^2 u}{\partial y^2}=x\dfrac{\partial z}{\partial y}+\dfrac{x}{y^2}z^2-\dfrac{2xz}{y}\dfrac{\partial z}{\partial y},$

$\quad\quad B=\dfrac{\partial^2 u}{\partial x\partial y}=z+y\dfrac{\partial z}{\partial y}-\dfrac{1}{x}z^2-\dfrac{2yz}{x}\dfrac{\partial z}{\partial y}.$

在 $x=3a$，$y=3a$，$z=3a$ 时，$A=6a$，$C=6a$，$B=3a$.

由于 $AC-B^2=6a\times 6a-(3a)^2=27a^2>0$，又 $A=6a>0$，因此当 $x=3a$，$y=3a$ 时二元函数 $u=xy \cdot g(x,y)$ 取得极小值，即 $(3a,3a,3a)$ 是函数 $u=xyz$ 在附加条件(9.21)下的极小值点，极小值为 $f(3a,3a,3a)=27a^3$.

例 8 求函数 $f(x,y)=x^2+2y^2-x^2y^2$ 在区域 $D=\{(x,y)|x^2+y^2\leqslant 4, y\geqslant 0\}$ 上的最大值和最小值.

解 函数 $f(x,y)$ 在闭区域 D 上存在连续一阶偏导数.

(1)先求函数 $f(x,y)$ 在 D 内部的可能的极值点及对应的函数值.

令 $\quad\quad \begin{cases} f_x(x,y)=2x-2xy^2=0 \\ f_y(x,y)=4y-2x^2y=0 \end{cases},$

解得 $\quad\quad \begin{cases} x=\sqrt{2} \\ y=1 \end{cases}$ 或 $\begin{cases} x=-\sqrt{2} \\ y=1 \end{cases}$，$\begin{cases} x=0 \\ y=0 \end{cases}$（由于在 D 的边界上，故舍去）.

得到函数在开区域 $D_1=\{(x,y)|x^2+y^2<4, y>0\}$ 内的可能极值点. 且 $f(\sqrt{2},1)=2$，$f(-\sqrt{2},1)=2$.

(2)再求函数 $f(x,y)$ 在区域 D 边界上的可能的极值点及对应的函数值.

区域 D 有两条边界线：$\{(x,y)|y=0,-2\leqslant x\leqslant 2\}$ 与 $\{(x,y)|x^2+y^2=4, y>0\}$.

(a)求当 $(x,y)\in\{(x,y)|y=0,-2\leqslant x\leqslant 2\}$ 时函数 $f(x,y)$ 的极值：

$$0\leqslant f(x,y)=x^2\leqslant 4, \quad \text{且} f(0,0)=0, f(\pm 2,0)=4.$$

(b)求当 $(x,y)\in\{(x,y)|x^2+y^2=4, y>0\}$ 时 $f(x,y)$ 的极值实际上就是求函数 $f(x,y)$ 在 $x^2+y^2=4(y>0)$ 条件下的极值.

作拉格朗日函数 $L(x,y)=x^2+2y^2-x^2y^2+\lambda(x^2+y^2-4)$.

令
$$\begin{cases} L_x(x,y)=2x-2xy^2+2\lambda x=0 \\ L_y(x,y)=4y-2yx^2+2\lambda y=0, \\ x^2+y^2-4=0(y>0) \end{cases}$$

解得
$$\begin{cases} x=0 \\ y=2 \end{cases} 或 \begin{cases} x=-\dfrac{1}{2}\sqrt{10} \\ y=\dfrac{1}{2}\sqrt{6} \end{cases} 或 \begin{cases} x=\dfrac{1}{2}\sqrt{10} \\ y=\dfrac{1}{2}\sqrt{6} \end{cases},$$

即函数 $f(x,y)$ 在边界 $\{(x,y)\mid x^2+y^2=4,y>0\}$ 上的可能的极值点为 $(0,2)$，$\left(-\dfrac{1}{2}\sqrt{10},\dfrac{1}{2}\sqrt{6}\right)$，$\left(\dfrac{1}{2}\sqrt{10},\dfrac{1}{2}\sqrt{6}\right)$，对应的函数值分别为 $f(0,2)=8$，$f\left(-\dfrac{1}{2}\sqrt{10},\dfrac{1}{2}\sqrt{6}\right)=f\left(\dfrac{1}{2}\sqrt{10},\dfrac{1}{2}\sqrt{6}\right)=\dfrac{7}{4}$.

(3)将(1)(2)计算得到的函数值进行对比,其中最大值 $f(0,2)=8$ 就是函数在区域 D 上的最大值,其中的最小值 $f(0,0)=0$ 就是函数在区域 D 上的最小值.

例 9 设某电视机厂生产一台电视机的成本为 c,每台电视机的销售价格为 p,销售量为 x,假定该厂的电视机的产量等于销售量,根据市场预测,销售量 x 与销售价格 p 之间的关系如下: $x=Me^{-ap}(M>0,A>0)$. 其中 M 为市场最大需求量,a 为价格系数. 同时生产部门对生产环节的每台电视机的生产成本 c 有如下的测算: $c=c_0-k\ln x$ $(k>0,x>1)$,其中 c_0 为生产一台电视机的成本,k 是规模系数. 根据上述条件,应如何确定电视机的售价 p,才能使该厂获得最大利润?

解 设厂家获得的利润为 l,有 $l=(p-c)x$.

问题转化为求使利润函数 $l=(p-c)x$ 在同时满足
$$x=Me^{-ap}(M>0,A>0) \quad 与 \quad c=c_0-k\ln x(k>0,x>1)$$
条件下的极值问题.

作拉格朗日函数 $L(x,p,c)=(p-c)x+\lambda(x-Me^{-ap})+\mu(c-c_0+k\ln x)$,

令
$$\begin{cases} L_x(x,p,c)=p-c+\lambda+k\dfrac{\mu}{x}=0 & (1) \\ L_p(x,p,c)=x+a\lambda Me^{-ap}=0 & (2) \\ L_c(x,p,c)=-x+\mu=0 & (3) \\ x-Me^{-ap}=0 & (4) \\ c-c_0+k\ln x=0 & (5) \end{cases}$$

将(4)式代入(5)式,得到
$$c=c_0-k\ln(Me^{-ap});$$

由(2)式与(4)式可得 $\lambda a = -1$;由(3)式得 $x = \mu$,即 $\dfrac{\mu}{x} = 1$. 将以上结果都代入 (1)式,得到

$$p - c_0 + k(\ln M - ap) - \frac{1}{a} + k = 0,$$

解得唯一的驻点

$$p^* = \frac{c_0 - k\ln M + \dfrac{1}{a} - k}{1 + ak}.$$

因为由问题本身可知最优价格一定存在,所以 p^* 就是电视机的最优价格.

习　题　9.8

1.已知函数 $f(x,y)$ 在点 $(0,0)$ 的某个邻域内连续,且 $\lim\limits_{(x,y)\to(0,0)}\dfrac{f(x,y)}{x^2+y^2}=1$,讨论 $f(x,y)$ 在点 $(0,0)$ 是否取得极值.

2.求下列函数的极值.

(1) $z = x^3 - y^3 + 3x^2 + 3y^2 - 9x$;　　　　(2) $z = 2xy - 3x^2 - 2y^2$;

(3) $f(x,y) = x\mathrm{e}^{\frac{x^2+y^2}{2}}$;　　　　(4) $f(x,y) = \mathrm{e}^{2x}(x + 2y + y^2)$;

(5) $f(x,y) = 1 - \sqrt{x^2 + y^2}$;

(6) $f(x,y) = xy + \dfrac{40}{x} + \dfrac{10}{y}$ $(x>0, y>0)$;

(7) $z = \mathrm{e}^{2x}(x + y^2 + 2y)$.

3.求函数 $z = xy$ 在适合附加条件 $x + y = 1$ 下的极大值.

4.表面积一定的长方体,求其体积为最大时的边长如何取值.

5.欲造一无盖的长方体容器,已知底部造价为每平方米 3 元,侧面造价为每平方米 1 元,现想用 36 元造一个容积最大的容器,其长、宽、高应为多少?

6.曲面 $S:\dfrac{x^2}{2} + y^2 + \dfrac{z^2}{4} = 1$ 上到平面 $\pi:2x + 2y + z + 5 = 0$ 的最短距离.

7.求函数 $f(x,y) = x^2 - xy + y^2 - x - y$ 在闭单位圆盘 $x^2 + y^2 \leqslant 1$ 上的最大值和最小值.

8.设 $z = z(x,y)$ 是由 $x^2 - 6xy + 10y^2 - 2yz - z^2 + 18 = 0$ 确定的函数,求 $z = z(x,y)$ 的极值点和极值.

9.求函数 $f(x,y) = x^2 y(4 - x - y)$ 在由直线 $x + y = 6$、x 轴和 y 轴所围成的闭区域

D 上的极值、最大值和最小值.

10. 要在某行星表面安装一个无线电设备,为减少干扰,需将该设备安装在磁场最弱的位置,假设该行星为一球体,其半径为 6 个单位. 若以行星中心为原点建立空间直角坐标系,则行星上点 (x,y,z) 处的磁场强度为 $H(x,y,z)=6x-y^2+xz+60$,问:应将该无线电设备安装在何处? 此处的磁场强度为多少?

*9.9　二元函数的泰勒公式

在上册 3.3 节我们介绍了一元函数的泰勒公式:如果函数 $f(x)$ 在含有 x_0 的某个邻域 $U(x_0,\delta)$ 内具有直到 $(n+1)$ 阶的导数,则对任一 $x\in U(x_0,\delta)$,有

$$f(x)=f(x_0)+f'(x_0)(x-x_0)+\frac{1}{2!}f''(x_0)(x-x_0)^2+\cdots+$$

$$\frac{f^{(n)}(x_0)}{n!}(x-x_0)^n+\frac{f^{(n+1)}(x_0+\theta(x-x_0))}{(n+1)!}(x-x_0)^{n+1}\quad(0<\theta<1).$$

一元函数的泰勒公式表明,当 $f(x)$ 满足一定条件时,可以用 x 的 n 次多项式函数来近似 $f(x)$,且误差是当 $x\to x_0$ 时比 $(x-x_0)^n$ 高阶的无穷小. 对于二元函数 $z=f(x,y)$ 也有必要考虑用以 x,y 为变量的多元多项式函数来近似 $f(x,y)$,且希望能估算其误差,这就产生了二元函数的泰勒公式.

定理 1　设 $z=f(x,y)$ 在点 (x_0,y_0) 的某一邻域内连续且有 $(n+1)$ 阶连续偏导数,(x_0+h,y_0+k) 为此邻域内任一点,则有

$$f(x_0+h,y_0+k)=f(x_0,y_0)+\left(h\frac{\partial}{\partial x}+k\frac{\partial}{\partial y}\right)f(x_0,y_0)+$$

$$\frac{1}{2!}\left(h\frac{\partial}{\partial x}+\frac{\partial}{\partial y}\right)^2f(x_0,y_0)+\cdots+\frac{1}{n!}\left(h\frac{\partial}{\partial x}+k\frac{\partial}{\partial y}\right)^nf(x_0,y_0)+$$

$$\frac{1}{(n+1)!}\left(h\frac{\partial}{\partial x}+k\frac{\partial}{\partial y}\right)^{n+1}f(x_0+\theta h,y_0+\theta k)(0<\theta<1),\quad(9.22)$$

其中记号 $\left(h\frac{\partial}{\partial x}+k\frac{\partial}{\partial y}\right)f(x_0,y_0)$ 表示 $hf_x'(x_0,y_0)+kf_y'(x_0,y_0)$,

$\left(h\frac{\partial}{\partial x}+k\frac{\partial}{\partial y}\right)^2f(x_0,y_0)$ 表示 $h^2f_{xx}''(x_0,y_0)+2hkf_{xy}''(x_0,y_0)+k^2f_{yy}''(x_0,y_0)$.

类似地,$\left(h\frac{\partial}{\partial x}+k\frac{\partial}{\partial y}\right)^mf(x_0,y_0)$ 表示 $\sum_{i=0}^{m}C_m^ih^ik^{m-i}\frac{\partial^mf}{\partial x^i\partial y^{m-i}}\bigg|_{(x_0,y_0)}$.

证明　构造一元函数 $\Phi(t)=f(x_0+ht,y_0+kt)(0\leqslant t\leqslant1)$.

显然 $\Phi(0)=f(x_0,y_0)$,$\Phi(1)=f(x_0+h,y_0+k)$,且

$$\Phi'(t) = h f_x(x_0 + ht, y_0 + kt) + k f_y(x_0 + ht, y_+ kt)$$

$$= \left(h \frac{\partial}{\partial x} + k \frac{\partial}{\partial y}\right) f(x_0 + ht, y_0 + kt),$$

$$\Phi''(t) = h^2 f_{xx}(x_0 + ht, y_0 + kt) + 2hk f_{xy}(x_0 + ht, y_0 + kt) + k^2 f_{yy}(x_0 + ht, y_0 + kt)$$

$$= \left(h \frac{\partial}{\partial x} + k \frac{\partial}{\partial y}\right)^2 f(x_0 + ht, y_0 + kt),$$

$$\cdots\cdots$$

$$\Phi^{(n)}(t) = \sum_{i=1}^{n} C_n^i h^i k^{n-i} \frac{\partial^n f}{\partial x^i \partial y^{n-i}} \Big|_{(x_0 + ht, y_0 + kt)}$$

$$= \left(h \frac{\partial}{\partial x} + k \frac{\partial}{\partial y}\right)^n f(x_0 + ht, y_0 + kt).$$

利用一元函数的麦克劳林公式,得

$$\Phi(1) = \Phi(0) + \Phi'(0) + \frac{1}{2!}\Phi''(0) + \cdots + \frac{1}{n!}\Phi^{(n)}(0) + \frac{1}{(n+1)!}\Phi^{(n+1)}(\theta) \quad (0 < \theta < 1),$$

将 $\Phi(0) = f(x_0, y_0)$,$\Phi(1) = f(x_0 + h, y_0 + k)$ 及上面求得的 $\Phi(t)$ 的各阶导数代入上式,得

$$f(x_0 + h, y_0 + k) = f(x_0, y_0) + \left(h \frac{\partial}{\partial x} + k \frac{\partial}{\partial y}\right) f(x_0, y_0) + \frac{1}{2!}\left(h \frac{\partial}{\partial x} + k \frac{\partial}{\partial y}\right)^2 f(x_0, y_0) + \cdots +$$

$$\frac{1}{n!}\left(h \frac{\partial}{\partial x} + k \frac{\partial}{\partial y}\right)^n f(x_0, y_0) + R_n, \tag{9.23}$$

其中 $R_n = \frac{1}{(n+1)!}\left(h \frac{\partial}{\partial x} + k \frac{\partial}{\partial y}\right)^{n+1} f(x_0 + \theta h, y_0 + \theta k)(0 < \theta < 1)$.

称 $R_n = \frac{1}{(n+1)!}\left(h \frac{\partial}{\partial x} + k \frac{\partial}{\partial y}\right)^{n+1} f(x_0 + \theta h, y_0 + \theta k)(0 < \theta < 1)$ 为**拉格朗日型余项**.

称式(9.23)为带拉格朗日型余项的**泰勒公式**.

由定理 1 的条件知,函数 $z = f(x, y)$ 在点 (x_0, y_0) 的某一邻域内连续且有 $(n+1)$ 阶连续偏导数,故在这个邻域内 $f(x, y)$ 及各阶偏导数的绝对值都不超过某一正常数 M,于是有

$$|R_n| \leqslant \frac{M}{(n+1)!}(|h| + |k|)^{n+1} = \frac{M}{(n+1)!}\left(\sqrt{h^2 + k^2}\right)^{n+1}\left(\frac{|h|}{\sqrt{h^2 + k^2}} + \frac{|k|}{\sqrt{h^2 + k^2}}\right)^{n+1}$$

令 $\rho = \sqrt{h^2 + k^2}$,$\frac{|h|}{\rho} = \cos\alpha$,$\frac{|k|}{\rho} = \sin\alpha$,

则
$$|R_n| \leqslant \frac{M}{(n+1)!}\rho^{n+1}\left(\frac{|h|}{\rho} + \frac{|k|}{\rho}\right)^{n+1} = \frac{M}{(n+1)!}\rho^{n+1}(\cos\alpha + \sin\alpha)^{n+1}$$

$$= \frac{M}{(n+1)!} \rho^{n+1} (\sqrt{2})^{n+1} \sin\left(\alpha + \frac{\pi}{4}\right)^{n+1} \leqslant \frac{M}{(n+1)!} \rho^{n+1} (\sqrt{2})^{n+1}. \quad (9.24)$$

由不等式(9.24)可知,当 $\rho \to 0$ 时其误差是比 ρ^n 高阶的无穷小.

当 $n=0$ 时,式(9.23)成为

$$f(x_0+h, y_0+k) = f(x_0, y_0) + f_x(x_0+\theta h, y_0+\theta k) + f_y(x_0+\theta h, y_0+\theta k). \quad (9.25)$$

称式(9.25)为二元函数的拉格朗日中值公式.

由式(9.25)可推得下述结论:

推论 如果函数 $f(x,y)$ 的偏导数 $f_x(x,y), f_y(x,y)$ 在某一区域内都恒等于零,则函数 $f(x,y)$ 在该区域内为一常数.

例 1 求函数 $f(x,y) = \mathrm{e}^x \ln(1+y)$ 在点 $(0,0)$ 的三阶泰勒公式.

解 $f_x(x,y) = \mathrm{e}^x \ln(1+y)$, $f_y(x,y) = \dfrac{\mathrm{e}^x}{1+y}$, $f_{xx}(x,y) = \mathrm{e}^x \ln(1+y)$,

$f_{xy}(x,y) = \dfrac{\mathrm{e}^x}{1+y}$, $f_{yy}(x,y) = -\dfrac{\mathrm{e}^x}{(1+y)^2}$, $f_{xxx}(x,y) = \mathrm{e}^x \ln(1+y)$,

$f_{xxy}(x,y) = \dfrac{\mathrm{e}^x}{1+y}$, $f_{xyy}(x,y) = -\dfrac{\mathrm{e}^x}{(1+y)^2}$, $f_{yyy}(x,y) = \dfrac{2\mathrm{e}^x}{(1+y)^3}$.

于是 $\left(h\dfrac{\partial}{\partial x} + k\dfrac{\partial}{\partial y}\right) f(0,0) = h f_x(0,0) + k f_y(0,0) = k$,

$$\left(h\frac{\partial}{\partial x} + k\frac{\partial}{\partial y}\right)^2 f(0,0) = h^2 f_{xx}(0,0) + 2hk f_{xy}(0,0) + k^2 f_{yy}(0,0) = 2hk - k^2,$$

$$\left(h\frac{\partial}{\partial x} + k\frac{\partial}{\partial y}\right)^3 f(0,0) = h^3 f_{xxx}(0,0) + 3h^2 k f_{xxy}(0,0) + 3hk^2 f_{xyy}(0,0) + k^3 f_{yyy}(0,0)$$

$$= 3h^2 k - 3hk^2 + 2k^3.$$

又 $f(0,0) = 0, h = x, k = y$,将以上各项代入三阶泰勒公式

$$f(x,y) = f(0,0) + \left(h\frac{\partial}{\partial x} + k\frac{\partial}{\partial y}\right) f(0,0) + \frac{1}{2!}\left(h\frac{\partial}{\partial x} + k\frac{\partial}{\partial y}\right)^2 f(0,0) +$$

$$\frac{1}{3!}\left(h\frac{\partial}{\partial x} + k\frac{\partial}{\partial y}\right)^3 f(0,0) + R_3,$$

得到 $\mathrm{e}^x \ln(1+y) = y + \dfrac{1}{2}(2xy - y^2) + \dfrac{1}{3!}(3x^2 y - 3xy^2 + 2y^3) + R_3$,

其中

$$R_3 = \frac{1}{4!}\left[\left(h\frac{\partial}{\partial x} + k\frac{\partial}{\partial y}\right)^4 f(\theta h, \theta k)\right]\Bigg|_{h=x, k=y}$$

$$= \frac{\mathrm{e}^{\theta x}}{24} \cdot \left[x^2 \ln(1+\theta y) + \frac{4x^3 y}{1+\theta y} - \frac{6x^2 y^2}{(1+\theta y)^2} + \frac{8xy^3}{(1+\theta y)^3} - \frac{6y^4}{(1+\theta y)^4}\right] (0 < \theta < 1).$$

习 题 9.9

1. 求函数 $f(x,y)=x^2-2xy-2y^2-3x+3y+4$ 在点 $(1,-1)$ 的泰勒公式.

2. 求函数 $f(x,y)=\ln(1+x+y)$ 在点 $(0,0)$ 的三阶泰勒公式.

3. 求函数 $f(x,y)=\sin x\cos y$ 在点 $\left(\dfrac{\pi}{4},\dfrac{\pi}{4}\right)$ 的二阶泰勒公式.

第 10 章

重 积 分

和定积分一样,重积分的概念也是从实际应用问题中抽象出来的,其思想方法可以说和定积分完全一致,它是定积分在多维空间的推广.定积分讲述的是某种确定形式的和式的极限,重积分同样也是某种确定形式的和式的极限,所不同的是空间形式不同.定积分的被积函数是一元函数,积分范围是区间;重积分的被积函数是多元函数,积分范围是平面或空间区域.本章将介绍二重积分、三重积分的概念、计算方法以及其在几何、物理方面的一些应用.

10.1 二重积分的概念及性质

10.1.1 两个实例

定积分的概念,在几何上源自平面曲边梯形面积的计算,二重积分概念的几何背景是曲顶柱体的体积的计算.

例 1 曲顶柱体的体积.

设有一立体,它的底是 xOy 平面上的闭区域 D,侧面是以 D 的边界曲线为准线、母线平行于 z 轴的柱面,顶是曲面 $z = f(x, y)$($f(x, y)$ 在 D 上连续且非负),这种几何体称为闭区域 D 上的曲顶柱体(见图 10-1).

求以平面闭区域 D 为底,以空间曲面 $z = f(x, y)$ 为顶的曲顶柱体的体积.

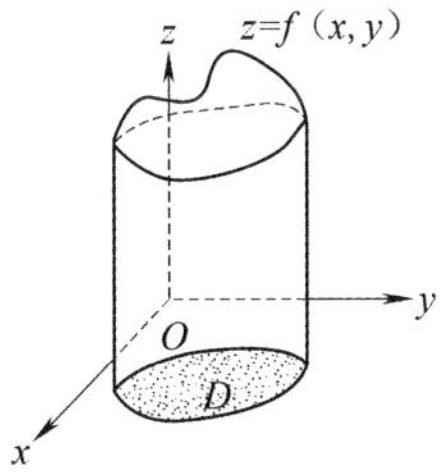

解 由几何学可知,对于平顶柱体,其高是不变的,它的体积可用公式

体积＝底面积×高

而对如图 10-1 所示的曲顶柱体,当点 (x, y) 在闭区域 D 上变动

图 10-1

时,高度 $f(x,y)$ 是一个变量,因此它的体积不能直接用上式公式来计算.怎么办呢?仿照求曲边梯形面积的思想方法,也分四个步骤来解决这个问题.

第一步:分割(化整为"零").

用一组曲线网将闭区域 D 分割成 n 个小区域 $\Delta\sigma_1,\Delta\sigma_2,\cdots,\Delta\sigma_n$,分别以每个小区域 $\Delta\sigma_i$ 的边界曲线为准线,作母线平行于 z 轴的柱面,这样就把整个曲顶柱体分割成了 n 个小曲顶柱体 $\Delta V_1,\Delta V_2,\cdots,\Delta V_n$.为方便起见,仍然用 $\Delta\sigma_i$ 表示小区域 $\Delta\sigma_i$ 的面积.

第二步:近似("零"取近似).

由于 $f(x,y)$ 在 D 上连续,当 $(x,y)\in\Delta\sigma_i$ 时,$f(x,y)$ 变化很小,小曲顶柱体可近似看作平顶柱体.

在每个小曲顶柱体的底 $\Delta\sigma_i$ 上任取一点 $(\xi_i,\eta_i)(i=1,2,\cdots,n)$,用以 $f(\xi_i,\eta_i)$ 为高,$\Delta\sigma_i$ 为底的平顶柱体的体积近似代替第 i 个小曲顶柱体的体积,即 $\Delta V_i\approx f(\xi_i,\eta_i)\Delta\sigma_i$(仍然用 ΔV_i 表示柱体 ΔV_i 的体积).

第三步:求和(聚"零"为整).

将这 n 个小平顶柱体的体积相加,就得到原曲顶柱体体积的近似值,即

$$V\approx\sum_{i=1}^{n}f(\xi_i,\eta_i)\Delta\sigma_i. \tag{10.1}$$

第四步:取极限(整后求精).

无论怎么分割,求出的值毕竟还是一个近似值,要实现近似值到精确值的转换,只有借助极限来实现.

设 λ_i 表示小区域 $\Delta\sigma_i$ 的直径,也就是小区域上任意两点间距离的最大值.

$\lambda=\max\{\lambda_i\mid i=1,\cdots,n\}$,令 $\lambda\to0$ 对和式(10.1)取极限,于是所求曲顶柱体的体积为

$$V=\lim_{\lambda\to0}\sum_{i=1}^{n}f(\xi_i,\eta_i)\Delta\sigma_i. \tag{10.2}$$

这里涉及对什么量取极限的问题:为什么不对面积,而是对小区域直径的最大值取极限?这是因为当小区域 $\Delta\sigma_i$ 内任意两点之间的距离越小,根据函数 $z=f(x,y)$ 的连续性,相应的函数值相差越小,当任意两点之间的距离都趋于零时,平顶柱体的体积将无限接近于曲顶柱体的体积.

例 2 非均匀分布平面薄板的质量.

一非均匀分布的平面薄板所占的平面区域为 D,已知在任意一点 $(x,y)\in D$ 的面密度为 $\rho(x,y)$,求该物质薄板的质量.

解 由物理学的知识可知,均匀分布的平面薄板的质量为

质量＝面密度×薄板面积

非均匀分布的平面薄板的质量就不能直接用这个公式了.

和前例一样,也分四个步骤进行.

第一步:分割(化整为"零").

将薄板(即区域 D)任意分割成 n 个小块 $\Delta\sigma_1$, $\Delta\sigma_2$, $\cdots$, $\Delta\sigma_n$,并且仍然用 $\Delta\sigma_i$ 表示小薄板 $\Delta\sigma_i$ 的面积,如图 10-2 所示.

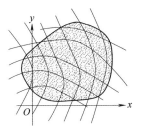

图　10-2

第二步:近似("零"取近似).

在每块小薄板 $\Delta\sigma_i$ 上任取一点 $(\xi_i, \eta_i) \in \Delta\sigma_i$ 作乘积 $\rho(\xi_i, \eta_i)\Delta\sigma_i$,也就是小薄板 $\Delta\sigma_i$ 的质量的近似值为

$$m_i \approx \rho(\xi_i, \eta_i)\Delta\sigma_i.$$

第三步:求和(聚"零"为整).

各个小薄板 $\Delta\sigma_i$ 的质量全部累加起来得到整块薄板的质量的近似值,即

$$m = \sum_{i=1}^{n} m_i \approx \sum_{i=1}^{n} \rho(\xi_i, \eta_i)\Delta\sigma_i. \tag{10.3}$$

第四步:取极限(整后求精).

设 λ_i 表示小薄板 $\Delta\sigma_i$ 的直径,$\lambda = \max\{\lambda_i \mid i = 1, \cdots, n\}$,令 $\lambda \to 0$ 对和式(10.3)取极限,于是所求薄板的质量为

$$m = \lim_{\lambda \to 0} \sum_{i=1}^{n} \rho(\xi_i, \eta_i)\Delta\sigma_i. \tag{10.4}$$

10.1.2　二重积分的定义

上面两个问题的实际背景不同,但所求量都归结为同一形式和的极限且解决问题的方法是相同的,都采用**化整为"零"取近似,聚"零"为整求极限**的方法.在物理、力学、几何和工程技术中许多量都可以采用上述解决问题的方法,并最终归结为这种和式的极限.抛开这些问题的实际背景,抽象出它们共同的数量特征,便得出下述二重积分的定义.

定义 1 设 $f(x, y)$ 是有界区域 D 上的有界函数,如果

(1)将闭区域 D 任意分割成 n 个小区域 $\Delta\sigma_1$, $\Delta\sigma_2$, $\cdots$, $\Delta\sigma_n$. 为方便起见,仍然用 $\Delta\sigma_i$ 表示小区域 $\Delta\sigma_i$ 的面积.

(2)在每个小区域 $\Delta\sigma_i$ 上任取一点 $(\xi_i, \eta_i) \in \Delta\sigma_i$,作乘积 $f(\xi_i, \eta_i)\Delta\sigma_i$.

(3)求和 $$\sum_{i=1}^{n} f(\xi_i, \eta_i)\Delta\sigma_i. \tag{10.5}$$

(4)设 λ_i 表示小区域 $\Delta\sigma_i$ 的直径,$\lambda = \max\{\lambda_i \mid i = 1, \cdots, n\}$,令 $\lambda \to 0$ 并对和式(10.5)

取极限,如果极限

$$\lim_{\lambda \to 0} \sum_{i=1}^{n} f(\xi_i, \eta_i) \Delta \sigma_i \qquad (10.6)$$

存在,且极限值与区域的分割无关,与点 $(\xi_i, \eta_i) \in \Delta \sigma_i$ 的取法无关,则称二元函数 $f(x, y)$ **在闭区域** D **上可积**,式(10.6)的极限值称为二元函数 $f(x,y)$ 在闭区域 D 上的**二重积分**,记为

$$\iint\limits_{D} f(x,y)\mathrm{d}\sigma = \lim_{\lambda \to 0} \sum_{i=1}^{n} f(\xi_i, \eta_i) \Delta \sigma_i. \qquad (10.7)$$

其中 $\iint$ 称为**二重积分号**;D 称为**积分区域**;$f(x,y)$ 称为**被积函数**;$\mathrm{d}\sigma$ 称为**面积微元**;x 和 y 称为积分变量;$f(x,y)\mathrm{d}\sigma$ 称为**被积表达式**;$\sum\limits_{i=1}^{n} f(\xi_i, \eta_i) \Delta \sigma_i$ 称为**积分和**.

给出二重积分的定义之后,例 1 和例 2 的问题可以分别表示成

曲顶住体的体积为:$V = \iint\limits_{D} f(x,y)\mathrm{d}\sigma$;

物质薄板的质量为:$m = \iint\limits_{D} \rho(x,y)\mathrm{d}\sigma$.

这里要指出,当 $f(x,y)$ 在闭区域 D 上连续时,函数 $f(x,y)$ 在 D 上的二重积分必定存在.总假定函数 $f(x,y)$ 在闭区域 D 上连续,所以 $f(x,y)$ 在 D 上的二重积分都是存在的,以后就不再每次加以说明了.

二重积分的几何意义如下:

(1)若在 D 上 $f(x,y) \geqslant 0$,则 $\iint\limits_{D} f(x,y)\mathrm{d}\sigma$ 表示以区域 D 为底,以 $f(x,y)$ 为顶的曲顶柱体的体积,该曲顶柱体在 xOy 面的上方.

(2)若在 D 上 $f(x,y) < 0$,曲顶柱体在 xOy 面的下方,二重积分 $\iint\limits_{D} f(x,y)\mathrm{d}\sigma$ 的值是负的,其值为该曲顶柱体体积的相反数.

(3)若 $f(x,y)$ 在 D 的某些子区域上为正的,在 D 的另一些子区域上为负的,则 $\iint\limits_{D} f(x,y)\mathrm{d}\sigma$ 表示在这些子区域上曲顶柱体体积的代数和(即在 xOy 面上方的曲顶柱体体积减去 xOy 面下方的曲顶柱体的体积).

10.1.3 二重积分的性质

性质 1 (线性性质)若函数 $f(x,y)$,$g(x,y)$ 在闭区域 D 上可积,则 $af(x,y) + bg(x,y)$ 在 D 上仍然可积,并且

$$\iint\limits_{D}(af(x,y)+bg(x,y))\mathrm{d}\sigma=a\iint\limits_{D}f(x,y)\mathrm{d}\sigma+b\iint\limits_{D}g(x,y)\mathrm{d}\sigma,$$

其中 a,b 为常数.

性质 2　（积分区域的可加性）如果 $f(x,y)$ 在有界闭区域 D 上可积,并且闭区域 D 可分割为 $D=D_1\bigcup D_2$,其中 D_1,D_2 是有界闭区域,它们没有公共内点,那么

$$\iint\limits_{D}f(x,y)\mathrm{d}\sigma=\iint\limits_{D_1}f(x,y)\mathrm{d}\sigma+\iint\limits_{D_2}f(x,y)\mathrm{d}\sigma.$$

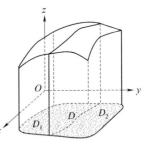

可以在几何上对这个性质作个解释. 由于 $D=D_1\bigcup D_2$,且 D_1,D_2 没有公共内点,那么分别以区域 D_1,D_2 为底,以曲面 $y=f(x,y)$ 为顶的曲顶柱体体积之和恰好就是以闭区域 D 为底,以曲面 $y=f(x,y)$ 为顶的曲顶柱体体积,如图 10-3 所示.

图　10-3

性质 3　（积分估值性）如果 $f(x,y)$ 在有界闭区域 D 上可积,并满足 $m\leqslant f(x,y)\leqslant M$,那么

$$m\cdot S_D\leqslant\iint\limits_{D}f(x,y)\mathrm{d}\sigma\leqslant M\cdot S_D,$$

其中,S_D 表示区域 D 的面积.

推论 1　如果在闭区域 D 上 $f(x,y)\equiv1$,σ 为区域 D 的面积,则

$$\iint\limits_{D}1\mathrm{d}\sigma=\iint\limits_{D}\mathrm{d}\sigma=\sigma.$$

性质 4　如果 $f(x,y),g(x,y)$ 在闭区域 D 上可积,并且 $f(x,y)\leqslant g(x,y)$,那么

$$\iint\limits_{D}f(x,y)\mathrm{d}\sigma\leqslant\iint\limits_{D}g(x,y)\mathrm{d}\sigma.$$

推论 2　$\left|\iint\limits_{D}f(x,y)\mathrm{d}\sigma\right|\leqslant\iint\limits_{D}|f(x,y)|\mathrm{d}\sigma.$

这些性质的证明与相应的定积分性质的证明类似,证明从略.

性质 5　（积分中值定理）如果 $f(x,y)$ 在有界闭区域 D 上连续,那么至少存在一点 $(\xi,\eta)\in D$,使得

$$\iint\limits_{D}f(x,y)\mathrm{d}\sigma=f(\xi,\eta)\cdot S_D,$$

其中,S_D 表示区域 D 的面积.

证明　因函数 $f(x,y)$ 在有界闭区域 D 上连续,所以 $f(x,y)$ 在有界闭区域 D 必存在最小值 m 和最大值 M,即 $\forall(x,y)\in D$,有 $m\leqslant f(x,y)\leqslant M$.由性质 3 可得

$$m \cdot S_D \leqslant \iint\limits_D f(x,y)\mathrm{d}\sigma \leqslant M \cdot S_D.$$

显然 $S_D \neq 0$,于是上式可变形为

$$m \leqslant \frac{1}{S_D} \iint\limits_D f(x,y)\mathrm{d}\sigma \leqslant M.$$

根据闭区域上连续函数的介值定理,在 D 上至少有一点 (ξ,η),使得函数在该点处的值与这个确定的数值相等,即

$$\frac{1}{S_D} \iint\limits_D f(x,y)\mathrm{d}\sigma = f(\xi,\eta).$$

上式两端各乘以 S_D,就得到所需要证明的公式.

通常称 $\dfrac{1}{S_D} \iint\limits_D f(x,y)\mathrm{d}\sigma$ 为 $f(x,y)$ 在有界闭区域 D 上的平均值.

例3 试估计 $\iint\limits_D \sqrt[3]{1+x^2+y^2}\mathrm{d}\sigma$ 取值范围,其中 D 是圆域: $x^2+y^2 \leqslant 26$.

解 因为 $\sqrt[3]{1+x^2+y^2}$ 在区域 D 上的最大值是 3,最小值是 1,又因为区域 D 的面积为 26π,由积分估值性,得到

$$26\pi \leqslant \iint\limits_D \sqrt[3]{1+x^2+y^2}\mathrm{d}\sigma \leqslant 78\pi.$$

例4 利用二重积分的几何意义计算 $\iint\limits_D \sqrt{16-x^2-y^2}\mathrm{d}\sigma$,其中 D 是圆域: $x^2+y^2 \leqslant 16$.

解 由于 $z=\sqrt{16-x^2-y^2}$ 是以 4 为半径的上半球面,它在 xOy 平面上的投影区域恰好就是区域 D,于是 $\iint\limits_D \sqrt{16-x^2-y^2}\mathrm{d}\sigma$ 等于上半球的体积值,即

$$\iint\limits_D \sqrt{16-x^2-y^2}\mathrm{d}\sigma = \frac{2}{3} \cdot \pi \cdot 4^3 = \frac{128}{3}\pi.$$

习 题 10.1

1.试比较下列各组积分值的大小:

(1) $\iint\limits_{D_1} \ln(1+x^2+y^4)\mathrm{d}\sigma$,其中 $D_1 = \{(x,y) \mid 0 \leqslant x \leqslant 2, 0 \leqslant y \leqslant 2\}$,与 $\iint\limits_{D_2} \ln(1+x^2+y^4)\mathrm{d}\sigma$,其中 $D_2 = \{(x,y) \mid -1 \leqslant x \leqslant 2, -1 \leqslant y \leqslant 2\}$;

(2) $\iint\limits_D (x^2+y^2)^2\mathrm{d}\sigma$ 与 $\iint\limits_D (x^2+y^2)^3\mathrm{d}\sigma$,其中 $D=\{(x,y) \mid x^2+y^2 \leqslant 1\}$;

(3) $\iint\limits_{D}e^{x+y}d\sigma$ 与 $\iint\limits_{D}e^{2x+2y}d\sigma$,其中 $D=\{(x,y)\mid -2\leqslant x\leqslant 0;-3\leqslant y\leqslant 0\}$.

2. 估计下列积分值的范围:

(1) $\iint\limits_{D}\{\sin x+\cos y+\cos(x-y)\}d\sigma$,其中 $D=\left\{(x,y)\mid 0\leqslant x\leqslant \dfrac{\pi}{2};0\leqslant y\leqslant \dfrac{\pi}{2}\right\}$.

(2) $\iint\limits_{D}(3x^{2}+4y^{2})d\sigma$,其中 $D=\{(x,y)\mid x^{2}+y^{2}\leqslant 3\}$.

3. 计算 $\iint\limits_{D}(1-x-y)d\sigma$,其中 $D=\{(x,y)\mid x\geqslant 0;y\geqslant 0;x+y\leqslant 1\}$.

4. 用二重积分的定义证明 $\iint\limits_{D}d\sigma=S_{D}$ 其中 S_{D} 表示区域 D 的面积.

10.2　二重积分的计算

按照上一节二重积分的定义来计算二重积分显然很困难,本节将介绍二重积分的计算方法,这种方法是将二重积分转化为两次定积分(或累次积分)的计算.首先介绍在直角坐标系中的计算方法,然后介绍在极坐标系中的计算方法.

10.2.1　直角坐标系下的二重积分计算

为了便于计算,将平面区域进行适当的分类,分别称为 X-型平面区域和 Y-型平面区域,其几何特征如下:

1. X-型平面区域

一个以 $x=a,x=b,y=\varphi_{1}(x)$ 和 $y=\varphi_{2}(x)$ 为边界的平面区域称为 X-型平面区域,如图 10-4 所示. X-型平面区域 D 的特点是:穿过区域 D 内部且平行于 y 轴的直线与 D 的边界相交不多于两点.

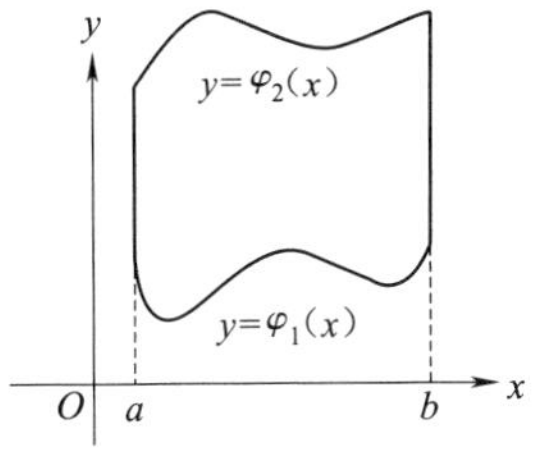

图　10-4

将 X-型平面区域 D 投影到 x 轴上,得到 x 的取值范围是区间 $[a,b]$,在区间 $[a,b]$ 上任取一个 x 值,过 x 画一条与 y 轴平行的直线,该直线与区域 D 的边界交点纵坐标 $\varphi_{1}(x)$ 到 $\varphi_{2}(x)$ 即是 y 的变化范围.这样 X-型平面区域 D 内任一点坐标满足 $\begin{cases}a\leqslant x\leqslant b\\\varphi_{1}(x)\leqslant y\leqslant \varphi_{2}(x)\end{cases}$,因此 X-型平面区域可用不等式组 $D:\begin{cases}a\leqslant x\leqslant b\\\varphi_{1}(x)\leqslant y\leqslant \varphi_{2}(x)\end{cases}$ 来表示.

2.Y-型平面区域

一个以 $y=c,y=d,x=\psi_1(y)$ 和 $x=\psi_2(y)$ 为边界的平面区域称为 Y-型平面区域，如图 10-5 所示. Y-型平面区域 D 的特点是：穿过区域 D 内部且平行于 x 轴的直线与 D 的边界相交不多于两点.

将 Y-型平面区域 D 投影到 y 轴上，得到 y 的取值范围是区间 $[c,d]$，在区间 $[c,d]$ 上任取一个 y 值，过 y 画一条与 x 轴平行的直线，该直线与区域 D 的边界交点横坐标 $\psi_1(y)$ 到 $\psi_2(y)$ 即是 x 的变化范围. 这样 Y-型平面区域 D 内任一点坐标满足

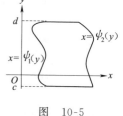

图 10-5

$$\begin{cases} c\leqslant y\leqslant d \\ \psi_1(y)\leqslant x\leqslant\psi_2(y) \end{cases}$$，因此 Y-型平面区域可用不等式组 D：

$$\begin{cases} c\leqslant y\leqslant d \\ \psi_1(y)\leqslant x\leqslant\psi_2(y) \end{cases}$$ 来表示.

如果 $\iint\limits_{D}f(x,y)\mathrm{d}x\mathrm{d}y$ 的积分区域 D 是 X- 型平面区域，即 D：$\begin{cases} a\leqslant x\leqslant b \\ \varphi_1(x)\leqslant y\leqslant\varphi_2(x) \end{cases}$.

借助二重积分的几何意义，可以导出这个积分的计算公式.

由于 $\iint\limits_{D}f(x,y)\mathrm{d}x\mathrm{d}y$ 是一个曲顶柱体的体积，按照定积分求体积的思路，应当先求截面面积. 于是在 x 轴的 a 到 b 之间任取一点 x，过点 x 作垂直 x 轴的平面截得曲顶柱体一截面，如图 10-6 和图 10-7 所示，该截面面积为

$$A(x)=\int_{\varphi_1(x)}^{\varphi_2(x)}f(x,y)\mathrm{d}y,$$

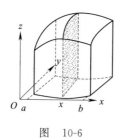

图 10-6

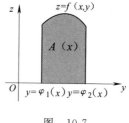

图 10-7

于是应用计算平行截面面积为已知的立体体积的求法，得曲顶柱体体积为

$$\iint\limits_{D}f(x,y)\mathrm{d}x\mathrm{d}y=\int_a^b A(x)\mathrm{d}x$$

$$=\int_a^b\left[\int_{\varphi_1(x)}^{\varphi_2(x)}f(x,y)\mathrm{d}y\right]\mathrm{d}x,$$

一般记上式为

$$\iint\limits_{D} f(x,y)\mathrm{d}x\mathrm{d}y = \int_{a}^{b}\mathrm{d}x \int_{\varphi_1(x)}^{\varphi_2(x)} f(x,y)\mathrm{d}y. \tag{10.8}$$

如果积分区域 D 是 $Y-$型平面区域,即 $D: \begin{cases} c \leqslant y \leqslant d \\ \psi_1(y) \leqslant x \leqslant \psi_2(y) \end{cases}$ (见图 10-5),同理

可得

$$\iint\limits_{D} f(x,y)\mathrm{d}x\mathrm{d}y = \int_{c}^{d}\mathrm{d}y \int_{\psi_1(y)}^{\psi_2(y)} f(x,y)\mathrm{d}x. \tag{10.9}$$

式(10.8)和式(10.9)的积分方法称为化二重积分为**累次积分法**.即如果积分区域 D 是 X-型平面区域,则二重积分化为先 y 后 x 的二次积分,如果积分区域 D 是 Y-型平面区域,则二重积分化为先 x 后 y 的二次积分.

累次积分 $\int_{a}^{b}\mathrm{d}x \int_{\varphi_1(x)}^{\varphi_2(x)} f(x,y)\mathrm{d}y$ 的实际计算,其实就是连续计算两个定积分,第一次求定积分 $\int_{\varphi_1(x)}^{\varphi_2(x)} f(x,y)\mathrm{d}y$ 时,积分变量是 y,这时的 x 是作为常量对待的,积分结果是关于 x 的函数,然后再求这个函数在 $[a,b]$ 上的定积分.

当然,另一个累次积分 $\int_{c}^{d}\mathrm{d}y \int_{\psi_1(y)}^{\psi_2(y)} f(x,y)\mathrm{d}x$ 也是连续求两次定积分,第一次求定积分 $\int_{\psi_1(y)}^{\psi_2(y)} f(x,y)\mathrm{d}x$ 时,积分变量是 x,这时的 y 是作为常量对待的,积分结果是关于 y 的函数,然后再求这个函数在 $[c,d]$ 上的定积分.

由于二重积分归结于计算两次定积分,因此计算重积分本身没有新困难,对于初学者来说,感到困难的是如何根据区域 D 去确定两次积分的上、下限,而这就需要同学们能够将区域 D 用正确的不等式组表示出来.

如果积分区域既不是 X-型平面区域也不是 Y-型平面区域,如图 10-8 所示.

$D = D_1 \cup D_2 \cup D_3$,这时用平行坐标轴的网线分割积分区域,使得整个区域分割成若干小区域,而每个小区域不是 X-型的就是 Y-型的.

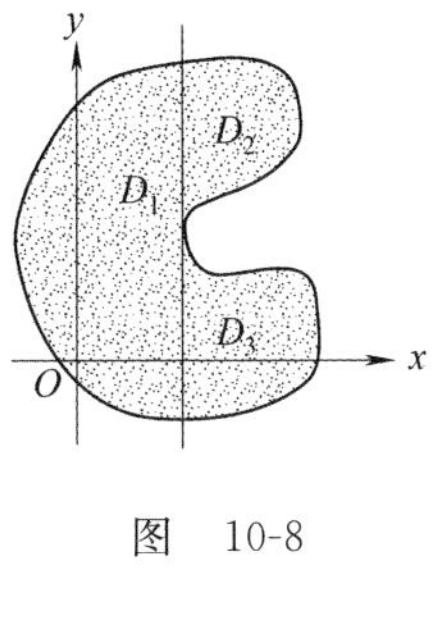

图 10-8

这样,利用积分区域的可加性,有

$$\iint\limits_{D} f(x,y)\mathrm{d}x\mathrm{d}y$$

$$= \iint\limits_{D_1} f(x,y)\mathrm{d}x\mathrm{d}y + \iint\limits_{D_2} f(x,y)\mathrm{d}x\mathrm{d}y + \iint\limits_{D_3} f(x,y)\mathrm{d}x\mathrm{d}y,$$

然后再利用式(10.8)和式(10.9)便可完成积分的计算.

如果积分区域既是 X-型的又是 Y-型的(见图10-9)，那么

上下边界方程分别是：$y=\varphi_2(x)$，$y=\varphi_1(x)$；

左右边界方程分别是：$x=\psi_1(y)$，$x=\psi_2(y)$.

这时 D 可表示成

$$D：a\leqslant x\leqslant b,\varphi_1(x)\leqslant y\leqslant\varphi_2(x)$$

或者

$$D：c\leqslant y\leqslant d,\psi_1(y)\leqslant x\leqslant\psi_2(y),$$

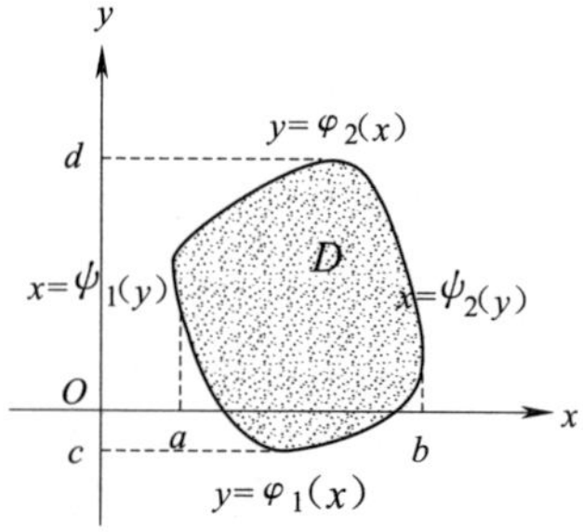

图 10-9

于是

$$\iint\limits_D f(x,y)\mathrm{d}x\mathrm{d}y=\int_a^b\mathrm{d}x\int_{\varphi_1(x)}^{\varphi_2(x)}f(x,y)\mathrm{d}y$$

或者

$$\iint\limits_D f(x,y)\mathrm{d}x\mathrm{d}y=\int_c^d\mathrm{d}y\int_{\psi_1(y)}^{\psi_2(y)}f(x,y)\mathrm{d}x.$$

在这种情况下，就有一个积分次序的选择问题.**合理选择积分次序，在有的情况下是问题解决的关键**.后面我们会通过具体例题来加以说明.

下面以具体示例介绍二重积分的基本计算方法.

例1 计算二重积分$\iint\limits_D(3x^2y+4xy^2)\mathrm{d}x\mathrm{d}y$，其中 $D=\{(x,y)\,|\,0\leqslant x\leqslant2,1\leqslant y\leqslant4\}$.

分析 这个积分区域是一个矩形区域,矩形区域既是 X－型的也是 Y－型的,从积分区域类型的角度来说,是最简单的一种类型,它既可以先对 x 求积分,也可以先对 y 求积分.

解 由已知条件可得

$$\iint\limits_D(3x^2y+4xy^2)\mathrm{d}x\mathrm{d}y=\int_0^2\mathrm{d}x\int_1^4(3x^2y+4xy^2)\mathrm{d}y$$

$$=\int_0^2\left(\frac{3}{2}x^2y^2+\frac{4}{3}xy^3\right)\bigg|_1^4\mathrm{d}x$$

$$=\int_0^2\left(\frac{45}{2}x^2+\frac{252}{3}x\right)\mathrm{d}x$$

$$=\left(\frac{45}{6}x^3+\frac{252}{6}x^2\right)\bigg|_0^2=228.$$

它按另一种积分次序计算如下.

$$\iint\limits_D(3x^2y+4xy^2)\mathrm{d}x\mathrm{d}y=\int_1^4\mathrm{d}y\int_0^2(3x^2y+4xy^2)\mathrm{d}x$$

$$= \int_1^4 (x^3 y + 2x^2 y^2) \Big|_0^2 \, \mathrm{d}y = \int_1^4 (8y + 8y^2) \, \mathrm{d}y$$

$$= \left(4y^2 + \frac{8}{3} y^3 \right) \Big|_1^4 = \frac{684}{3} = 228.$$

例 2　计算二重积分 $\iint\limits_D xy \, \mathrm{d}x \, \mathrm{d}y$，其中 D 是由平面曲线 $y = x^2$，$y = \sqrt{2x - x^2}$（$0 \leqslant$

$x \leqslant 1$）所围成的平面区域.

解　在 xOy 平面上画出区域 D，如图 10-10 所示，如果按 X-型平面区域计算.

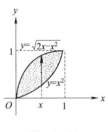

图　10-10

将区域 D 投影到 x 轴上，得到 x 的取值范围是区间 $[0,1]$，在 0 到 1 之间任取一点 x，过 x 作 y 轴平行线交区域 D 的边界点于两点，y 的取值范围为平行线与下边界交点的纵坐标到与上边界交点的纵坐标，即

$$x^2 \leqslant y \leqslant \sqrt{2x - x^2},$$

于是，积分区域 D 可表示成

$$D = \{ (x, y) \mid 0 \leqslant x \leqslant 1, x^2 \leqslant y \leqslant \sqrt{2x - x^2} \}.$$

$$\iint\limits_D xy \, \mathrm{d}x \, \mathrm{d}y = \int_0^1 \mathrm{d}x \int_{x^2}^{\sqrt{2x-x^2}} xy \, \mathrm{d}y = \int_0^1 \left(\frac{1}{2} xy^2 \right) \Big|_{x^2}^{\sqrt{2x-x^2}} \mathrm{d}x$$

$$= \int_0^1 \frac{1}{2} (2x^2 - x^3 - x^5) \, \mathrm{d}x = \frac{1}{2} \left(\frac{2}{3} x^3 - \frac{1}{4} x^4 - \frac{1}{6} x^6 \right) \Big|_0^1 = \frac{1}{8}.$$

如果本例按 Y-型平面区域进行计算，

将区域 D 投影到 y 轴上，得到 y 的取值范围是区间 $[0,1]$，在 0 到 1 之间任取一点 y，过 y 作 x 轴平行线交区域 D 的边界点于两点，x 的取值范围为平行线与左边界交点的横坐标到与右边界交点的横坐标（见图 10-11），即

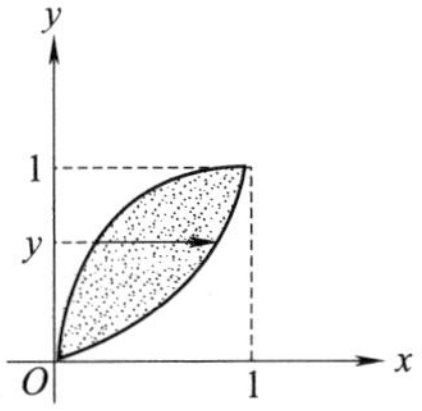

$$1 - \sqrt{1 - y^2} \leqslant x \leqslant \sqrt{y},$$

图　10-11

于是，积分区域 D 可表示成

$$D = \{ (x, y) \mid 0 \leqslant y \leqslant 1, 1 - \sqrt{1 - y^2} \leqslant x \leqslant \sqrt{y} \}.$$

$$\iint\limits_D xy \, \mathrm{d}x \, \mathrm{d}y = \int_0^1 \mathrm{d}y \int_{1-\sqrt{1-y^2}}^{\sqrt{y}} xy \, \mathrm{d}x$$

$$= \int_0^1 \left(\frac{1}{2} x^2 y \right) \Big|_{1-\sqrt{1-y^2}}^{\sqrt{y}} \mathrm{d}y = \int_0^1 \frac{1}{2} \left[y^2 - y (1 - \sqrt{1 - y^2})^2 \right] \mathrm{d}y$$

$$= \int_0^1 \frac{1}{2} (y^2 - 2y + 2y \sqrt{1 - y^2} + y^3) \, \mathrm{d}y$$

$$= \frac{1}{2} \left(\frac{1}{3}y^3 - y^2 - \frac{2}{3}\sqrt{(1-y^2)^3} + \frac{1}{4}y^4 \right) \Big|_0^1 = \frac{1}{8}.$$

相比之下,按 Y-型平面区域进行计算难度和计算量都要稍大一点,这说明积分次序的选择是重要的.

例 3 计算二重积分 $\iint\limits_D \frac{\sin y}{y}\mathrm{d}x\mathrm{d}y$,其中 D 由平面曲线 $y = x$ 以及 $x = y^2$ 所围成的平面区域.

解 在 xOy 平面上画出区域 D,如图 10-12 所示.

从图中可以看出本题的积分区域既是 X-型的也是 Y-型的,从理论上来说,两种积分次序都可以选择.

在 X-型平面区域下进行计算,有

$$\iint\limits_D \frac{\sin y}{y}\mathrm{d}x\,\mathrm{d}y = \int_0^1 \mathrm{d}x \int_x^{\sqrt{x}} \frac{\sin y}{y}\mathrm{d}y.$$

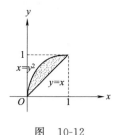

图 10-12

由于 $\frac{\sin y}{y}$ 的原函数不是初等函数,因此 $\int_x^{\sqrt{x}} \frac{\sin y}{y}\mathrm{d}y$ 无法用初等方法求得,这个积分就无法进行了,也就是积不出来(并不是指不可积).

换一个积分次序,情况会怎样呢?

$$\iint\limits_D \frac{\sin y}{y}\mathrm{d}x\mathrm{d}y = \int_0^1 \mathrm{d}y \int_{y^2}^{y} \frac{\sin y}{y}\mathrm{d}x = \int_0^1 \left(\frac{\sin y}{y}x \right) \Big|_{y^2}^{y} \mathrm{d}y$$

$$= \int_0^1 (\sin y - y\sin y)\mathrm{d}y = 1 - \sin 1.$$

这个例子再一次说明积分次序选择的重要性.

既然积分次序的选择在一定的情况下是非常重要的,那么怎么合理选择积分次序呢?到目前为止,还不能提供普遍可以遵循的方法,但编者认为,当一种次序计算中遇到很大困难的时候,不妨换一个次序试试看.有的时候,**被积函数对哪个变量来说形式更简单,就先对哪个变量求积分**,这有可能是一种最佳的选择(如例 3).

例 4 更换累次积分 $\int_0^1 \mathrm{d}y \int_{y^2}^{1+\sqrt{1-y^2}} f(x,y)\mathrm{d}x$ 的次序.

解 首先根据积分上下限画出积分区域.

由已知可知 y 的变化范围为 $0 \leqslant y \leqslant 1$,当 y 在 $[0,1]$ 上任意确定之后,x 的变化范围是 $y^2 \leqslant x \leqslant 1 + \sqrt{1-y^2}$,那么,在平面直角坐标系下划出两条曲线 $x = y^2$ 和 $x = 1 + \sqrt{1-y^2}$ 的图像,这样,积分区域 D 就画出来了,如图 10-13 所示,将区域 D 看作 X-型区域,利用式 (10.8) 求解,注意到在区间 $[0,1]$ 及 $[1,2]$ 上表示

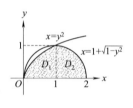

图 10-13

$\varphi_2(x)$ 的式子不同，因此要用过交点 $(1,1)$ 且平行于 y 轴的直线 $x=1$ 将区域 D 分成 D_1 与 D_2，即 $D=D_1\bigcup D_2$，其中

$$D_1=\{(x,y)\mid 0\leqslant x\leqslant 1,0\leqslant y\leqslant\sqrt{x}\},$$

$$D_2=\{(x,y)\mid 1\leqslant x\leqslant 2,0\leqslant y\leqslant\sqrt{2x-x^2}\},$$

于是

$$\int_0^1\mathrm{d}y\int_{y^2}^{1+\sqrt{1-y^2}}f(x,y)\mathrm{d}x=\iint\limits_D f(x,y)\mathrm{d}x\mathrm{d}y$$

$$=\iint\limits_{D_1}f(x,y)\mathrm{d}x\mathrm{d}y+\iint\limits_{D_2}f(x,y)\mathrm{d}x\mathrm{d}y$$

$$=\int_0^1\mathrm{d}x\int_0^{\sqrt{x}}f(x,y)\mathrm{d}y+\int_1^2\mathrm{d}x\int_0^{\sqrt{2x-x^2}}f(x,y)\mathrm{d}y.$$

例 5　计算二重积分 $\iint\limits_D\dfrac{y^2}{x^2}\mathrm{d}x\mathrm{d}y$，其中 D 是由平面曲线 $y=x,y=2$ 以及 $y=\dfrac{1}{x}$ 所围成的平面区域.

解　画出积分区域 D 如图 10-14 所示.

这是一个 Y-型积分区域上的积分，由已知得交点坐标为 $(1,1),(2,2)$ 和 $\left(\dfrac{1}{2},2\right)$，$y$ 的变化范围是 $1\leqslant y\leqslant 2$，取定 y 之后，x 的变化范围是 $\dfrac{1}{y}\leqslant x\leqslant y$，因此，区域 D 可表示成

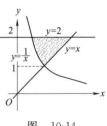

图　10-14

$$D=\left\{(x,y)\mid 1\leqslant y\leqslant 2,\dfrac{1}{y}\leqslant x\leqslant y\right\},$$

$$\iint\limits_D\dfrac{y^2}{x^2}\mathrm{d}x\mathrm{d}y=\int_1^2\mathrm{d}y\int_{\frac{1}{y}}^y\dfrac{y^2}{x^2}\mathrm{d}x=\int_1^2\left(-\dfrac{y^2}{x}\right)\bigg|_{\frac{1}{y}}^y\mathrm{d}y$$

$$=\int_1^2(y^3-y)\mathrm{d}y=\left(\dfrac{1}{4}y^4-\dfrac{1}{2}y^2\right)\bigg|_1^2=\dfrac{9}{4}.$$

例 6　证明 $\displaystyle\int_0^2\mathrm{d}y\int_0^y f(x)\mathrm{d}x=\int_0^2(2-x)f(x)\mathrm{d}x$.

证明　由累次积分 $\displaystyle\int_0^2\mathrm{d}y\int_0^y f(x)\mathrm{d}x$ 可得积分区域（见图 10-15）为

$$D=\{(x,y)\mid 0\leqslant y\leqslant 2,0\leqslant x\leqslant y\},$$

于是

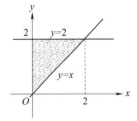

图　10-15

$$\int_0^2\mathrm{d}y\int_0^y f(x)\mathrm{d}x=\iint\limits_D f(x)\mathrm{d}x\mathrm{d}y$$

$$= \int_0^2 \mathrm{d}x \int_x^2 f(x)\mathrm{d}y = \int_0^2 (2-x)f(x)\mathrm{d}x.$$

例7 求两个底半径均为 a 的直交圆柱面所围几何体的体积.

解 设两圆柱面方程分别为

$$x^2 + y^2 = a^2, y^2 + z^2 = a^2,$$

由该几何体的对称性可知,所求几何体的体积等于第一卦限
部分的体积的 8 倍,设所求体积为 V,第一卦限部分的体积为
V_1,那么,V_1 是以四分之一圆域 D_1 为底,以圆柱面 $z = $
$\sqrt{a^2 - y^2}$ 为顶的曲顶柱体体积(见图 10-16).其中

$$D_1 = \{(x,y) \mid x^2 + y^2 \leqslant a^2, x \geqslant 0, y \geqslant 0\},$$

因此

$$V_1 = \iint\limits_{D_1} \sqrt{a^2 - y^2}\,\mathrm{d}x\mathrm{d}y.$$

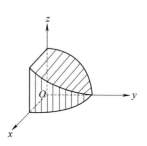

图 10-16

由于被积函数对变量 x 来说,形式更简单,从而考虑先对 x 求积分,于是

$$V_1 = \iint\limits_{D_1} \sqrt{a^2 - y^2}\,\mathrm{d}x\mathrm{d}y = \int_0^a \mathrm{d}y \int_0^{\sqrt{a^2-y^2}} \sqrt{a^2 - y^2}\,\mathrm{d}x$$

$$= \int_0^a (a^2 - y^2)\mathrm{d}y = \left(a^2 y - \frac{1}{3}y^3\right)\bigg|_0^a = \frac{2}{3}a^3,$$

因此,所求体积为 $V = 8V_1 = \dfrac{16}{3}a^3$.

例8 设函数 $f(x)$ 在 $[a,b]$ 上连续,函数 $g(x)$ 在 $[c,d]$ 上连续,又 $D = $
$\{(x,y) \mid a \leqslant x \leqslant b, c \leqslant y \leqslant d\}$,证明

$$\iint\limits_D f(x)g(y)\mathrm{d}x\mathrm{d}y = \int_a^b f(x)\mathrm{d}x \cdot \int_c^d g(x)\mathrm{d}x.$$

证明 令 $F(x,y) = f(x)g(y)$,由已知 $F(x,y)$ 在矩形区域 D 上连续,所以在 D 上
可积,并且

$$\iint\limits_D f(x)g(y)\mathrm{d}x\mathrm{d}y = \int_a^b \mathrm{d}x \int_c^d F(x,y)\mathrm{d}y = \int_a^b \mathrm{d}x \int_c^d f(x)g(y)\mathrm{d}y,$$

在积分式 $\int_c^d f(x)g(y)\mathrm{d}y$ 中,$f(x)$ 是常量,因此

$$\int_c^d f(x)g(y)\mathrm{d}y = f(x)\int_c^d g(y)\mathrm{d}y,$$

所以

$$\iint\limits_D f(x)g(y)\mathrm{d}x\mathrm{d}y = \int_a^b \mathrm{d}x \int_c^d f(x)g(y)\mathrm{d}y = \int_a^b \left[f(x)\int_c^d g(y)\mathrm{d}y\right]\mathrm{d}x$$

$$= \int_a^b f(x) \, \mathrm{d}x \cdot \int_c^d g(y) \, \mathrm{d}y$$

$$= \int_a^b f(x) \, \mathrm{d}x \cdot \int_c^d g(x) \, \mathrm{d}x (\text{定积分与积分变量选择无关}).$$

由例 8 可得,当积分区域是矩形区域,被积函数是仅含 x 的函数与仅含 y 的函数的乘积,这时二重积分可以化为两个定积分的乘积.

10.2.2　极坐标系下的二重积分计算

在二重积分的问题中常常会遇到直角坐标系下很难解决的问题.

比如,计算 $\iint\limits_D \mathrm{e}^{-x^2-y^2} \, \mathrm{d}x \mathrm{d}y$,其中 $D: x^2 + y^2 \leqslant 1$.

尽管在直角坐标系下该二重积分可表示成

$$\iint\limits_D \mathrm{e}^{-x^2-y^2} \, \mathrm{d}x \mathrm{d}y = \int_{-1}^1 \mathrm{d}x \int_{-\sqrt{1-x^2}}^{\sqrt{1-x^2}} \mathrm{e}^{-x^2} \mathrm{e}^{-y^2} \, \mathrm{d}y,$$

但是,这个积分用初等方法是积不出来的.注意到这个积分区域的特殊性,如果其边界方程用极坐标方程表示,其形式很简单,它就是 $r = 1$.既然这样,问题是否可以放到极坐标系下来解决呢? 要回答这个问题,首先要解决如何在极坐标系下求二重积分.

我们知道,二重积分的一般表示式是

$$\iint\limits_D f(x,y) \, \mathrm{d}\sigma,$$

其中 $\mathrm{d}\sigma$ 是面积微元.

在极坐标系,对区域 D 的分割采用如下方式:

过极点引射线,然后再以极点为圆心画同心圆,这样分割出来的小区域就是小扇形了(见图 10-17),一个典型的小扇形的面积为

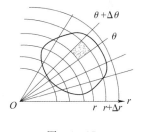

图　10-17

$$\Delta\sigma = \frac{1}{2}(r+\Delta r)^2 \Delta\theta - \frac{1}{2}r^2 \Delta\theta$$

$$= r\Delta r\Delta\theta + \frac{1}{2}\Delta r^2 \Delta\theta \approx r\Delta r\Delta\theta.$$

于是,面积微元是 $\mathrm{d}\sigma = r\mathrm{d}r\mathrm{d}\theta$.

又因为 $\begin{cases} x = r\cos\theta \\ y = r\sin\theta \end{cases}$,所以极坐标系下的二重积分公式可表示成

$$\iint\limits_D f(x,y) \, \mathrm{d}x \mathrm{d}y = \iint\limits_D f(r\cos\theta, r\sin\theta) r\mathrm{d}r\mathrm{d}\theta.$$

极坐标系下求二重积分,同样是化二重积分为累次积分,其基本方法如下.

根据极点与区域 D 的位置关系,分为以下三种情况.

1. 极点在区域 D 的内部(见图 10-18)

如果区域 D 的边界方程为

$$r = r(\theta)(0 \leqslant \theta \leqslant 2\pi),$$

那么,在 0 到 2π 范围内,任意取定一个 θ 值,这时的极径 r 的取值范围是极点到边界,即

$$0 \leqslant r \leqslant r(\theta),$$

于是极坐标系下二重积分化为累次积分的形式是

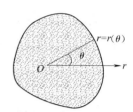

图 10-18

$$\iint\limits_{D} f(r\cos\theta, r\sin\theta) r \mathrm{d}r\mathrm{d}\theta = \int_0^{2\pi} \mathrm{d}\theta \int_0^{r(\theta)} f(r\cos\theta, r\sin\theta) r \mathrm{d}r.$$

2. 极点在区域 D 的外部(见图 10-19)

如果区域 D 的边界方程为

$$\theta = \alpha, \theta = \beta, r = r_1(\theta) \text{ 和 } r = r_2(\theta)(\alpha \leqslant \theta \leqslant \beta),$$

那么,在 α 到 β 范围内,任意取定一个 θ 值,这时的极径 r 的取值范围是内边界的值到外边界的值,即

$$r_1(\theta) \leqslant r \leqslant r_2(\theta),$$

于是极坐标系下二重积分化为累次积分的形式是

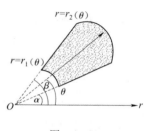

图 10-19

$$\iint\limits_{D} f(r\cos\theta, r\sin\theta) r \mathrm{d}r\mathrm{d}\theta = \int_\alpha^\beta \mathrm{d}\theta \int_{r_1(\theta)}^{r_2(\theta)} f(r\cos\theta, r\sin\theta) r \mathrm{d}r.$$

3. 极点在区域 D 的边界上(见图 10-20)

如果区域 D 的边界方程为

$$\theta = \alpha, \theta = \beta \text{ 和 } r = r_1(\theta)(\alpha \leqslant \theta \leqslant \beta),$$

那么,在 α 到 β 范围内,任意取定一个 θ 值,这时的极径 r 的取值范围是极点到边界,即

$$0 \leqslant r \leqslant r(\theta),$$

图 10-20

于是极坐标系下二重积分化为累次积分的形式是

$$\iint\limits_{D} f(r\cos\theta, r\sin\theta) r \mathrm{d}r\mathrm{d}\theta = \int_\alpha^\beta \mathrm{d}\theta \int_0^{r(\theta)} f(r\cos\theta, r\sin\theta) r \mathrm{d}r.$$

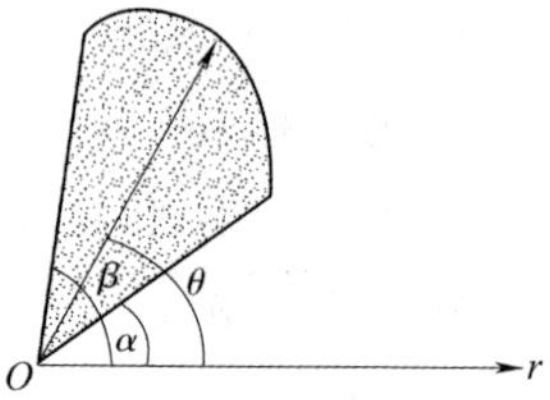

下面通过具体的示例说明如何在极坐标系下进行二重积分的计算.

先回到本节开始提到的问题上,也就是计算 $\iint\limits_{x^2+y^2 \leqslant 1} \mathrm{e}^{-x^2-y^2} \mathrm{d}x\mathrm{d}y$.

这时只要令 $\begin{cases} x = r\cos\theta \\ y = r\sin\theta \end{cases}$,由区域 D 的边界方程可知 $0 \leqslant \theta \leqslant 2\pi, 0 \leqslant r \leqslant 1$,于是

$$\iint\limits_{x^2+y^2\leqslant 1}\mathrm{e}^{-x^2-y^2}\,\mathrm{d}x\,\mathrm{d}y=\int_0^{2\pi}\mathrm{d}\theta\int_0^1\mathrm{e}^{-r^2}r\mathrm{d}r=(1-\mathrm{e}^{-1})\pi.$$

例 9　计算 $\iint\limits_{x^2+y^2\leqslant 4x}\sqrt{x^2+y^2}\,\mathrm{d}x\,\mathrm{d}y.$

解　画出积分区域 D,如图 10-21 所示.

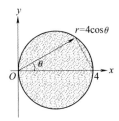

图　10-21

令 $\begin{cases}x=r\cos\theta\\ y=r\sin\theta\end{cases}$,代入区域 D 的边界方程 $x^2+y^2=4x$ 中,得到

极坐标系下的边界方程为

$$r=4\cos\theta,$$

并由此得到 θ 的变化范围是

$$-\frac{\pi}{2}\leqslant\theta\leqslant\frac{\pi}{2},$$

θ 一旦取定之后,极径 r 的变化范围是极点到边界,即

$$0\leqslant r\leqslant 4\cos\theta.$$

所以

$$\iint\limits_{x^2+y^2\leqslant 4x}\sqrt{x^2+y^2}\,\mathrm{d}x\,\mathrm{d}y=\int_{-\frac{\pi}{2}}^{\frac{\pi}{2}}\mathrm{d}\theta\int_0^{4\cos\theta}r\cdot r\mathrm{d}r=\int_{-\frac{\pi}{2}}^{\frac{\pi}{2}}\frac{64}{3}\cos^3\theta\mathrm{d}\theta$$

$$=\frac{128}{3}\int_0^{\frac{\pi}{2}}\cos^3\theta\mathrm{d}\theta=\frac{128}{3}\left(\sin\theta-\frac{1}{3}\sin^3\theta\right)\Big|_0^{\frac{\pi}{2}}=\frac{256}{9}.$$

例 10　计算 $\iint\limits_{1\leqslant x^2+y^2\leqslant 4}\dfrac{\sin(\pi\sqrt{x^2+y^2})}{\sqrt{x^2+y^2}}\mathrm{d}x\,\mathrm{d}y.$

解　画出积分区域 D,如图 10-22 所示.

令 $\begin{cases}x=r\cos\theta\\ y=r\sin\theta\end{cases}$,$0\leqslant\theta\leqslant 2\pi$,

于是直角坐标系下的 $1\leqslant x^2+y^2\leqslant 4$

就转化为极坐标系下的 $1\leqslant r^2\leqslant 4$,即 $1\leqslant r\leqslant 2$,那么

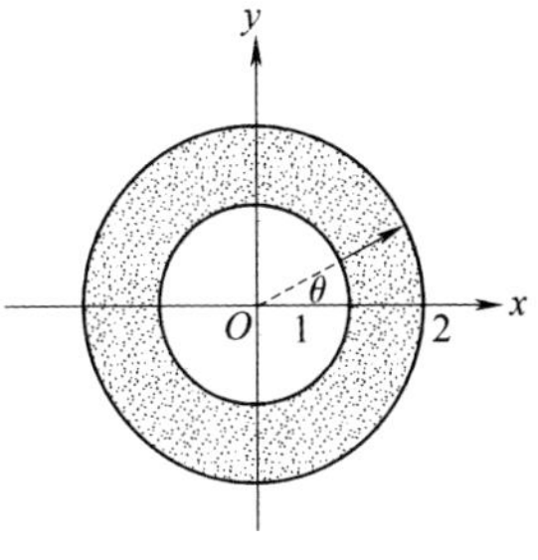

图　10-22

$$\iint\limits_{1\leqslant x^2+y^2\leqslant 4}\frac{\sin(\pi\sqrt{x^2+y^2})}{\sqrt{x^2+y^2}}\mathrm{d}x\,\mathrm{d}y=\int_0^{2\pi}\mathrm{d}\theta\int_1^2\frac{\sin(\pi r)}{r}\cdot r\cdot\mathrm{d}r$$

$$=2\pi\left(-\frac{1}{\pi}\cos(\pi r)\right)\Big|_1^2=-4.$$

例 11　计算 $\iint\limits_D(x+y)\mathrm{d}x\,\mathrm{d}y,$ 其中 $D=\{(x,y)\,|\,x+y\geqslant 1,x^2+y^2\leqslant 1\}.$

解 画出积分区域 D,如图 10-23 所示. 直角坐标系下区域 D 的边界方程分别为

$$x^2 + y^2 = 1 \quad (x \geqslant 0, y \geqslant 0) \text{ 与 } y = 1 - x \quad (x \in (0,1)).$$

令 $\begin{cases} x = r\cos\theta \\ y = r\sin\theta \end{cases}$,代入原边界方程得极坐标系下的边界方程

分别为

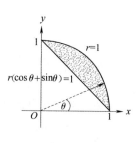

图 10-23

$$r = 1 \quad \left(0 \leqslant \theta \leqslant \frac{\pi}{2}\right) \text{ 与 } r(\cos\theta + \sin\theta) = 1 \quad \left(0 \leqslant \theta \leqslant \frac{\pi}{2}\right).$$

当 θ 在 0 到 $\frac{\pi}{2}$ 之间取定之后,极径 r 的取值范围就是 $\dfrac{1}{\sin\theta + \cos\theta} \leqslant r \leqslant 1$,于是

$$\iint\limits_D (x+y)\,dx\,dy = \int_0^{\frac{\pi}{2}} d\theta \int_{\frac{1}{\cos\theta+\sin\theta}}^1 r^2(\sin\theta + \cos\theta)\,dr$$

$$= \frac{1}{3}\int_0^{\frac{\pi}{2}}\left[\sin\theta + \cos\theta - \frac{1}{(\sin\theta + \cos\theta)^2}\right]d\theta$$

$$= \frac{1}{3}\left(-\cos\theta + \sin\theta + \frac{\cos\theta}{\sin\theta + \cos\theta}\right)\bigg|_0^{\frac{\pi}{2}} = \frac{1}{3}.$$

例 12 化累次积分 $\displaystyle\int_0^1 dx \int_{x^2}^x (x^2 + y^2)^{-\frac{1}{2}}\,dy$ 为极坐标形式,并求出它的值.

解 累次积分的积分区域是 $\begin{cases} 0 \leqslant x \leqslant 1 \\ x^2 \leqslant y \leqslant x \end{cases}$,即是由直线 $y = x$ 和

曲线 $y = x^2$ 所围的平面区域(见图 10-24).

令 $\begin{cases} x = r\cos\theta \\ y = r\sin\theta \end{cases}$,则极坐标系下的边界方程分别为

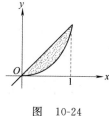

图 10-24

$$\theta = \frac{\pi}{4} \text{ 与 } r = \frac{\sin\theta}{\cos^2\theta} \quad \left(0 \leqslant \theta \leqslant \frac{\pi}{4}\right),$$

因此,积分域中点的两个极坐标 θ 与 r 的变化范围分别是

$$0 \leqslant \theta \leqslant \frac{\pi}{4} \text{ 与 } 0 \leqslant r \leqslant \frac{\sin\theta}{\cos^2\theta}$$

故

$$\int_0^1 dx \int_{x^2}^x (x^2 + y^2)^{-\frac{1}{2}}\,dy$$

$$= \int_0^{\frac{\pi}{4}} d\theta \int_0^{\frac{\sin\theta}{\cos^2\theta}} \frac{1}{r} \cdot r\,dr = \int_0^{\frac{\pi}{4}} \frac{\sin\theta}{\cos^2\theta}\,d\theta$$

$$= \int_0^{\frac{\pi}{4}} \sec\theta \cdot \tan\theta\,d\theta = \sec\theta\bigg|_0^{\frac{\pi}{4}} = \sqrt{2} - 1.$$

例 13 求闭曲线 $(x^2+y^2)^3=5(x^4+y^4)$ 所围的平面图形的面积.

解 设所求平面图形的面积为 S_D,由已知可得极坐标系下的闭曲线方程为

$$r^2(\theta)=5(\cos^4\theta+\sin^4\theta).$$

根据图形的对称性,只需求出第一象限部分的图形面积就可以了(见图 10-25).

于是,由极坐标系下求平面图形的面积公式得

$$S_D=4\iint\limits_{D_1}\mathrm{d}\sigma=4\int_0^{\frac{\pi}{2}}\mathrm{d}\theta\int_0^{r(\theta)}r\mathrm{d}r$$

$$=4\int_0^{\frac{\pi}{2}}\frac{1}{2}r^2(\theta)\mathrm{d}\theta$$

$$=10\int_0^{\frac{\pi}{2}}(\cos^4\theta+\sin^4\theta)\mathrm{d}\theta$$

$$=10\int_0^{\frac{\pi}{2}}\left(\frac{3}{4}+\frac{1}{4}\cos4\theta\right)\mathrm{d}\theta=\frac{15}{4}\pi.$$

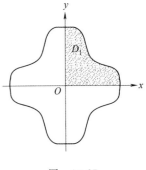

图 10-25

把二重积分放到极坐标系下进行积分计算,固然是一种好方法,但不是什么情况下都行得通的,一般而言,当积分区域与圆有关(如圆、圆环、扇形等),被积函数可表示成 $f(x^2+y^2)$ 时,可考虑用极坐标变换.

习 题 10.2

1.计算下列二重积分:

(1) $\iint\limits_{D}\mathrm{e}^{x+y}\mathrm{d}x\mathrm{d}y,D=\{(x,y)\,|\,0\leqslant x\leqslant 1,0\leqslant y\leqslant 4\}$;

(2) $\iint\limits_{D}3xy^2\mathrm{d}x\mathrm{d}y,D$ 由 $y=x$、$y=2-x$ 以及 $y=0$ 所围;

(3) $\iint\limits_{D}x^2y^2\mathrm{d}x\mathrm{d}y$,其中 D:$|x|+|y|\leqslant 1$;

(4) $\iint\limits_{D}x\cos(x+y)\mathrm{d}x\mathrm{d}y$,其中 D 是以 $(0,0)$,$(0,\pi)$ 和 (π,π) 为顶点的三角形区域.

2.更换下列累次积分的次序:

(1) $\int_{-2}^0\mathrm{d}x\int_{\frac{2+x}{2}}^{\frac{4-x^2}{2}}f(x,y)\mathrm{d}y+\int_0^2\mathrm{d}x\int_{\frac{2-x}{2}}^{\frac{4-x^2}{2}}f(x,y)\mathrm{d}y$;

(2) $\int_{-1}^2\mathrm{d}y\int_{y^2}^{y+2}f(x,y)\mathrm{d}x$;

(3) $\int_1^2 \mathrm{d}x \int_{2-x}^{\sqrt{2x-x^2}} f(x,y)\mathrm{d}y$;

(4) $\int_0^1 \mathrm{d}x \int_0^x f(x,y)\mathrm{d}y + \int_1^2 \mathrm{d}x \int_0^{2-x} f(x,y)\mathrm{d}y$.

3.画出下列二重积分的积分区域,并在适当的坐标系下计算二重积分值.

(1) $\iint\limits_D x^2 y\mathrm{d}x\mathrm{d}y$ 其中 D 由 $y = x^2$ 以及 $x = y^2$ 所围;

(2) $\iint\limits_D (3+x+2y)\mathrm{d}x\mathrm{d}y$ 其中 D 由 $4y - x^2 = 0$ 以及 $y = x+3$ 所围;

(3) $\iint\limits_D xy\mathrm{e}^{x^2+y^2}\mathrm{d}x\mathrm{d}y$ 其中 D 由 $y = x^2$ 以及 $y = 3 - x^2$ 所围;

(4) $\iint\limits_D \sqrt{x^2+y^2}\mathrm{d}x\mathrm{d}y$ 其中 D 由 $x = \sqrt{1-y^2}$、$x = \sqrt{4-y^2}$ 以及 $x = 0$ 所围;

(5) $\iint\limits_D (x+3y)\mathrm{d}x\mathrm{d}y$,其中 D 由 $xy = 1, y = 2-x, y = 0$ 以及 $x = 4$ 所围;

(6) $\iint\limits_D \ln(1+x^2+y^2)\mathrm{d}x\mathrm{d}y$,其中 D 由 $y = \sqrt{1-x^2}$ 以及 $y = 0$ 所围;

(7) $\iint\limits_D \arctan\frac{y}{x}\mathrm{d}x\mathrm{d}y$,其中 D 由 $x = \sqrt{1-y^2}, x = \sqrt{4-y^2}, y = x$ 以及 $y = 0$ 所围;

(8) $\iint\limits_D \frac{\sin x}{x}\mathrm{d}x\mathrm{d}y$,其中 D 由 $y = x^2$ 和 $y = x^3$ 所围;

(9) $\iint\limits_D (x+y)\mathrm{d}x\mathrm{d}y$,其中 D 由 $y = \sin x, y = \cos x, x = 0$ 以及 $x = \pi$ 所围;

(10) $\iint\limits_D (x^2+y^2)\mathrm{d}x\mathrm{d}y$,其中 D 由 $y^2 = 3x$ 以及 $y = 3x-6$ 所围;

(11) $\iint\limits_D xy\mathrm{d}x\mathrm{d}y$,其中 D 由 $y = x, y = x+3, y = 3$ 以及 $y = 9$ 所围.

4.化二重积分 $\iint\limits_D f(x,y)\mathrm{d}x\mathrm{d}y$ 为累次积分(要求分别化成先 x 后 y 以及先 y 后 x 的累次积分),其积分区域如下:

(1)由 $y = x^2$ 以及 $y = 4 - x^2$ 所围;

(2)由右半圆 $x^2 + y^2 = a^2$ 与左半圆 $x^2 + y^2 = 2ax$ 所围;

(3)$x^2 + y^2 \leqslant 1$ 与 $|x| + |y| \geqslant 1$ 的公共部分;

(4)由 $xy = 1, y = x$ 以及 $x = 2$ 所围.

5.化下列直角坐标系下的累次积分为极坐标系下的累次积分.

(1) $\int_0^2 \mathrm{d}x \int_{-\sqrt{2x-x^2}}^{\sqrt{2x-x^2}} f(x,y)\mathrm{d}y$;

(2) $\int_0^1 \mathrm{d}x \int_0^1 f(x,y)\mathrm{d}y$;

(3) $\int_0^1 \mathrm{d}y \int_y^{\sqrt{y}} f(x,y)\mathrm{d}x$;

(4) $\int_{-1}^1 \mathrm{d}y \int_{1-\sqrt{1-y^2}}^{\sqrt{2-y^2}} f(x,y)\mathrm{d}x$.

6.在极坐标系下求下列二重积分的值:

(1) $\iint\limits_{x^2+y^2 \leqslant x+y} (x+y)\mathrm{d}x\mathrm{d}y$;

(2) $\iint\limits_{1 \leqslant x^2+y^2 \leqslant 2} \mathrm{e}^{x^2+y^2}\mathrm{d}x\mathrm{d}y$;

(3) $\iint\limits_{D} \sqrt{x^2+y^2}\mathrm{d}x\mathrm{d}y$,其中 D 由 $y=x,x=4$ 以及 $y=0$ 所围;

(4) $\iint\limits_{D} \sqrt{\dfrac{1-x^2-y^2}{1+x^2+y^2}}\mathrm{d}x\mathrm{d}y$,其中 D 由 $x^2+y^2=1$ 以及两坐标轴围成的第一项限的

闭区域.

7. 设 $f(x)$ 在 $[0,1]$ 上连续,证明 $\int_0^1 \mathrm{d}y \int_0^{\sqrt{y}} \mathrm{e}^y f(x)\mathrm{d}x = \int_0^1 (\mathrm{e} - \mathrm{e}^{x^2}) f(x)\mathrm{d}x$.

8.求有平面 $x=0,y=0,z=0$ 以及 $x+2y+3z=6$ 所围几何体体积.

9.求 $z=8-x^2-y^2$ 与 $z=4$ 所围几何体体积.

10.如果 $f(x,y)$ 区域 D 上连续,是由 $y=x,x=a$ 和 $y=b(0<a<b)$ 所围的三角形区域.证明

$$\int_a^b \mathrm{d}x \int_x^b f(x,y)\mathrm{d}y = \int_a^b \mathrm{d}y \int_a^y f(x,y)\mathrm{d}x.$$

11.设平面薄片所占的区域 D 是由螺旋线 $r=2\theta(0 \leqslant \theta \leqslant \dfrac{\pi}{2})$ 以及直线 $\theta = \dfrac{\pi}{2}$ 所围,它的面密度为 $\rho(x,y)=x^2+y^2$,求该薄片的质量.

10.3　三重积分

10.3.1　三重积分的概念

类似于定积分、二重积分概念的引入,把它推广到三元函数上便有三重积分的概念.

定义 1　设三元函数 $u=f(x,y,z)$ 在空间有界闭区域 Ω 上有界,

（1）任给 Ω 一个分割，将 Ω 分割成 n 个空间小区域 Δv_1，Δv_2，$\cdots$，Δv_n，为了便于讨论，仍然用 Δv_i 表示小区域 Δv_i 的体积；

（2）在每个小区域 Δv_i 上任取一点 (ξ_i, η_i, ζ_i)，作乘积 $f(\xi_i, \eta_i, \zeta_i) \cdot \Delta v_i$；

（3）求和 $\sum\limits_{i=1}^{n} f(\xi_i, \eta_i, \zeta_i) \cdot \Delta v_i$；

（4）令 λ_i 为小区域 Δv_i 的直径，当 $\lambda = \max\{\lambda_i \,|\, i = 1, \cdots, n\} \to 0$ 时对上面和式取极限，如果和式的极限

$$\lim_{\lambda \to 0} \sum_{i=1}^{n} f(\xi_i, \eta_i, \zeta_i) \cdot \Delta v_i \qquad (10.10)$$

存在，并且极限值与区域 Ω 的分割无关，还与点 $(\xi_i, \eta_i, \zeta_i) \in \Delta v_i$ 的选取无关，那么称 $u = f(x, y, z)$ 在区域 Ω 上可积，并称式（10.10）为 $f(x, y, z)$ 在区域 Ω 上的**三重积分**，记为

$$\iiint\limits_{\Omega} f(x, y, z) \mathrm{d}v = \lim_{\lambda \to 0} \sum_{i=1}^{n} f(\xi_i, \eta_i, \zeta_i) \cdot \Delta v_i.$$

其中，$\iiint$ 称为**三重积分号**；$f(x, y, z)$ 称为**被积函数**；Ω 称为**积分区域**；$\mathrm{d}v$ 称为**体积微元**；$f(x, y, z)\mathrm{d}v$ 称为**被积表达式**；x, y, z 称为积分变量.

10.3.2　三重积分的计算

1. 直角坐标系下三重积分的计算

三重积分的计算同二重积分的计算非常相似，最终也是设法化三重积分为三次积分，从理论上来说，它共有 $3! = 6$ 种积分次序，当然究竟选择哪一种次序要根据具体问题而定.

假设平行于 z 轴且穿过闭区域 Ω 内部的直线与闭区域 Ω 的边界曲面 S 相交不多于两点. 闭区域 Ω 在 xOy 平面上的投影区域是有界闭区域 D_{xy}（见图 10-26），以 D_{xy} 的边界为准线作母线平行于 z 轴的柱面. 这个柱面与

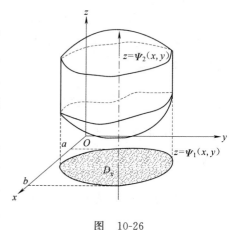

图 10-26

曲面 S 的交线从 S 中分出的上、下两部分，它们的方程分别为

$$S_1 : z = \Psi_1(x, y);$$
$$S_2 : z = \Psi_2(x, y).$$

其中 $\Psi_1(x, y)$ 与 $\Psi_2(x, y)$ 都是 D_{xy} 上的连续函数，且有 $\Psi_1(x, y) \leqslant \Psi_2(x, y)$. 过 D_{xy} 内

任意点 (x,y) 作平行于 z 轴的直线,这条直线从曲面 S_1 穿入、曲面 S_2 穿出,则穿入点的竖坐标为 $\Psi_1(x,y)$,穿出点的竖坐标为 $\Psi_2(x,y)$.因此积分区域 Ω 可表示为

$$\Omega=\{(x,y,z)\mid \Psi_1(x,y)\leqslant z\leqslant \Psi_2(x,y),(x,y)\in D_{xy}\}.$$

这时三重积分可化为

$$\iiint\limits_{\Omega}f(x,y,z)\mathrm{d}x\mathrm{d}y\mathrm{d}z=\iint\limits_{D_{xy}}\left[\int_{\Psi_1(x,y)}^{\Psi_2(x,y)}f(x,y,z)\mathrm{d}z\right]\mathrm{d}x\mathrm{d}y. \tag{10.11}$$

式(10.11)中 $\displaystyle\int_{\Psi_1(x,y)}^{\Psi_2(x,y)}f(x,y,z)\mathrm{d}z$ 是对 z 进行积分,在积分过程中将 x,y 视同常量,积分的结果是 x,y 的函数.

若 D_{xy} 是 X- 型平面区域,则 D_{xy} 可表示为 $D_{xy}:a\leqslant x\leqslant b,\varphi_1(x)\leqslant y\leqslant \varphi_2(x)$,按照二重积分的方法,化二重积分 $\displaystyle\iint\limits_{D_{xy}}\left[\int_{\Psi_1(x,y)}^{\Psi_2(x,y)}f(x,y,z)\mathrm{d}z\right]\mathrm{d}x\mathrm{d}y$ 为累次积分,那么

$\displaystyle\iint\limits_{D_{xy}}\left[\int_{\Psi_1(x,y)}^{\Psi_2(x,y)}f(x,y,z)\mathrm{d}z\right]\mathrm{d}x\mathrm{d}y=\int_a^b\mathrm{d}x\int_{\varphi_1(x)}^{\varphi_2(y)}\mathrm{d}y\int_{\Psi_1(x,y)}^{\Psi_2(x,y)}f(x,y,z)\mathrm{d}z$,于是得到三重积分的计算公式

$$\iiint\limits_{\Omega}f(x,y,z)\mathrm{d}x\mathrm{d}y\mathrm{d}z=\int_a^b\mathrm{d}x\int_{\varphi_1(x)}^{\varphi_2(y)}\mathrm{d}y\int_{\Psi_1(x,y)}^{\Psi_2(x,y)}f(x,y,z)\mathrm{d}z. \tag{10.12}$$

式(10.12)把三重积分化为先对 z、次对 y、最后对 x 的 三次积分.

如果平行 于 x 轴或者 y 轴且穿过积分区域 Ω 内部的直线与 Ω 的边界曲面 S 相交不多于两点,也可把积分区域 Ω 投影到 yOz 面上或者 xOz 面上,便可把三重积分化为按其他顺序积分的三次积分进行计算.

例 1　计算三重积分 $\displaystyle\iiint\limits_{\Omega}x^2\mathrm{d}x\mathrm{d}y\mathrm{d}z$,其中,$\Omega$ 由 $z=x^2+2y^2$ 以及 $z=2-x^2$ 所围成的立体.

解　作闭区域 Ω,如图 10-27 所示.

由 $\begin{cases}z=x^2+2y^2\\z=2-x^2\end{cases}$ 解得 $x^2+y^2=1$,因此,Ω 在 xOy 平面上的投影区域是

$$D_{xy}:x^2+y^2\leqslant1.$$

在 D_{xy} 内任取一点 (x,y),过该点作平行于 z 轴的直线,该直线从曲面 $z=x^2+2y^2$ 穿入 Ω,从曲面 $z=2-x^2$ 穿出,所以

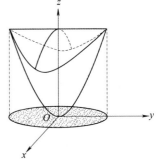

图　10-27

$$\iiint\limits_{\Omega} x^2 \,\mathrm{d}x\,\mathrm{d}y\,\mathrm{d}z = \iint\limits_{D_{xy}} \left[\int_{x^2+2y^2}^{2-x^2} x^2 \,\mathrm{d}z \right] \mathrm{d}x\,\mathrm{d}y = \iint\limits_{D_{xy}} x^2 (2 - x^2 - x^2 - 2y^2) \,\mathrm{d}x\,\mathrm{d}y$$

$$= 2 \iint\limits_{D_{xy}} x^2 (1 - x^2 - y^2) \,\mathrm{d}x\,\mathrm{d}y.$$

接下来就是计算二重积分 $\displaystyle\iint\limits_{D_{xy}} x^2 (1 - x^2 - y^2) \,\mathrm{d}x\,\mathrm{d}y$ 了.

令 $\begin{cases} x = r\cos\theta \\ y = r\sin\theta \end{cases}$,则

$$\iint\limits_{D_{xy}} x^2 (1 - x^2 - y^2) \,\mathrm{d}x\,\mathrm{d}y = \int_0^{2\pi} \mathrm{d}\theta \int_0^1 r^2 \cos^2\theta (1 - r^2) r\,\mathrm{d}r = \frac{\pi}{12},$$

因此
$$\iiint\limits_{\Omega} x^2 \,\mathrm{d}x\,\mathrm{d}y\,\mathrm{d}z = \frac{\pi}{6}.$$

当然,从理论上来说,化为三次积分的形式有

$$\iiint\limits_{\Omega} x^2 \,\mathrm{d}x\,\mathrm{d}y\,\mathrm{d}z = \int_{-1}^1 \mathrm{d}x \int_{-\sqrt{1-x^2}}^{\sqrt{1-x^2}} \mathrm{d}y \int_{x^2+2y^2}^{2-x^2} x^2 \,\mathrm{d}z,$$

然后再分别计算三个定积分便可得到所求结果.

2. 柱面坐标系下的三重积分计算

设空间一点 P 在直角坐标系下的坐标为 (x, y, z),其在 xOy 平面上的投影是点 P_0(见图 10-28),P_0 的平面极坐标是 (r, θ),那么坐标 (r, θ, z) 称为点 P 的**柱面坐标**.

空间直角坐标与柱面坐标之间的变换关系式是

$$\begin{cases} x = r\cos\theta \\ y = r\sin\theta \\ z = z \end{cases}$$

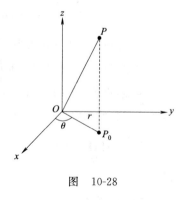

图 10-28

其中 $-\infty < z < +\infty, 0 \leqslant r < +\infty, 0 \leqslant \theta \leqslant 2\pi$.

在柱面坐标系下,其体积微元是 $\mathrm{d}v = r\mathrm{d}r\mathrm{d}\theta\mathrm{d}z$,因此柱面坐标系下三重积分的表示式是

$$\iiint\limits_{\Omega} f(x, y, z) \,\mathrm{d}x\,\mathrm{d}y\,\mathrm{d}z = f(r\cos\theta, r\sin\theta, z) r\mathrm{d}r\mathrm{d}\theta\mathrm{d}z.$$

一般来说,柱面坐标系下化三重积分为三次积分的积分次序是:先对 z 求积分,再对 r 求积分,最后对 θ 求积分.

例 2 计算三重积分 $\displaystyle\iiint\limits_{\Omega} (x^2 + y^2) \,\mathrm{d}x\,\mathrm{d}y\,\mathrm{d}z$. 其中,$\Omega$ 是由曲面 $z = x^2 + y^2$ 以及平面 $z = 4$ 所围的立体.

解 作闭区域 Ω,如图 10-29 所示.

由 $\begin{cases} z=x^2+y^2 \\ z=4 \end{cases}$ 可知 Ω 在 xOy 平面上的投影区域 D_{xy} 是圆域 $x^2+y^2\leqslant 4$.

令
$$\begin{cases} x=r\cos\theta \\ y=r\sin\theta, \\ z=z \end{cases}$$

则投影区域可表示为 $D_{xy}:\{(r,\theta)\,|\,0\leqslant r\leqslant 2,0\leqslant\theta\leqslant 2\pi\}$.
在 D_{xy} 内任取一点 (r,θ),过此点作平行于 z 轴的直线,
该直线从曲面 $z=x^2+y^2$ 穿入闭区域 Ω,从平面 $z=4$ 穿出,因此闭区域 Ω 可用不等式
$$0\leqslant\theta\leqslant 2\pi,0\leqslant r\leqslant 2,r^2\leqslant z\leqslant 4$$
表示.那么

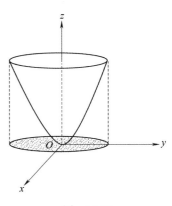

图 10-29

$$\iiint\limits_{\Omega}(x^2+y^2)\mathrm{d}x\,\mathrm{d}y\,\mathrm{d}z=\int_0^{2\pi}\mathrm{d}\theta\int_0^2\mathrm{d}r\int_{r^2}^4 r^2\cdot r\mathrm{d}z=\frac{32}{3}\pi.$$

* 3. 球面坐标系下三重积分的计算

设空间一点 P 在直角坐标系下的坐标为 (x,y,z),我们同样可以用另一种三元有序数组 (r,θ,φ) 表示点 P 的坐标.其中 r 表示原点到点 P 的距离;φ 表示向量 $\overrightarrow{OP}$ 与 z 轴正向的夹角;θ 表示由 x 轴正向逆时针转到 $\overrightarrow{OP_0}$ 所转过的角度.其中,P_0 是点 P 在 xOy 平面上的投影.这样的三元有序数组 (r,θ,φ) 称为点 P 的球面坐标,如图 10-30 所示.

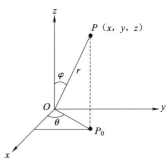

图 10-30

空间直角坐标与球面坐标之间的关系是
$$\begin{cases} x=r\cos\theta\sin\varphi \\ y=r\sin\theta\sin\varphi, \\ z=r\cos\varphi \end{cases}$$
其中 $r\geqslant 0,0\leqslant\varphi\leqslant\pi,0\leqslant\theta\leqslant 2\pi$.

球面坐标系下的体积微元是 $\mathrm{d}v=r^2\sin\varphi\mathrm{d}r\mathrm{d}\theta\mathrm{d}\varphi$,因此,球面坐标系下的三重积分表达式是
$$\iiint\limits_{\Omega}f(x,y,z)\mathrm{d}x\,\mathrm{d}y\,\mathrm{d}z$$
$$=\iiint\limits_{\Omega}f(r\cos\theta\sin\varphi,r\sin\theta\sin\varphi,r\cos\varphi)r^2\sin\varphi\mathrm{d}r\mathrm{d}\theta\mathrm{d}\varphi.$$

例3 计算三重积分 $\iiint\limits_{\Omega}(x^2+y^2+z^2)\,\mathrm{d}x\,\mathrm{d}y\,\mathrm{d}z$,其中 $\Omega:x^2+y^2+z^2\leqslant 1$.

解 积分区域 Ω 为以原点为球心,半径为 1 的球体.

$$\diamondsuit\begin{cases}x=r\cos\theta\sin\varphi\\y=r\sin\theta\sin\varphi,\\z=r\cos\varphi\end{cases}$$

则 $0\leqslant\theta\leqslant 2\pi,0\leqslant\varphi\leqslant\pi,0\leqslant r\leqslant 1$,于是

$$\iiint\limits_{\Omega}(x^2+y^2+z^2)\,\mathrm{d}x\,\mathrm{d}y\,\mathrm{d}z=\int_0^\pi\mathrm{d}\varphi\int_0^{2\pi}\mathrm{d}\theta\int_0^1 r^2\cdot r^2\sin\varphi\mathrm{d}r=\frac{4}{5}\pi.$$

习 题 10.3

1.计算下列三重积分:

(1) $\iiint\limits_{\Omega}x^3 y^3\,\mathrm{d}x\,\mathrm{d}y\,\mathrm{d}z$,其中 $\Omega:0\leqslant x\leqslant 4,0\leqslant y\leqslant x,0\leqslant z\leqslant xy$;

(2) $\iiint\limits_{\Omega}\dfrac{\mathrm{d}x\,\mathrm{d}y\,\mathrm{d}z}{(1+x+y+z)^2}$,其中 Ω 由坐标平面 $x=0,y=0,z=0$ 以及平面所围的四面体.

2.在柱面坐标系下计算下列三重积分:

(1) $\iiint\limits_{\Omega}xy\,\mathrm{d}x\,\mathrm{d}y\,\mathrm{d}z$,其中 Ω 由 $x^2+y^2=1,z=0,z=1,x=0,y=0$ 所围的第一卦限内的区域.

(2) $\iiint\limits_{\Omega}(x^2+y^2)\,\mathrm{d}x\,\mathrm{d}y\,\mathrm{d}z$,其中 Ω 由 $x^2+y^2=3z$ 以及 $z=3$ 所围的区域.

3.在球面坐标系下计算下列三重积分:

(1) $\iiint\limits_{\Omega}xyz\,\mathrm{d}x\,\mathrm{d}y\,\mathrm{d}z$,其中 Ω 由 $x^2+y^2+z^2=1,z=0,x=0,y=0$ 所围的第一卦限内的区域.

(2) $\iiint\limits_{\Omega}z\,\mathrm{d}x\,\mathrm{d}y\,\mathrm{d}z$,其中 $\Omega:x^2+y^2+(z-2)^2\leqslant 4$ 且 $x^2+y^2\leqslant z^2$.

10.4 二重积分的应用

由前面的讨论可得,曲顶柱体的体积、平面薄片的质量可用二重积分计算.本节中

将把定积分应用中的元素法推广到重积分的应用中,利用重积分的元素法来讨论二重积分在几何、物理上的一些应用.

有许多求总量的问题可以用定积分的元素法来处理,这种元素法也可推广到二重积分的应用中. 如果所要计算的某个量 U 对于闭区域 D 具有可加性(就是说,当闭区域 D 分成许多小闭区域时,所求量 U 相应地分成许多部分量,且 U 等于部分量之和),并且在闭区域 D 内任取一个直径很小的闭区域 $d\sigma$ 时,相应的部分量可近似地表示为 $f(x,y)d\sigma$ 的形式,其中 (x,y) 在 $d\sigma$ 内,则称 $f(x,y)d\sigma$ 为所求量 U 的元素,记为 dU,以它为被积表达式,在闭区域 D 上积分

$$U = \iint\limits_{D} f(x,y)\mathrm{d}\sigma,$$

这就是所求量的积分表达式.

10.4.1 几何上的应用

由 $\iint\limits_{D} f(x,y)\mathrm{d}\sigma$ 的几何意义可知:当 $f(x,y) \geqslant 0$ 时,二重积分表示以 D 为底、曲面 $Z = f(x,y)$ 为顶的曲顶柱体的体积;当 $f(x,y) < 0$ 时,该曲顶柱体的体积为 $-\iint\limits_{D} f(x,y)\mathrm{d}\sigma$,现用二重积分来求体积,举例说明如下:

例 1 求由旋转抛物面 $z = 6 - x^2 - y^2$ 与 xOy 坐标平面所围成的立体的体积.

解 作出所求立体,如图 10-31 所示,该立体是以曲面 $z = 6 - x^2 - y^2$ 为顶,xOy 坐标平面为底的立体,因此

$$V = \iint\limits_{D} (6 - x^2 - y^2)\mathrm{d}x\,\mathrm{d}y,$$

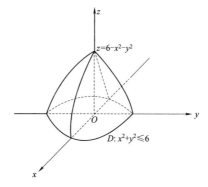

图 10-31

其中区域 D 为 xOy 平面上圆域 $D: x^2 + y^2 \leqslant 6$,如图 10-32 所示.

用极坐标计算较为方便,即

$$V = \int_0^{2\pi} d\theta \int_0^{\sqrt{6}} (6 - r^2) r dr = 18\pi.$$

例 2 计算由曲面 $z = x^2 + 2y^2$ 及 $z = 6 - 2x^2 - y^2$ 所围成的立体(见图 10-33)的体积.

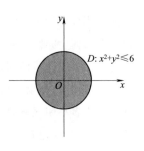

图 10-32

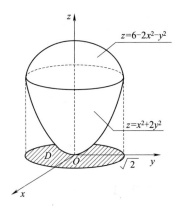

图 10-33

解 由 $\begin{cases} z = x^2 + 2y^2 \\ z = 6 - 2x^2 - y^2 \end{cases}$ 消去 z,得 $x^2 + y^2 = 2$,故所求立体在 xOy 面上的投影区域为

$$D = \{(x, y) \mid x^2 + y^2 \leqslant 2\},$$

(见图 10-34)所求立体的体积等于两个曲顶柱体体积的差:

$$V = \iint\limits_D (6 - 2x^2 - y^2) d\sigma - \iint\limits_D (x^2 + 2y^2) d\sigma$$

$$= \iint\limits_D (6 - 3x^2 - 3y^2) d\sigma = \iint\limits_D (6 - 3r^2) r dr d\theta$$

$$= \int_0^{2\pi} d\theta \int_0^{\sqrt{2}} (6 - 3r^2) r dr = 6\pi.$$

10.4.2 曲面的面积

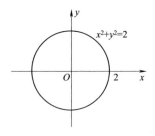

图 10-34

设曲面 S 由方程 $z = f(x, y)$ 给出,D 为曲面 S 在 xOy 面上的投影区域,函数 $f(x, y)$ 在 D 上具有连续偏导数 $f_x(x, y)$ 和 $f_y(x, y)$.现求曲面的面积 A.

在闭区域 D 内任取一直径很小的闭区域 $d\sigma$(其面积也记作 $d\sigma$). 在 $d\sigma$ 内任取一点 $P(x,y)$,对应地曲面 S 上点 $M(x,y,f(x,y))$,点 M 在 xOy 面上的投影点即为点 P. 在点 $M(x,y,f(x,y))$ 处作曲面 S 的切平面 T,再做以小区域 $d\sigma$ 的边界曲线为准线、母线平行于 z 轴的柱面(见图 10-35).将含于柱面内的小块切平面的面积作为含于柱面内的小块曲面面积的近似值,记为 dA. 又设切平面 T 的法向量(指向

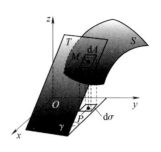

图　10-35

朝上)与 z 轴所成的角为 γ,因此 $\cos\gamma=\dfrac{1}{\sqrt{1+f_x^2(x,y)+f_y^2(x,y)}}$,故

$$dA=\frac{d\sigma}{\cos\gamma}=\sqrt{1+f_x^2(x,y)+f_y^2(x,y)}\,d\sigma. \qquad (10.13)$$

这就是曲面 S 的面积元素.以它为被积表达式在区域 D 上积分,于是曲面 S 的面积为

$$A=\iint\limits_{D}\sqrt{1+f_x^2(x,y)+f_y^2(x,y)}\,d\sigma,$$

或

$$A=\iint\limits_{D}\sqrt{1+\left(\frac{\partial z}{\partial x}\right)^2+\left(\frac{\partial z}{\partial y}\right)^2}\,dx\,dy.$$

这就是计算曲面面积的公式.

若曲面方程为 $x=g(y,z)$ 或 $y=h(x,z)$,可分别把曲面投影到 yOz 面上(投影区域记作 D_{yz})或 xOz 面上(投影区域记作 D_{zx}),类似可得

$$A=\iint\limits_{D_{yz}}\sqrt{1+\left(\frac{\partial x}{\partial y}\right)^2+\left(\frac{\partial x}{\partial z}\right)^2}\,dy\,dz,$$

或

$$A=\iint\limits_{D_{zx}}\sqrt{1+\left(\frac{\partial y}{\partial z}\right)^2+\left(\frac{\partial y}{\partial x}\right)^2}\,dz\,dx.$$

例 3　求半径为 R 的球的表面积.

解　上半球面方程为 $z=\sqrt{R^2-x^2-y^2}$,则它在 xOy 面上的投影区域为 $D:x^2+y^2\leqslant R^2$.注意到

$$\frac{\partial z}{\partial x}=\frac{-x}{\sqrt{R^2-x^2-y^2}},\quad \frac{\partial z}{\partial y}=\frac{-y}{\sqrt{R^2-x^2-y^2}},$$

因而 $\sqrt{1+\left(\dfrac{\partial z}{\partial x}\right)^2+\left(\dfrac{\partial z}{\partial y}\right)^2}=\dfrac{R}{\sqrt{R^2-x^2-y^2}}$ 是区域 D 上的无界函数,故不能直接应用曲面面积公式.

我们可以先求相应于区域 $D_1:x^2+y^2\leqslant a^2\,(a<R)$ 上的部分球面面积,然后取 $a\to R$

的极限.利用极坐标可得

$$\iint\limits_{x^2+y^2\leqslant a^2} \frac{R}{\sqrt{R^2-x^2-y^2}}\mathrm{d}x\,\mathrm{d}y = R\int_0^{2\pi}\mathrm{d}\theta\int_0^a \frac{r\mathrm{d}r}{\sqrt{R^2-r^2}}$$

$$= 2\pi R(R-\sqrt{R^2-a^2})\ .$$

于是上半球面面积为　　　　　　$\lim\limits_{a\to R}2\pi R(R-\sqrt{R^2-a^2})=2\pi R^2\ .$

整个球面面积为　　　　　　$A=2A_1=4\pi R^2\ .$

10.4.3　物理上的应用——重心

讨论平面薄片的重心.

设在 xOy 平面上有 n 个质点,分别位于点$(x_1,y_1),(x_2,y_2),\cdots,(x_n,y_n)$处,质量分别为 $m_1,m_2,\cdots,m_n$,该质点系的重心坐标为

$$\bar{x}=\frac{M_y}{M}=\frac{\sum\limits_{i=1}^{n}m_i x_i}{\sum\limits_{i=1}^{n}m_i},\quad \bar{y}=\frac{M_x}{M}=\frac{\sum\limits_{i=1}^{n}m_i y_i}{\sum\limits_{i=1}^{n}m_i},$$

其中 $M=\sum\limits_{i=1}^{n}m_i$ 为总质量;$M_y=\sum\limits_{i=1}^{n}m_i x_i,M_x=\sum\limits_{i=1}^{n}m_i y_i$ 分别为该质点系对 y 轴和 x 轴的静矩.

设有一平面薄片,占 xOy 平面上的区域 D,设在点(x,y)处的面密度为 $\mu(x,y)$,且在 D 上连续,现求薄片重心坐标.

在 D 上任取子域 $\mathrm{d}\sigma$,$\mathrm{d}\sigma$ 也表示子域面积,点(x,y)为 $\mathrm{d}\sigma$ 中一点,由于 $\mathrm{d}\sigma$ 直径很小,且 $\mu(x,y)$ 在 D 上连续,所以 $\mathrm{d}\sigma$ 部分的质量近似等于 $\mu(x,y)\mathrm{d}\sigma$,即

$$\mathrm{d}M=\mu(x,y)\mathrm{d}\sigma,$$

于是　　　　　　$$\begin{cases}\mathrm{d}M_y=x\mu(x,y)\mathrm{d}\sigma\\ \mathrm{d}M_x=y\mu(x,y)\mathrm{d}\sigma\end{cases},$$

因此,整个薄片的质量 M 和它关于 x 轴、y 轴的静矩分别为

$$M=\iint\limits_{D}\mu(x,y)\mathrm{d}\sigma,$$

$$M_x=\iint\limits_{D}y\mu(x,y)\mathrm{d}\sigma,$$

$$M_y=\iint\limits_{D}x\mu(x,y)\mathrm{d}\sigma,$$

故薄片的重心坐标为

$$\bar{x} = \frac{M_y}{M} = \frac{\iint\limits_{D} x\mu(x,y)\,\mathrm{d}\sigma}{\iint\limits_{D} \mu(x,y)\,\mathrm{d}\sigma}, \quad \bar{y} = \frac{M_x}{M} = \frac{\iint\limits_{D} y\mu(x,y)\,\mathrm{d}\sigma}{\iint\limits_{D} \mu(x,y)\,\mathrm{d}\sigma}.$$

特别地,如果薄片是均匀的(即 $\mu(x,y) = $ 常数),则

$$\bar{x} = \frac{1}{\sigma}\iint\limits_{D} x\,\mathrm{d}\sigma, \quad \bar{y} = \frac{1}{\sigma}\iint\limits_{D} y\,\mathrm{d}\sigma.$$

其中 σ 表示区域 D 的面积,$\sigma = \iint\limits_{D}\mathrm{d}\sigma$.

例 4 求位于两圆 $r = 2\sin\theta$ 和 $r = 4\sin\theta$ 之间均匀薄片的重心.

解 如图 10-36 所示,闭区域 D 关于 y 轴对称,所以重心 $C(\bar{x}, \bar{y})$ 必位于 y 轴上,于是 $\bar{x} = 0$,再按公式 $\bar{y} = \frac{1}{\sigma}\iint\limits_{D} y\,\mathrm{d}\sigma$ 计算 $\bar{y}$.

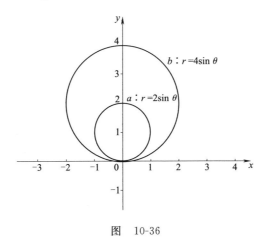

图 10-36

由于闭区域 D 位于半径为 1 与半径为 2 的两圆之间,所以它的面积等于这两圆的面积之差,即 $\sigma = 3\pi$,再利用极坐标计算积分

$$\iint\limits_{D} y\,\mathrm{d}\sigma = \iint\limits_{D} r^2\sin\theta\,\mathrm{d}r\mathrm{d}\theta = \int_0^\pi \sin\theta\,\mathrm{d}\theta \int_{2\sin\theta}^{4\sin\theta} r^2\,\mathrm{d}r$$

$$= \frac{56}{3}\int_0^\pi \sin^4\theta\,\mathrm{d}\theta = 7\pi,$$

因此 $\bar{y} = \frac{1}{\sigma}\iint\limits_{D} y\,\mathrm{d}\sigma = \frac{7\pi}{3\pi} = \frac{7}{3}$,所求的重心坐标为 $C\left(0, \frac{7}{3}\right)$.

习 题 10.4

1.求在 xOy 平面上由 $y=x^2$ 与 $y=4x-x^2$ 所围成的区域的面积.

2.求锥面 $z=\sqrt{x^2+y^2}$ 被柱面 $z^2=2x$ 所割下部分的曲面面积.

3.求半圆的重心.

第 11 章

曲线积分与曲面积分

二重积分与三重积分是把定积分的积分思想从数轴上推广到了平面区域或空间区域.若继续把定积分、重积分的思想引申到空间曲线和曲面上,便将产生曲线积分和曲面积分的概念.本章将简要介绍曲线积分与曲面积分的基本概念、基本性质以及基本计算方法.

11.1 对弧长的曲线积分

11.1.1 对弧长的曲线积分的概念

例 1 设有一条平面物质曲线 C_{AB},其线密度为 $\rho(x,y)$,求该物质曲线 C_{AB} 的质量 m.

解 如果物质曲线线密度为常量 ρ(即均匀分布的),那么该物质曲线 C_{AB} 的质量 m 就等于它的线密度 ρ 与弧长 s 的乘积.即 $m = \rho \cdot s$.

而所求的物质曲线,其线密度是非均匀分布的,线密度是一个变量,这样就不能直接应用质量公式了.

如何解决这一问题呢? 当线密度 $\rho(x,y)$ 是连续函数,考虑到当弧长很小时,曲线的线密度变化很小,可近似为常量,这时就可计算这小段弧长质量的近似值,这让我们联想到定积分与重积分的思想方法.

我们把定积分、重积分的思想方法用到解决这个问题上来,便有:

第一步 分割(化整为"零").

将物质曲线任意分割成 n 个小弧段,分别记为

$$\overset{\frown}{P_0 P_1}, \overset{\frown}{P_1 P_2}, \cdots, \overset{\frown}{P_{n-1} P_n}$$

并用 Δl_i 表示弧段 $\overset{\frown}{P_{i-1} P_i}$ 的弧长.

这样做的目的,是要把弧段分得很细,细到每一段曲线可以近似地看成密度分布是均匀的,如图 11-1 所示.

第二步 近似("零"取近似).

在每一个弧段上任取一点 $(\xi_i, \eta_i) \in \overset{\frown}{P_{i-1}P_i}$,作乘积 $\rho(\xi_i, \eta_i) \cdot \Delta l_i$,于是这一小弧段的质量 Δm_i 近似为 $\rho(\xi_i, \eta_i)\Delta l_i$,即 $\Delta m_i \approx \rho(\xi_i, \eta_i)\Delta l_i$.

第三步 求和(聚"零"为整).

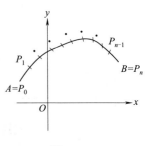

图 11-1

既然每一个小弧段的质量 $\Delta m_i \approx \rho(\xi_i, \eta_i)\Delta l_i$,于是整个曲线弧 C_{AB} 的质量 $\sum\limits_{i=1}^{n} \Delta m_i \approx \sum\limits_{i=1}^{n} \rho(\xi_i, \eta_i)\Delta l_i$.

第四步 取极限(整后求精).

前面的和式毕竟是一个近似值,每个小弧段的弧长越小,近似程度越好.当最长的弧长趋于零的时候,和式的极限就是要求的物质曲线的质量.

$$\text{令 } \lambda = \max\{\Delta l_i \mid i = 1, 2, \cdots, n\} \to 0 \text{ 时,则 } m = \lim_{\lambda \to 0} \sum_{i=1}^{n} \rho(x_i, y_i)\Delta l_i.$$

上述作法和定积分、重积分的思想方法是完全一致的,所不同的是积分范围与表达形式不同.

当曲线上每一点处都具有切线,且切线随切点的移动而连续转动,这样的曲线称为**光滑曲线**.本章所遇到的曲线弧均为光滑或逐段光滑的.

将例 1 方法抽象出来,便形成下面的第一型曲线积分的概念:

定义 1 设 L 是 xOy 平面内的一条光滑曲线弧,函数 $f(x,y)$ 在 L 上有界,如果把 L 任意分成 n 个子弧段 $\overset{\frown}{P_{i-1}P_i}(i=1,2,\cdots,n)$,设第 i 个子弧段的弧长为 Δs_i,在这个子弧段上任取一点 (ξ_i, η_i),作乘积 $f(\xi_i, \eta_i)\Delta s_i$,并求和 $\sum\limits_{i=1}^{n} f(\xi_i, \eta_i)\Delta s_i$,当各子弧段的弧长的最大值 $\lambda \to 0$ 时,和式 $\lim\limits_{\lambda \to 0} \sum\limits_{i=1}^{n} f(\xi_i, \eta_i)\Delta s_i$ 的极限存在,且极限值与弧 L 的分割方法及点 (ξ_i, η_i) 的取法无关,则称这个极限为函数 $f(x,y)$ 在曲线弧 L 上**对弧长的曲线积分**(或**第一类曲线积分**),记作

$$\int_L f(x,y)\mathrm{d}s = \lim_{\lambda \to 0} \sum_{i=1}^{n} f(\xi_i, \eta_i)\Delta s_i.$$

其中 $f(x,y)$ 称为**被积函数**;L 称为**积分弧段**(或**积分路径**).当积分弧段为封闭曲线时,常在积分号上加一个圆圈,记为 $\oint_L f(x,y)\mathrm{d}s$.

既然 $\int_L f(x,y)\mathrm{d}s$ 是一个极限值,就有一个是否存在极限的问题.下面简要叙述一个结论:当 $f(x,y)$ 在光滑曲线弧 L 上连续时, $\int_L f(x,y)\mathrm{d}s$ 一定存在.

根据上述定义,例 1 中曲线弧 L 的质量 $m = \int_L \rho(x,y)\mathrm{d}s$.

11.1.2　对弧长的曲线积分的性质

(1)若 L 可分成两段光滑曲线弧 L_1 及 L_2,则

$$\int_L f(x,y)\mathrm{d}s = \int_{L_1} f(x,y)\mathrm{d}s + \int_{L_2} f(x,y)\mathrm{d}s;$$

(2) $\int_L \left[f(x,y) \pm g(x,y) \right]\mathrm{d}s = \int_L f(x,y)\mathrm{d}s \pm \int_L g(x,y)\mathrm{d}s;$

(3) $\int_L kf(x,y)\mathrm{d}s = k\int_L f(x,y)\mathrm{d}s$ (k 为常数).

(4)若 $L_1 = \overrightarrow{AB}, L_2 = \overrightarrow{BA}$,则 $\int_{L_1} f(x,y)\mathrm{d}s = \int_{L_2} f(x,y)\mathrm{d}s$. 也就是说,对弧长的曲线积分仅与积分弧段本身的形状与方位有关,而与积分弧段的方向无关.

(5)设 在 L 上 $f(x,y) \leqslant g(x,y)$,则 $\int_L f(x,y)\mathrm{d}s \leqslant \int_L g(x,y)\mathrm{d}s.$

特别地,有 $\left| \int_L f(x,y)\mathrm{d}s \right| \leqslant \int_L |f(x,y)|\mathrm{d}s.$

将以上概念推广到空间曲线 L,便得到函数 $f(x,y,z)$ 在空间曲线弧 L 上对弧长的曲线积分

$$\int_L f(x,y,z)\mathrm{d}s = \lim_{\lambda \to 0} \sum_{i=1}^{n} f(\xi_i,\eta_i,\zeta_i)\Delta s_i.$$

11.1.3　对弧长的曲线积分的计算

定理 1　设 $f(x,y)$ 在平面曲线弧 L 上有定义且连续,L 的参数方程为 $\begin{cases} x = \varphi(t) \\ y = \psi(t) \end{cases}$ ($\alpha \leqslant t \leqslant \beta$),其中 $\varphi(t), \psi(t)$ 在 $[\alpha,\beta]$ 上具有一阶连续导数,且 $\varphi'^2(t) + \psi'^2(t) \neq 0$,则曲线积分 $\int_L f(x,y)\mathrm{d}s$ 存在,且

$$\int_L f(x,y)\mathrm{d}s = \int_\alpha^\beta f\left[\varphi(t),\psi(t)\right] \cdot \sqrt{\varphi'^2(t) + \psi'^2(t)}\,\mathrm{d}t. \tag{11.1}$$

式(11.1)在形式上是将曲线积分中 $\int_L f(x,y)\mathrm{d}s$ 的变量 x, y 都用参数 t 替换而得到的,

其中弧微分 $ds = \sqrt{\varphi'^2(t) + \psi'^2(t)}\, dt$.

特别地,当 $f(x,y) = 1$ 时,$\int_L f(x,y)ds$ 表示曲线弧 L 的弧长.

如果平面曲线弧 L 的方程为 $y = g(x)$ $(a \leqslant x \leqslant b)$,$g(x)$ 在 $[a,b]$ 上有连续的导数,把线弧 L 的方程 $y = f(x)$ 化作参数方程 $\begin{cases} x = x \\ y = g(x) \end{cases}$ $(a \leqslant x \leqslant b)$,根据式(11.1),即可得到

$$\int_L f(x,y)ds = \int_a^b f[x, g(x)] \cdot \sqrt{1 + g'^2(x)}\, dx; \tag{11.2}$$

同理,如果平面曲线弧 L 的方程为 $x = g(y)$ $(c \leqslant y \leqslant d)$,$g(y)$ 在 $[c,d]$ 上有连续的导数,则

$$\int_L f(x,y)ds = \int_c^d f[h(y), y] \cdot \sqrt{1 + h'^2(y)}\, dy. \tag{11.3}$$

式(11.1)可推广到空间曲线 L 上.

若空间曲线 L 的参数方程 $\begin{cases} x = \varphi(t) \\ y = \psi(t) \\ z = \omega(t) \end{cases}$ $(\alpha \leqslant t \leqslant \beta)$,其中 $\varphi(t), \psi(t), \omega(t)$ 在 $[\alpha, \beta]$ 上有

一阶连续导数,且 $\varphi'^2(t) + \psi'^2(t) + \omega'^2(t) \neq 0$,则

$$\int_L f(x,y,z)ds = \int_\alpha^\beta f[\varphi(t), \psi(t), \omega(t)] \cdot \sqrt{\varphi'^2(t) + \psi'^2(t) + \omega'^2(t)}\, dt. \tag{11.4}$$

从以上的这些公式中可以看到,计算曲线积分的关键在于清楚积分弧段 L 的参数方程及其中的参数的变化范围.

例 2 计算 $\int_L \sqrt{y}\, ds$. (1)L 是抛物线 $y = x^2$ 上原点与点 $B(1,1)$ 之间的一段弧,如图 11-2 所示;(2)L 由折线 OAB 组成.

解 (1)L 的方程为 $y = x^2$ $(0 \leqslant x \leqslant 1)$,根据式(11.2)

$$\int_L \sqrt{y}\, ds = \int_0^1 \sqrt{x^2} \sqrt{1 + (x^2)'^2}\, dx$$

$$= \int_0^1 x\sqrt{1 + 4x^2}\, dx = \frac{1}{12}(5\sqrt{5} - 1).$$

(2) 在 OA 上,$y = 0$,$ds = dx$,

$$\int_{L_1} \sqrt{y}\, ds = \int_0^1 \sqrt{0}\, dx = 0.$$

在 AB 上,$x = 1$,$ds = dy$,$0 \leqslant y \leqslant 1$,所以

$$\int_{L_2} \sqrt{y}\, ds = \int_0^1 \sqrt{y}\, dy = \frac{2}{3},$$

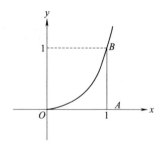

图 11-2

故

$$\int_L \sqrt{y}\,\mathrm{d}s = \int_{L_1} \sqrt{y}\,\mathrm{d}s + \int_{L_2} \sqrt{y}\,\mathrm{d}s = \frac{2}{3}.$$

例 3　计算 $\int_L xy\,\mathrm{d}s$，其中 L 是 $x^2+y^2=R^2$ 的上半圆周，如图 11-3 所示.

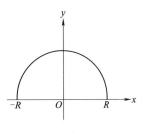

图　11-3

解　L 的参数方程为 $x=R\cos\theta,y=R\sin\theta,0\leqslant\theta\leqslant\pi$，于是

$$\int_L xy\,\mathrm{d}s = \int_0^\pi R\cos\theta R\sin\theta\ \sqrt{(R\cos\theta)'^2+(R\sin\theta)'^2}\,\mathrm{d}\theta$$

$$= R^3\int_0^\pi \cos\theta\sin\theta\,\mathrm{d}\theta = 0.$$

例 4　计算 $\int_L x\,|\,y\,|\,\mathrm{d}s$，其中 L 是椭圆 $x=a\cos t,y=b\sin t\,(a>b>0)$ 的右半部分 $(x\geqslant 0$ 部分$)$，如图 11-4 所示.

解　L 方程中的参数 t 的范围为 $\left[-\dfrac{\pi}{2},\dfrac{\pi}{2}\right]$，所以

$$\int_L x\,|\,y\,|\,\mathrm{d}s = \int_{-\frac{\pi}{2}}^{\frac{\pi}{2}} a\cos t\,|\,b\sin t\,|\sqrt{(a\cos t)'^2+(b\sin t)'^2}\,\mathrm{d}t$$

$$= 2\int_0^{\frac{\pi}{2}} ab\cos t\sin t\sqrt{a^2\sin^2 t+b^2\cos^2 t}\,\mathrm{d}t$$

$$= 2\int_0^{\frac{\pi}{2}} ab\cos t\sin t\sqrt{a^2-(a^2-b^2)\cos^2 t}\,\mathrm{d}t$$

$$= \frac{2ab}{3(a+b)}(a^2+ab+b^2).$$

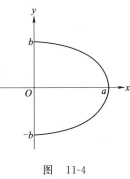

图　11-4

例 5　设螺旋形弹簧一圈的方程为 $x=a\cos t,y=a\sin t,z=kt$，其中 $0\leqslant t\leqslant 2\pi$，它的线密度为 $\rho(x,y,z)=x^2+y^2+z^2$，求螺旋形弹簧的质量 m.

解　$m = \displaystyle\int_L \rho(x,y,z)\,\mathrm{d}s = \int_L (x^2+y^2+z^2)\,\mathrm{d}s$

$$= \int_0^{2\pi} \left[(a\cos t)^2+(a\sin t)^2+(kt)^2\right]\cdot\sqrt{(a\cos t)'^2+(a\sin t)'^2+(kt)'^2}\,\mathrm{d}t$$

$$= \int_0^{2\pi} (a^2+k^2t^2)\sqrt{a^2+k^2}\,\mathrm{d}t = \sqrt{a^2+k^2}\left[a^2 t+\frac{k^2}{3}t^3\right]_0^{2\pi}$$

$$= \frac{2\pi}{3}\sqrt{a^2+k^2}(3a^2+4\pi^2k^2).$$

习 题 11.1

1.计算下列对弧长的曲线积分：

(1) $\oint_L x\,\mathrm{d}s$,其中 L 为由直线 $y=x$ 及抛物线 $y=x^2$ 所围成的区域的整个边界；

(2) $\displaystyle\int_L \frac{\mathrm{d}s}{x-y}$,$L$ 是连接点 $A(0,-2)$ 和 $B(4,0)$ 的直线段；

(3) $\displaystyle\int_L \sqrt{2y}\,\mathrm{d}s$,$L$ 是摆线 $x=a(t-\sin t),y=a(1-\cos t)$ $((a>0)$ 的第一拱；

(4) 求 $\oint_L \sqrt{x^2+y^2}\,\mathrm{d}s$,$L$ 是圆周 $x^2+y^2+2y=0$；

(5) $\displaystyle\int_L \frac{z^2}{x^2+y^2}\mathrm{d}s$,$L$ 是螺线 $x=a\cos t,y=a\sin t,z=at$ $(0\leqslant t\leqslant 2\pi)$；

(6) $\displaystyle\int_L (x+y)\mathrm{d}s$,$L$ 是以 $O(0,0),A(1,0)$ 和 $B(0,1)$ 为顶点的三角形；

(7) $\displaystyle\int_L x\,\mathrm{d}s$,$L$ 是双曲线 $xy=1$ 从点 $\left(\frac{1}{2},2\right)$ 到点 $(1,1)$ 的一段弧；

(8) $\displaystyle\int_L xy^2z\,\mathrm{d}s$,$L$ 是折线 $ABCD$,这里 A,B,C,D 依次是点 $(0,0,0),(0,0,2),(0,1,2),(1,1,2)$.

2.若曲线 $x=\mathrm{e}^t\cos t,y=\mathrm{e}^t\sin t,z=\mathrm{e}^t$ 上任意点的密度与该点到原点距离的平方成反比,且在占 $(1,0,1)$ 处为1,度求曲线从对应于 $t=0$ 的点到 $t=2$ 的点间的弧的质量.

3.设曲线 $y=\ln x$ 上每一点的密度等于该点的横坐标的平方,求该曲线在 $x=1$ 与 $x=4$ 之间的一段弧的质量.

11.2 对坐标的曲线积分

11.2.1 对坐标的曲线积分的概念

例1 设有平面力场 $F(x,y)=P(x,y)\boldsymbol{i}+Q(x,y)\boldsymbol{j}$,其中 $P(x,y),Q(x,y)$ 是连续函数,一质点在力 $F(x,y)$ 的作用下,由点 A 沿光滑曲线 L 运动到点 B,求力场 $F(x,y)$ 对质点所作的功.

解 由 $F(x,y)=P(x,y)\boldsymbol{i}+Q(x,y)\boldsymbol{j}$ 可知,在质点的运动过程中,平面力场力 F 的大小与方向都会随着点的位置不同而发生变化.

我们知道,质点在常力 f 的作用下,沿直线方向位移 d 所作的功为

$$f \cdot d.$$

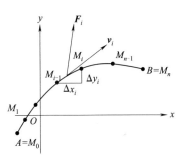

图　11-5

现在力 $F(x,y)$ 是变力,其大小与方向都在变化,且质点在曲线上运动,其运动方向也是变化的,这样就不能直接应用常力作功的公式了,如何来解决这一问题呢? 我们继续沿用前面介绍的积分思想来求解这一问题(见图 11-5):

第一步　分割(化整为"零").

把 L 任意分割成 n 个子弧段,分别记为 $\overset{\frown}{M_0 M_1}, \overset{\frown}{M_1 M_2}, \cdots, \overset{\frown}{M_{n-1} M_n}$,当分割的每段弧 $\overset{\frown}{M_{i-1} M_i}$ 的弧长充分小时,可以用 $\overrightarrow{M_{i-1} M_i} = (\Delta x_i)\mathbf{i} + (\Delta y_i)\mathbf{j}$ 来近似代替它.

第二步　近似("零"取近似).

在每一个小弧段 $\overset{\frown}{M_{i-1} M_i}$ 上任取一点 (ξ_i, η_i),作内积 $F(\xi_i, \eta_i) \cdot \overrightarrow{M_{i-1} M_i}$. 由于 $P(x,y), Q(x,y)$ 在 L 上连续,力 $F(x,y)$ 在子弧段 $\overset{\frown}{M_{i-1} M_i}$ 上的变化很小,因此可以认为力在弧段 $\overset{\frown}{M_{i-1} M_i}$ 上的大小和方向都是不变的,可用弧段 $\overset{\frown}{M_{i-1} M_i}$ 上任意一点 (ξ_i, η_i) 的力 $F(\xi_i, \eta_i) = P(\xi_i, \eta_i)\mathbf{i} + Q(\xi_i, \eta_i)\mathbf{j}$ 来表示. 这样场力沿子弧段 $\overset{\frown}{M_{i-1} M_i}$ 所作的功可以近似地看作常力沿 $\overrightarrow{M_{i-1} M_i}$ 所作的功: $\Delta W_i \approx F(\xi_i, \eta_i) \cdot \overrightarrow{M_{i-1} M_i}$,即 $\Delta W_i \approx P(\xi_i, \eta_i)\Delta x_i + Q(x_i, y_i)\Delta y_i$.

第三步　求和(聚"零"为整).

既然每一小弧段上变力作功的近似值已经求出,把它们累加起来,便得到变力在整段弧上所作功的近似值.

求和 $W = \sum\limits_{i=1}^n \Delta W_i \approx \sum\limits_{i=1}^n \left[P(\xi_i, \eta_i)\Delta x_i + Q(\xi_i, \eta_i)\Delta y_i \right]$.

第四步　取极限(整后求精).

令 λ 为 n 个子弧段的最大弧长,则

$$W = \lim_{\lambda \to 0} \sum_{i=1}^n \left[P(\xi_i, \eta_i)\Delta x_i + Q(\xi_i, \eta_i)\Delta y_i \right].$$

这就是要求的力场 $F(x,y)$ 对质点所作的功.

把上述问题从具体意义中抽象出来,用数学语言去描述它的话,就是下面将要介绍的对坐标的曲线积分.

定义 1 设 L 是 xOy 平面内的一条从点 A 到点 B 的有向光滑曲线弧，函数 $P(x,y)$ 与 $Q(x,y)$ 在 L 上有界，$\boldsymbol{F}(x,y)=(P(x,y),Q(x,y))$；

(1)将有向曲线 $\overrightarrow{AB}$ 任意分割成 n 个小有向弧段 $\overrightarrow{M_{i-1}M_i}(i=1,2,\cdots,n)$

(2)在每个子弧段 $\overrightarrow{M_{i-1}M_i}$ 上任取一点 (ξ_i,η_i)，作内积 $\boldsymbol{F}\cdot\overrightarrow{M_{i-1}M_i}$，其中，$\overrightarrow{M_{i-1}M_i}=(\Delta x_i,\Delta y_i)$；

(3)求和 $\sum\limits_{i=1}^{n}\boldsymbol{F}\cdot\overrightarrow{M_{i-1}M_i}$；

(4) 如果当各子弧段的弧长的最大值 $\lambda\to0$ 时，极限 $\lim\limits_{\lambda\to0}\sum\limits_{i=1}^{n}\boldsymbol{F}\cdot\overrightarrow{M_{i-1}M_i}$ 存在，并且极限与曲线的分割无关，与点 (ξ_i,η_i) 在 $\overrightarrow{M_{i-1}M_i}$ 上的选取无关，则称这个极限为向量函数 $\boldsymbol{F}(x,y)$ 沿有向曲线弧 $\overrightarrow{AB}$ 对坐标的曲线积分，记作

$$\int_L P(x,y)\mathrm{d}x+\int_L Q(x,y)\mathrm{d}y,$$

其中，$P(x,y)$ 与 $Q(x,y)$ 称为**被积函数**；L 称为**积分曲线**（或**积分路径**）. 对坐标的曲线积分又称为**第二类曲线积分**.

即 $\int_L P(x,y)\mathrm{d}x+\int_L Q(x,y)\mathrm{d}y=\lim\limits_{\lambda\to0}\sum\limits_{i=1}^{n}\left[P(\xi_i,\eta_i)\Delta x_i+Q(\xi_i,\eta_i)\Delta y_i\right]$，其中

$\int_L P(x,y)\mathrm{d}x=\lim\limits_{\lambda\to0}\sum\limits_{i=1}^{n}P(\xi_i,\eta_i)\Delta x_i$ 称为函数 $P(x,y)$ 在有向曲线弧 L 上对坐标 x 的曲线积分；

$\int_L Q(x,y)\mathrm{d}y=\lim\limits_{\lambda\to0}\sum\limits_{i=1}^{n}Q(\xi_i,\eta_i)\Delta y_i$ 称为函数 $Q(x,y)$ 在有向曲线 L 上对坐标 y 的曲线积分.

注意：为简便起见，$\int_L P(x,y)\mathrm{d}x+\int_L Q(x,y)\mathrm{d}y$ 常合并起来写成 $\int_L P(x,y)\mathrm{d}x+Q(x,y)\mathrm{d}y$ 的形式，也可以写作向量形式 $\int_L \boldsymbol{F}(x,y)\cdot\mathrm{d}\boldsymbol{r}$，其中 $\boldsymbol{F}(x,y)=P(x,y)\boldsymbol{i}+Q(x,y)\boldsymbol{j}$ 为向量值函数，$\mathrm{d}\boldsymbol{r}=\mathrm{d}x\boldsymbol{i}+\mathrm{d}y\boldsymbol{j}$.

例 1 中的力场沿曲线 L 所作的功为 $W=\int_L P(x,y)\mathrm{d}x+Q(x,y)\mathrm{d}y$.

若 L 为封闭曲线则记为 $\oint_L P(x,y)\mathrm{d}x+Q(x,y)\mathrm{d}y$.

当 $P(x,y)$ 与 $Q(x,y)$ 在光滑曲线弧 L 上连续时，$\int_L P(x,y)\mathrm{d}x$ 与 $\int_L Q(x,y)\mathrm{d}y$ 都存在.

11.2.2　对坐标的曲线积分的性质

（1）$L = L_1 + L_2$ 时，$\int_L P\mathrm{d}x + Q\mathrm{d}y = \int_{L_1} P\mathrm{d}x + Q\mathrm{d}y + \int_{L_2} P\mathrm{d}x + Q\mathrm{d}y$，此性质也称为积分弧段的可加性.

（2）设 L 为有向曲线弧，$-L$ 为与 L 方向相反的有向曲线弧，则

$$\int_{-L} P(x,y)\mathrm{d}x = -\int_L P(x,y)\mathrm{d}x, \int_{-L} Q(x,y)\mathrm{d}y = -\int_L Q(x,y)\mathrm{d}y.$$

注意：对坐标的曲线积分与对弧长的曲线积分对于积分曲线的方向要求是有区别的. 对坐标的曲线积分与曲线选定的方向有关，当有向曲线段改变方向时，对坐标的曲线积分值要变号；而在对弧长的曲线积分，与曲线的方向选择无关，即

$$\int_{-L} P(x,y)\mathrm{d}s = \int_L P(x,y)\mathrm{d}s.$$

上述定义可推广到空间有向光滑曲线弧 C 上：

$$\int_C P(x,y,z)\mathrm{d}x = \lim_{\lambda \to 0} \sum_{i=1}^{n} P(\xi_i, \eta_i, \zeta_i) \Delta x_i,$$

$$\int_C Q(x,y,z)\mathrm{d}y = \lim_{\lambda \to 0} \sum_{i=1}^{n} Q(\xi_i, \eta_i, \zeta_i) \Delta y_i,$$

$$\int_C R(x,y,z)\mathrm{d}z = \lim_{\lambda \to 0} \sum_{i=1}^{n} R(\xi_i, \eta_i, \zeta_i) \Delta z_i,$$

$$\int_C P(x,y,z)\mathrm{d}x + \int_C Q(x,y,z)\mathrm{d}y + \int_C R(x,y,z)\mathrm{d}z = \int_C P\mathrm{d}x + Q\mathrm{d}y + R\mathrm{d}z.$$

11.2.3　对坐标的曲线积分的计算

定理 1　设 xOy 平面上的有向光滑曲线 L 的参数方程为 $\begin{cases} x = \varphi(t) \\ y = \psi(t) \end{cases}$，当参数 t 单调地由 α 变到 β 时，曲线上相应的点由起点 A 运动到终点 B，若 $\varphi(t)$，$\psi(t)$ 在以 α 及 β 为端点的闭区间上具有一阶连续导数，且 $\varphi'^2(t) + \psi'^2(t) \neq 0$，函数 $P(x,y)$、$Q(x,y)$ 在 L 上连续，则曲线积分 $\int_L P(x,y)\mathrm{d}x + Q(x,y)\mathrm{d}y$ 存在，且

$$\int_L P(x,y)\mathrm{d}x + Q(x,y)\mathrm{d}y$$

$$= \int_\alpha^\beta \{ P[\varphi(t), \psi(t)]\varphi'(t) + Q[\varphi(t), \psi(t)]\psi'(t) \}\mathrm{d}t. \tag{11.5}$$

式（11.5）在形式上是将曲线积分 $\int_L P(x,y)\mathrm{d}x + Q(x,y)\mathrm{d}y$ 中的变量 x，y 都用曲线

L 的参数方程中的参数 t 替换,这里的 α 是曲线 L 的起点 A 所对应的参数值,β 是曲线 L 的终点 B 所对应的参数值,并不要求 $\alpha < \beta$.

若曲线 L 的方程为 $y = f(x)$,$x = a$ 时对应于 L 的起点,$x = b$ 对应于 L 的终点,则

$$\int_L P(x,y)\mathrm{d}x + Q(x,y)\mathrm{d}y = \int_a^b \{P[x,f(x)] + Q[x,f(x)]f'(x)\}\mathrm{d}x; \quad (11.6)$$

若曲线 L 的方程为 $x = g(y)$,$y = c$ 时对应于 L 的起点,$y = d$ 对应于 L 的终点,则

$$\int_L P(x,y)\mathrm{d}x + Q(x,y)\mathrm{d}y = \int_c^d \{P[g(y),y]g'(y) + Q[g(y),y]\}\mathrm{d}y. \quad (11.7)$$

同样,以上并不要求 $a < b, c < d$.

类似地,式 (11.5) 可推广到空间曲线 C 上对坐标的曲线积分的情形. 若空间曲线 L 的参数方程为 $x = \varphi(t)$,$y = \psi(t)$,$z = \omega(t)$,则

$$\int_C P(x,y,z)\mathrm{d}x + Q(x,y,z)\mathrm{d}y + R(x,y,z)\mathrm{d}z$$

$$= \int_\alpha^\beta \{P[\varphi(t),\psi(t),\omega(t)]\varphi'(t) + Q[\varphi(t),\psi(t),\omega(t)]\psi'(t) +$$

$$R[\varphi(t),\psi(t),\omega(t)]\omega'(t)\}\mathrm{d}t. \quad (11.8)$$

这里下限 α 为曲线 C 的起点所对应的参数值,上限 β 为曲线 C 的终点所对应的参数值.

例 2 计算 $\int_L y\mathrm{d}x + x\mathrm{d}y$,其中

(1)L 为抛物线 $y = x^2$ 上从点 $O(0,0)$ 到点 $B(1,1)$ 的一段弧;

(2)L 为抛物线 $x = y^2$ 上从点 $O(0,0)$ 到点 $B(1,1)$ 的一段弧;

(3)L 为折线 OAB,其中 $A(1,0)$.

如图 11-6 所示.

解 (1)L 的方程为 $y = x^2$,x 由 0 变到 1,所以

$$\int_L y\mathrm{d}x + x\mathrm{d}y = \int_0^1 [x^2 + x(x^2)']\mathrm{d}x$$

$$= \int_0^1 3x^2 \mathrm{d}x = 1;$$

(2)L 的方程为 $x = y^2$,y 由 0 变到 1,

于是 $\int_L y\mathrm{d}x + x\mathrm{d}y = \int_0^1 [y(y^2)' + y^2]\mathrm{d}y = \int_0^1 3y^2 \mathrm{d}y = 1$;

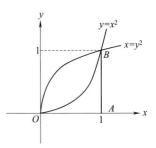

图 11-6

(3)在 OA 上,$y = 0$,$\mathrm{d}y = 0$,x 由 0 变到 1,于是 $\int_{OA} y\mathrm{d}x + x\mathrm{d}y = 0$;在 AB 上,$x = 1$,$\mathrm{d}x = 0$,y 由 0 变到 1,于是 $\int_{AB} y\mathrm{d}x + x\mathrm{d}y = \int_0^1 1\mathrm{d}y = 1$;所以

$$\int_L y\,\mathrm{d}x + x\,\mathrm{d}y = \int_{OA} y\,\mathrm{d}x + x\,\mathrm{d}y + \int_{AB} y\,\mathrm{d}x + x\,\mathrm{d}y = 1.$$

从这个例子可以看出,有的对坐标的曲线积分沿不同的路径,曲线积分仍相等.

例 3　计算 $\displaystyle\int_L xy\,\mathrm{d}x + y\,\mathrm{d}y$,其中:

(1)L 为抛物线 $y^2 = x$ 上从点 $A(1, -1)$ 到点 $B(1,1)$ 的一段弧;

(2)L 为从 A 到点 B 的直线段.

如图 11-7 所示.

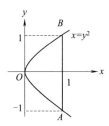

解　(1)**解法 1**　由 $y^2 = x$ 知 y 不是 x 的单值函数,因此不能运用式(11.6),但 x 是 y 的函数,可运用式(11.7),这里 $x = y^2$,y 从 -1 变到 1,于是

$$\int_L xy\,\mathrm{d}x + y\,\mathrm{d}y = \int_{-1}^{1}\left[y^2 \cdot y \cdot (y^2)' + y\right]\mathrm{d}y = 4\int_0^1 y^4\,\mathrm{d}y = \frac{4}{5}.$$

图　11-7

解法 2　当把曲线 L 分成 AO 与 OB 两部分时,在每一部分上 y 都是 x 的单值函数.在 AO 上 $y = -\sqrt{x}$,x 由 1 变到 0;在 OB 上,$y = \sqrt{x}$,x 由 0 变到 1.于是由积分弧段的可加性有

$$\begin{aligned}
\int_L xy\,\mathrm{d}x + y\,\mathrm{d}y &= \int_{AO} xy\,\mathrm{d}x + y\,\mathrm{d}y + \int_{OB} xy\,\mathrm{d}x + y\,\mathrm{d}y \\
&= \int_1^0 \left[x(-\sqrt{x}) + (-\sqrt{x})(-\sqrt{x})'\right]\mathrm{d}x + \int_0^1\left[x\sqrt{x} + \sqrt{x}(\sqrt{x})'\right]\mathrm{d}x \\
&= \int_1^0\left(-x^{\frac{3}{2}} + \frac{1}{2}\right)\mathrm{d}x + \int_0^1\left(x^{\frac{3}{2}} + \frac{1}{2}\right)\mathrm{d}x = \frac{4}{5}.
\end{aligned}$$

(2)直线 AB 的方程为 $x = 1$,$\mathrm{d}x = 0$,y 从 -1 到 1,于是

$$\int_L xy\,\mathrm{d}x + y\,\mathrm{d}y = \int_{-1}^{1} y\,\mathrm{d}y = 0.$$

从这个例子可以看出,对坐标的曲线积分沿不同的路径,曲线积分不一定相等.

例 4　计算 $\displaystyle\int_C x\,\mathrm{d}x + y\,\mathrm{d}y + (x+y)\,\mathrm{d}z$,其中 C 是从点 $A(1, 1,1)$ 到点 $B(2,0,3)$ 的直线段(见图 11-8).

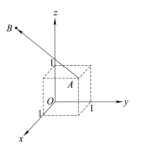

解　直线 AB 的方程为

$$\frac{x-1}{1} = \frac{y-1}{-1} = \frac{z-1}{2},$$

它的参数方程为

$$x = 1 + t, \quad y = 1 - t, \quad z = 1 + 2t.$$

图　11-8

$t = 0$ 对应起点 A,$t = 1$ 对应终点 B,于是

$$\int_C x\,\mathrm{d}x + y\mathrm{d}y + (x+y)\mathrm{d}z$$

$$= \int_0^1 \left[(1+t)(1+t)' + (1-t)(1-t)' + (1+t+1-t))(1+2t)'\right]\mathrm{d}t$$

$$= \int_0^1 (2t+4)\,\mathrm{d}t = 5.$$

11.2.4 两类曲线积分之间的关系

在满足定理 1 的条件下,有向曲线弧 L 在参数 t 处的切向量为 $(\varphi'(t), \psi'(t))$,它的方向余弦为 $\cos\alpha = \dfrac{\varphi'(t)}{\sqrt{\varphi'^2(t)+\psi'^2(t)}}, \cos\beta = \dfrac{\psi'(t)}{\sqrt{\varphi'^2(t)+\psi'^2(t)}},$

L 的弧微分为 $\mathrm{d}s = \sqrt{\varphi'^2(t)+\psi'^2(t)}\,\mathrm{d}t$,由定理 1 有

$$\int_L P(x,y)\mathrm{d}x + Q(x,y)\mathrm{d}y = \int_\alpha^\beta \{P[\varphi(t),\psi(t)]\varphi'(t) + Q[\varphi(t),\psi(t)]\psi'(t)\}\mathrm{d}t$$

$$= \int_\alpha^\beta \left\{ P[\varphi(t),\psi(t)]\frac{\varphi'(t)}{\sqrt{\varphi'^2(t)+\psi'^2(t)}} + \right.$$

$$\left. Q[\varphi(t),\psi(t)]\frac{\psi'(t)}{\sqrt{\varphi'^2(t)+\psi'^2(t)}} \right\} \sqrt{\varphi'^2(t)+\psi'^2(t)}\,\mathrm{d}t$$

$$= \int_L [P(x,y)\cos\alpha + Q(x,y)\cos\beta]\mathrm{d}s.$$

因此,平面曲线 L 的两类曲线积分之间有如下关系:

$$\int_L [P(x,y)\cos\alpha + Q(x,y)\cos\beta]\mathrm{d}s = \int_L P(x,y)\mathrm{d}x + Q(x,y)\mathrm{d}y. \qquad (11.9)$$

其中 $\cos\alpha, \cos\beta$ 为有向曲线弧 L 上点 (x,y) 处的切向量的方向余弦. 即

$$\int_L \boldsymbol{F} \cdot \boldsymbol{\tau}\mathrm{d}s = \int_L P(x,y)\mathrm{d}x + Q(x,y)\mathrm{d}y,$$

其中 $\boldsymbol{\tau} = (\cos\alpha, \cos\beta)$.

类似地,空间曲线 C 上的两类曲线积分之间有类似关系:

$$\int_C (P,Q,R) \cdot (\cos\alpha, \cos\beta, \cos\gamma)\mathrm{d}s = \int_C P\mathrm{d}x + Q\mathrm{d}y + R\mathrm{d}z,$$

其中 $\cos\alpha, \cos\beta, \cos\gamma$ 为有向曲线弧 C 上点 (x,y,z) 处的切向量的方向余弦.

习 题 11.2

1. 计算 $\displaystyle\int_L (x+y)\mathrm{d}x + (y-x)\mathrm{d}y$,其中 L 为:

(1)抛物线 $x=y^2$ 上从点 $(1,1)$ 到点 $(4,2)$ 的一段弧;

(2)从点 $(1,1)$ 到点 $(4,2)$ 的直线段;

(3)从点 $(1,1)$ 到点 $(1,2)$,再沿直线到 $(4,2)$ 的折线段.

2.计算 $\displaystyle\int_L (2-y)\mathrm{d}x + x\mathrm{d}y$,其中 L 为摆线 $x=t-\sin t, y=1-\cos t$ 的第一拱弧,其方向是 t 增加的方向.

3.计算 $\displaystyle\int_C x\mathrm{d}x + y\mathrm{d}y + (x+y-1)\mathrm{d}z$,其中 C 为从点 $(1,1,1)$ 到点 $(3,2,4)$ 的直线段.

4.计算 $\displaystyle\oint_L -y\mathrm{d}x + x\mathrm{d}y$,其中 L 为由 $x=y,x=1$ 及 $y=0$ 所围成的三角形闭路,逆时针方向.

5.计算 $\displaystyle\int_C (y^2-z^2)\mathrm{d}x + 2yz\mathrm{d}y - x^2\mathrm{d}z$,$C$ 为弧段 $x=t, y=t^2, z=t^3 (0 \leqslant t \leqslant 1)$,依 t 增加的方向.

6.计算 $\displaystyle\int_L y^2\mathrm{d}x + 2xy\mathrm{d}y$,其中 L 是:

(1)按逆时针方向沿上半椭圆的曲线段: $\dfrac{x^2}{4} + \dfrac{y^2}{9} = 1$;

(2)按顺时针方向沿下半椭圆的曲线段: $\dfrac{x^2}{4} + \dfrac{y^2}{9} = 1$;

(3)从点 $(2,0)$ 到 $(-2,0)$ 的直线段.

7.一力场由与 i 方向相同且模为 a 的常力构成,一质点从点 $(0,R)$ 沿圆周 $x^2+y^2=R^2$ 的第一象限部分运动到点 $(R,0)$,求力场所作的功.

11.3　格林公式及其应用

11.3.1　格林公式

在一元函数积分学中,牛顿-莱布尼茨公式: $\displaystyle\int_a^b F'(x)\mathrm{d}x = F(b) - F(a)$ 给出了函数 $f(x) = F'(x)$ 在闭区间 $[a,b]$ 上的定积分与它的原函数 $F(x)$ 在闭区间端点的函数值之间的关系.同样地,下面要介绍的格林公式给出了平面有界闭区域上的二重积分与沿该区域边界曲线的对坐标的曲线积分之间的关系.

下面先介绍有关平面区域的一些基本概念.

设 D 为平面区域,如果 D 内任一闭曲线所围的部分都属于 D,则称 D 为单连通域,否则称为复连通域.如图 11-9 所示的区域是单连通域,如图 11-10 所示的区域是复连通域(也称多连通区域).

规定平面区域 D 的边界曲线 L 的正向如下:当观察者沿 L 的某个方向行走时,区域 D 总在其左侧,观测者前行的方向为正向.如图 11-11 所示,逆时针方向为 L 的正向.

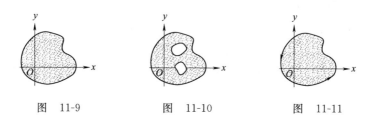

图 11-9　　　　　图 11-10　　　　　图 11-11

定理 1 （**格林公式**）设平面闭区域 D 由分段光滑的曲线 L 围成,若函数 $P(x,y)$ 及 $Q(x,y)$ 在 D 上具有一阶连续偏导数,则

$$\iint\limits_{D}(\frac{\partial Q}{\partial x}-\frac{\partial P}{\partial y})\mathrm{d}x\,\mathrm{d}y=\oint_{L^{+}}P\mathrm{d}x+Q\mathrm{d}y \tag{11.10}$$

其中 L^{+} 是 D 的正向边界曲线.

证明时,只要按曲线积分和二重积分的计算方法,分别将它们化为定积分,即可证得.这里从略.

在式(11.10)中取 $P=-y,Q=x$,可得 $2\iint\limits_{D}\mathrm{d}x\,\mathrm{d}y=\oint_{L^{+}}x\mathrm{d}y-y\mathrm{d}x$,上式左端为闭区域 D 的面积 A 的两倍,因此计算有界闭区域的 D 面积的公式为

$$A=\frac{1}{2}\oint_{L^{+}}x\mathrm{d}y-y\mathrm{d}x. \tag{11.11}$$

例 1 计算星形线 $x=a\cos^3 t, y=a\sin^3 t$ 所围图形的面积.

解 由式(11.11)得

$$A=\frac{1}{2}\oint_{L^{+}}x\mathrm{d}y-y\mathrm{d}x$$

$$=\frac{1}{2}\int_{0}^{2\pi}[a\cos^3 t\cdot 3a\sin^2 t\cos t-a\sin^3 t\cdot 3a\cos^2 t(-\sin t)]\mathrm{d}t$$

$$=\frac{3a^2}{2}\int_{0}^{2\pi}\sin^2 t\cos^2 t\,\mathrm{d}t=\frac{3}{8}\pi a^2.$$

例 2 计算 $\oint_{L}xy^2\mathrm{d}y-x^2 y\mathrm{d}x$,$L$ 是沿圆周 $x^2+y^2=2x$ 的正向闭路(见图 11-12).

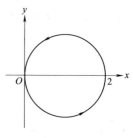

图 11-12

解　$P=-x^2y,Q=xy^2$，则

$$\frac{\partial Q}{\partial x}-\frac{\partial P}{\partial y}=y^2+x^2.$$

根据格林式（11.10）有

$$\oint_L xy^2\,\mathrm{d}y-x^2y\mathrm{d}x$$

$$=\iint_D\left(\frac{\partial Q}{\partial x}-\frac{\partial P}{\partial y}\right)\mathrm{d}x\,\mathrm{d}y=\iint_D(x^2+y^2)\,\mathrm{d}x\,\mathrm{d}y,$$

其中 D 为 $x^2+y^2\leqslant 2x$，利用二重积分的方法，得

$$\oint_L xy^2\,\mathrm{d}y-x^2y\mathrm{d}x=\iint_D(x^2+y^2)\,\mathrm{d}x\,\mathrm{d}y=\int_{-\frac{\pi}{2}}^{\frac{\pi}{2}}\mathrm{d}\theta\int_0^{2\cos\theta}r^3\mathrm{d}r=\frac{3}{2}\pi.$$

11.3.2　平面曲线积分与路径无关的条件

从定义我们知道，曲线积分的值与被积函数与积分的路径有关，但也有特殊情形，如重力对物体作的功只与起点、终点位置有关，与物体移动的路径无关；再如本章 11.2 节中的例 2 等，那么在什么条件下，会出现这种情形呢？

要研究这个问题，首先要明确什么叫曲线积分 $\displaystyle\int_L P\mathrm{d}x+Q\mathrm{d}y$ 与路径无关.

定义 1　（曲线积分与路径无关）设 D 是 xOy 平面上的一个开区域，$P(x,y)$ 以及 $Q(x,y)$ 在 D 内具有一阶连续偏导数，如果对 D 内任意两点 A 与 B，以及 D 内从点 A 连接到点 B 的任意两条光滑曲线 L_1,L_2，恒有 $\displaystyle\int_{L_1}P\mathrm{d}x+Q\mathrm{d}y=\int_{L_2}P\mathrm{d}x+Q\mathrm{d}y$，则称曲线积分 $\displaystyle\int_L P\mathrm{d}x+Q\mathrm{d}y$ 在 D 内**与路径无关**，如图 11-13 所示.

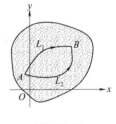

图　11-13

在定义中，若曲线积分 $\displaystyle\int_L P\mathrm{d}x+Q\mathrm{d}y$ 在 D 内与路径无关，则

$$\int_{L_1}P\mathrm{d}x+Q\mathrm{d}y=\int_{L_2}P\mathrm{d}x+Q\mathrm{d}y,$$

而

$$\int_{L_2}P\mathrm{d}x+Q\mathrm{d}y=-\int_{-L_2}P\mathrm{d}x+Q\mathrm{d}y,$$

所以

$$\int_{L_1+(-L_2)}P\mathrm{d}x+Q\mathrm{d}y=\int_{L_1}P\mathrm{d}x+Q\mathrm{d}y+\int_{-L_2}P\mathrm{d}x+Q\mathrm{d}y=0,$$

这里 $L_1+(-L_2)$ 是一条有向闭曲线. 因此，若曲线积分 $\displaystyle\int_L P\mathrm{d}x+Q\mathrm{d}y$ 在 D 内与路径无关，则在 D 内沿任意一条闭曲线的曲线积分为零；反之，若在 D 内沿任意一条闭曲线的

曲线积分为零,容易推得曲线积分 $\int_L P\mathrm{d}x + Q\mathrm{d}y$ 在 D 内与路径无关.

定理 2 设开区域 D 是一个单连通域,函数 $P(x,y)$ 以及 $Q(x,y)$ 在 D 内具有一阶连续偏导数,则在 D 内曲线积分 $\int_L P\mathrm{d}x + Q\mathrm{d}y$ 与路径无关的充分必要条件是在 D 内沿任一闭曲线积分 $\oint_L P\mathrm{d}x + Q\mathrm{d}y$ 为零.

定理 3 设开区域 D 是一个单连通域,函数 $P(x,y)$ 以及 $Q(x,y)$ 在 D 内具有一阶连续偏导数,则曲线积分 $\int_L P\mathrm{d}x + Q\mathrm{d}y$ 在 D 内与路径无关的充要条件是等式

$$\frac{\partial P}{\partial y} = \frac{\partial Q}{\partial x} \tag{11.12}$$

在 D 内恒成立.

证明 先证充分性.设已知在域 D 内任何一点均有式(11.12)成立,要证明曲线积分 $\int_L P\mathrm{d}x + Q\mathrm{d}y$ 在 D 内与路径无关,根据定理2,即是要证明在 D 内任一条闭曲线 L' 上有 $\oint_{L'} P\mathrm{d}x + Q\mathrm{d}y = 0$.由于 D 是一个单连通域,所以闭曲线 L' 所围成的区域 D' 整个属于 D,于是在 D' 满足格林公式的条件且式(11.12)成立,即有 $\frac{\partial P}{\partial y} - \frac{\partial Q}{\partial x} = 0$.

应用格林公式,有 $\oint_{L'} P\mathrm{d}x + Q\mathrm{d}y = \iint_{D'} \left(\frac{\partial Q}{\partial x} - \frac{\partial P}{\partial y}\right) \mathrm{d}x\,\mathrm{d}y = 0$.

所以在 D 内曲线积分 $\int_L P\mathrm{d}x + Q\mathrm{d}y$ 在 D 内与路径无关.

再证必要性:设曲线积分 $\int_L P\mathrm{d}x + Q\mathrm{d}y$ 在 D 内与路径无关,根据定理2则沿 D 内任意闭曲线的曲线积分为零,现在要证明式(11.12)在 D 内恒成立.

用反证法,设在域 D 内存在点 M_0 使 $\frac{\partial P}{\partial y} \neq \frac{\partial Q}{\partial x}$,不妨假定 $\left(\frac{\partial Q}{\partial x} - \frac{\partial P}{\partial y}\right)_{M_0} < 0$,由于 $\frac{\partial Q}{\partial x}, \frac{\partial P}{\partial y}$ 的连续性,在 D 内必有一个以 M_0 为中心的小圆域 K,使得 $\frac{\partial Q}{\partial x} - \frac{\partial P}{\partial y} < 0$,设小圆域 K 的正向边界曲线为 C,于是由格林公式及二重积分的性质有 $\oint_C P\mathrm{d}x + Q\mathrm{d}y = \iint_K \left(\frac{\partial Q}{\partial x} - \frac{\partial P}{\partial y}\right) \mathrm{d}x\,\mathrm{d}y < 0$,这与沿 D 内任意闭曲线的曲线积分为零的假设矛盾,所以在 D 内必有 $\frac{\partial P}{\partial y} - \frac{\partial Q}{\partial x} = 0$.

在满足定理 3 的条件下,计算曲线积分时可以选择与积分路径有相同起点与终点的简便路径来计算.

例 3　计算 $\int_L (1+xe^{2y})\mathrm{d}x+(x^2e^{2y}-y^2)\mathrm{d}y$,其中 L 是从点 $O(0,0)$ 经圆周 $(x-2)^2+y^2=4$ 上半部到点 $A(4,0)$ 的弧段.

解　直接计算曲线积分比较难,先判断是否与积分路径无关.

这里 $P(x,y)=1+xe^{2y}$,$Q(x,y)=x^2e^{2y}-y^2$,$P(x,y)$ 与 $Q(x,y)$ 在全平面上有一阶连续偏导数,且有 $\dfrac{\partial Q}{\partial x}=2xe^{2y}=\dfrac{\partial P}{\partial y}$,该曲线积分与积分路径无关.

为便于计算,取直线段 OA 作为积分路径. 于是

$$\int_L (1+xe^{2y})\mathrm{d}x+(x^2e^{2y}-y^2)\mathrm{d}y$$
$$=\int_{OA}(1+xe^{2y})\mathrm{d}x+(x^2e^{2y}-y^2)\mathrm{d}y$$
$$=\int_0^4 (1+x)\mathrm{d}x=12.$$

例 4　计算 $I=\oint_L \dfrac{x\mathrm{d}y-y\mathrm{d}x}{x^2+y^2}$,其中 L 为:

(1)任一简单闭曲线,该闭曲线包围的区域不包含原点;

(2)以原点为圆心的任一圆周(取正向).

如图 11-14 所示.

解　这里 $P(x,y)=\dfrac{-y}{x^2+y^2}$,$Q(x,y)=\dfrac{x}{x^2+y^2}$,

$\dfrac{\partial Q}{\partial x}=\dfrac{y^2-x^2}{(x^2+y^2)^2}=\dfrac{\partial P}{\partial y}$,且 $P(x,y)$ 与 $Q(x,y)$ 在不含原点的任意一个有界闭区域内具有一阶连续偏导数.

(1)由定理 3 知,这个曲线积分与路径无关,所以

$$I=\oint_L \dfrac{x\mathrm{d}y-y\mathrm{d}x}{x^2+y^2}=0.$$

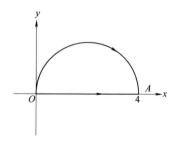

图　11-14

(2)由这一圆周所包围的区域内含有原点,$P(x,y)=\dfrac{-y}{x^2+y^2}$ 在 $(0,0)$ 没有定义,因此不满足定理 3 及格林公式的条件,只能直接计算.

这一圆周 L 的参数方程为 $\begin{cases}x=r\cos\theta\\y=r\sin\theta\end{cases}(0\leqslant\theta\leqslant2\pi)$,则

$$I=\oint_L \dfrac{x\mathrm{d}y-y\mathrm{d}x}{x^2+y^2}=\int_0^{2\pi}\dfrac{r^2(\cos^2\theta+\sin^2\theta)}{r^2}\mathrm{d}\theta=2\pi.$$

11.3.3 二元函数的全微分求积

我们知道一个二元函数 $z=f(x,y)$ 的全微分 dz 具有如下形式:

$$P(x,y)dx+Q(x,y)dy.$$

现在要讨论相反的问题,就是一个表达式 $P(x,y)dx+Q(x,y)dy$ 在什么条件下是某一个函数的全微分,以及如何求出这个函数.

定义 2 若函数 $u(x,y)$ 使 $du(x,y)=P(x,y)dx+Q(x,y)dy$,则称函数 $u(x,y)$ 是表达式 $P(x,y)dx+Q(x,y)dy$ 的一个**原函数**.

定理 4 设开区域 D 是一个单连通域,函数 $P(x,y)$ 以及 $Q(x,y)$ 在 D 内具有一阶连续偏导数,则在 D 内 $P(x,y)dx+Q(x,y)dy$ 存在原函数的充分必要条件是等式 $\dfrac{\partial P}{\partial y}=\dfrac{\partial Q}{\partial x}$ 在 D 内恒成立.

证明 先证明必要性.设存在某一函数 $u(x,y)$,使得

$$du=P(x,y)dx+Q(x,y)dy$$

于是 $\dfrac{\partial u}{\partial x}=P(x,y)$,$\dfrac{\partial u}{\partial y}=Q(x,y)$,从而 $\dfrac{\partial P}{\partial y}=\dfrac{\partial^2 u}{\partial x\partial y}$,$\dfrac{\partial Q}{\partial x}=\dfrac{\partial^2 u}{\partial y\partial x}$ 由于函数 $P(x,y)$ 以及 $Q(x,y)$ 在 D 内具有一阶连续偏导数,所以 $\dfrac{\partial^2 u}{\partial x\partial y}$,$\dfrac{\partial^2 u}{\partial y\partial x}$ 连续,因而 $\dfrac{\partial^2 u}{\partial x\partial y}=\dfrac{\partial^2 u}{\partial y\partial x}$,即有 $\dfrac{\partial P}{\partial y}=\dfrac{\partial Q}{\partial x}$.

再证充分性.设等式 $\dfrac{\partial P}{\partial y}=\dfrac{\partial Q}{\partial x}$ 在 D 内恒成立,则由定理 3 知在 D 内以 $M_0(x_0,y_0)$ 为起点、$M(x,y)$ 为终点的曲线积分与路径无关,记这个曲线积分为 $\displaystyle\int_{(x_0,y_0)}^{(x,y)}P(x,y)dx+Q(x,y)dy$,当起点固定时,显然这个曲线积分是终点 (x,y) 的函数,于是记

$$u(x,y)=\int_{(x_0,y_0)}^{(x,y)}P(x,y)dx+Q(x,y)dy. \tag{11.13}$$

下面证明这个函数的全微分就是 $P(x,y)dx+Q(x,y)dy$.因为 $P(x,y)$,$Q(x,y)$ 是连续函数,因此只要证明 $\dfrac{\partial u}{\partial x}=P(x,y)$,$\dfrac{\partial u}{\partial y}=Q(x,y)$ 即可.

根据偏导数定义有 $\dfrac{\partial u}{\partial x}=\lim\limits_{h\to 0}\dfrac{u(x+h,y)-u(x,y)}{h}$,再由式(11.13)有

$$u(x+h,y)=\int_{(x_0,y_0)}^{(x+h,y)}P(x,y)dx+Q(x,y)dy,$$

由于曲线积分与路径无关,可取先从 M_0 到 M,再从 M 沿平行于 x 轴的直线段到 $N(x+h,y)$ 的路径(见图 11-15),

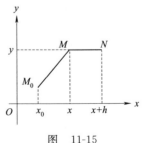

图 11-15

这样就有

$$u(x+h,y) = \int_{(x_0,y_0)}^{(x,y)} P(x,y)\mathrm{d}x + Q(x,y)\mathrm{d}y + \int_{(x,y)}^{(x+h,y)} P(x,y)\mathrm{d}x + Q(x,y)\mathrm{d}y$$

$$= u(x,y) + \int_{(x,y)}^{(x+h,y)} P(x,y)\mathrm{d}x + Q(x,y)\mathrm{d}y,$$

于是 $u(x+h,y) - u(x,y) = \int_{(x,y)}^{(x+h,y)} P(x,y)\mathrm{d}x + Q(x,y)\mathrm{d}y,$

又由于直线段 MN 的方程为：$y=$ 常数，有 $\mathrm{d}y=0$，因而由积分中值定理有

$$u(x+h,y) - u(x,y) = \int_x^{x+h} P(x,y)\mathrm{d}x = P(x+\theta h,y) \cdot h(0<\theta<1),$$

故有 $\dfrac{\partial u}{\partial x} = \lim\limits_{h\to 0}\dfrac{u(x+h,y)-u(x,y)}{h} = \lim\limits_{h\to 0} P(x+\theta h,y) = P(x,y),$

所以 $\dfrac{\partial u}{\partial x} = P(x,y).$

同理可证得：$\dfrac{\partial u}{\partial y} = Q(x,y).$

从上面定理证明过程中知道，$u(x,y) = \int_{(x_0,y_0)}^{(x,y)} P(x,y)\mathrm{d}x +$
$Q(x,y)\mathrm{d}y$ 的全微分就是 $P(x,y)\mathrm{d}x + Q(x,y)\mathrm{d}y.$ 由于曲线
积分与路径无关，为简便计算，可选择平行于坐标轴的直
线段连成的折线作为积分路径（见图 11-16）.

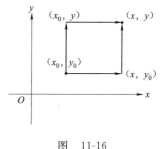

图　11-16

当取 $(x_0,y_0) \to (x,y_0) \to (x,y)$ 为积分路径时，可得

$$u(x,y) = \int_{x_0}^x P(x,y_0)\mathrm{d}x + \int_{y_0}^y Q(x,y)\mathrm{d}y;$$

当取 $(x_0,y_0) \to (x_0,y) \to (x,y)$ 为积分路径时，可得

$$u(x,y) = \int_{x_0}^x P(x,y)\mathrm{d}x + \int_{y_0}^y Q(x_0,y)\mathrm{d}y.$$

注意：如果原点在区域 D 内，一般取 $(x_0,y_0)=(0,0)$.

和一元函数类似，若 $P(x,y)\mathrm{d}x + Q(x,y)\mathrm{d}y$ 存在原函数，则它有无穷多个原函数，
且任意两个原函数之间相差一个常数.

对于常微分方程 $P(x,y)\mathrm{d}x + Q(x,y)\mathrm{d}y = 0$，如果方程左边存在原函数，则称此方
程为恰当方程. 显然，这个方程是恰当方程的充分必要条件是 $\dfrac{\partial P}{\partial y} = \dfrac{\partial Q}{\partial x}.$ 如果这个方程为
恰当方程，且 $u(x,y)$ 是它的一个原函数，则这个恰当方程的通解为 $u(x,y)=C.$

例 5　验证在整个 xOy 在平面内 $(x+2y)\mathrm{d}x + (2x+y)\mathrm{d}y$ 是存在原函数，并求出
一个原函数.

解 这里 $P(x,y)=x+2y,Q(x,y)=2x+y$,且 $\dfrac{\partial P}{\partial y}=2=\dfrac{\partial Q}{\partial x}$ 在整个 xOy 在平面内恒成立,因此在整个 xOy 平面内 $(x+2y)\mathrm{d}x+(2x+y)\mathrm{d}y$ 存在原函数.

$$u(x,y)=\int_{(0,0)}^{(x,y)}(x+2y)\mathrm{d}x+(2x+y)\mathrm{d}y=\int_0^x P(x,y)\mathrm{d}x+\int_0^y Q(0,y)\mathrm{d}y$$

$$=\int_0^x(x+2y)\mathrm{d}x+\int_0^y(2\times 0+y)\mathrm{d}y=\frac{1}{2}(x^2+y^2)+2xy.$$

对于常微分方程 $(x+2y)\mathrm{d}x+(2x+y)\mathrm{d}y=0$,由上面可知这个微分方程的通解为

$$\frac{1}{2}(x^2+y^2)+2xy=C \quad (C \text{ 为任意常数}).$$

习 题 11.3

1.利用格林公式计算下列各题:

(1) $\oint_L xy^2\mathrm{d}y-x^2y\mathrm{d}x$,其中 L 为圆 $x^2+y^2=1$ 的正向边界;

(2) $\oint_L(x+y)\mathrm{d}x+(x-y)\mathrm{d}y$,其中 L 是方程 $|x|+|y|=1$ 所围成的顺时针方向闭路;

(3) $\oint_L(2x-y+1)\mathrm{d}x+(x+3y)\mathrm{d}x$,其中 L 是以 $(0,0),(1,0),(1,2)$ 为顶点的三角形正向闭路;

(4) $\oint_L(2xy-x^2)\mathrm{d}x+(x+y^2)\mathrm{d}y$,其中 L 为由抛物线 $y=x^2$ 和 $y^2=x$ 所围成的区域的正向边界曲线.

2.利用积分与路径无关的条件,计算下列各题:

(1) $\int_L(x^2-y)\mathrm{d}x-(x+\sin^2 y)\mathrm{d}y$,其中 L 为在圆周 $y=\sqrt{2x-x^2}$ 上由点 $(0,0)$ 到点 $(1,1)$ 的一段弧;

(2) $\int_L(x^2+y^2)(x\mathrm{d}x+y\mathrm{d}y)$,其中 L 是从点 $(0,0)$ 经抛物线 $y=x^2$ 到点 $(1,1)$ 的弧段;

(3) $\int_L e^x(\cos y\mathrm{d}x-\sin y\mathrm{d}y)$,其中 L 是从点 $(0,0)$ 到点 (a,b) 的任意弧段.

3.利用曲线积分计算下列曲线所围成的面积:

(1)闭曲线 $x=2\cos t-\cos 2t,y=2\sin t-\sin 2t$;

(2)椭圆 $4x^2+16y^2=64$.

4.下列各式在整个 xOy 平面内是否为某函数的全微分？若是,求出一个原函数.

(1)$(x^2+2xy-y^2)\mathrm{d}x+(x^2-2xy-y^2)\mathrm{d}y$;

(2)$(2x\cos y-y^2\sin x)\mathrm{d}x+(2y\cos x-x^2\sin y)\mathrm{d}y$;

(3)$(x^2+y)\mathrm{d}x+(x-2y)\mathrm{d}y$.

11.4　对面积的曲面积分

11.4.1　对面积的曲面积分的概念

例 1　设 Σ 为面密度非均匀的物质曲面,其面密度为连续函数 $\rho(x,y,z)$,求其质量.

解　仍然应用定积分的思想来求解该题.

第一步　分割(化整为"零").

将曲面 Σ 分为若干个小块 $\Delta\Sigma_i(i=1,2,\cdots,n)$,其面积分别记为 $\Delta S_i(i=1,2,\cdots,n)$。目的是把曲面分割得很小,小到任意两点的距离趋近于零,由于面密度 $\rho(x,y,z)$ 是连续变化的,这时面密度函数的改变量也趋近于零,因此每一个小曲面可以近似地看成密度分布是均匀的.

第二步　近似("零"取近似).

每一个小曲面密度分布可以近似地看作均匀的,自然可以以其上任一点的面密度为这一小曲面的面密度.

在小块曲面 $\Delta\Sigma_i$ 上任意取一点 $M(\xi_i,\eta_i,\zeta_i)$,用点 $M(\xi_i,\eta_i,\zeta_i)$ 处的密度近似小块 $\Delta\Sigma_i$ 上的密度.于是小块 $\Delta\Sigma_i$ 的质量近似为 $\rho(\xi_i,\eta_i,\zeta_i)\Delta S_i$.

第三步　求和(聚"零"为整).

既然每一个小曲面的质量 $\Delta m_i\approx\rho(\xi_i,\eta_i,\zeta_i)\Delta S_i$,于是整个曲面 Σ 的质量 $\sum\limits_{i=1}^{n}\Delta m_i\approx\sum\limits_{i=1}^{n}\rho(\xi_i,\eta_i,\zeta_i)\Delta S_i$.

第四步　取极限(整后求精).

当 n 个小曲面的直径的最大值 $\lambda\to0$ 时,上面式子右端的极限值如果存在,则将此极限值定义为曲面的质量.即

$$m=\lim_{\lambda\to0}\sum_{i=1}^{n}\rho(\xi_i,\eta_i,\zeta_i)\Delta S_i.$$

以上这道例题,其实就是在本章 11.1 节例 1 的质量问题中,把曲线换做了曲面,并

相应地把线密度改为面密度. 求解方法和定积分、第一类曲线积分的思想方法是完全一致的,所不同的是积分范围与表达形式不同. 这样的极限还会在其他问题中遇到. 抽去它们的具体意义,就得出对面积的曲面积分的概念.

定义 1 设函数 $f(x,y,x)$ 是定义在光滑曲面(或分片光滑曲面)Σ 上的有界函数. 将曲面任意分为若干小块 $\Delta\Sigma_i(i=1,2,\cdots,n)$,其面积相应的记为 $\Delta S_i(i=1,2,\cdots,n)$,在小块曲面 $\Delta\Sigma_i$ 上任意取一点 $M(\xi_i,\eta_i,\zeta_i)$,若各小曲面的直径最大值 $\lambda\to0$ 时,极限

$$\lim_{\lambda\to0}\sum_{i=1}^{n}f(\xi_i,\eta_i,\zeta_i)\Delta S_i$$

存在,则称此极限值为函数 $f(x,y,x)$ 在曲面 Σ 上**对面积的曲面积分**(或称**第一类曲面积分**). 记为 $\iint\limits_{\Sigma}f(x,y,z)\mathrm{d}S$. 即

$$\iint\limits_{\Sigma}f(x,y,z)\mathrm{d}S=\lim_{\lambda\to0}\sum_{i=1}^{n}f(\xi_i,\eta_i,\zeta_i)\Delta S_i.$$

其中,$f(x,y,x)$ 称为**被积函数**;Σ 称为**积分曲面**.

当 $f(x,y,z)$ 在光滑曲面 Σ 上连续时对面积的曲面积分是存在的. 今后总假定 $f(x,y,z)$ 在 Σ 上连续.

根据上述定义,面密度为连续函数 $\rho(x,y,z)$ 的光滑曲面 Σ 的质量 m 可表示为 $\rho(x,y,z)$ 在 Σ 上对面积的曲面积分,即

$$m=\iint\limits_{\Sigma}\rho(x,y,z)\mathrm{d}S.$$

11.4.2 对面积的曲面积分的性质

(1)如果 Σ 是分片光滑的,则函数在 Σ 上对面积的曲面积分等于函数在光滑的各片曲面上对面积的曲面积分之和. 例如,设 Σ 可分成两片光滑曲面 Σ_1 及 Σ_2(记作 $\Sigma=\Sigma_1+\Sigma_2$),则

$$\iint\limits_{\Sigma_1+\Sigma_2}f(x,y,z)\mathrm{d}S=\iint\limits_{\Sigma_1}f(x,y,z)\mathrm{d}S+\iint\limits_{\Sigma_2}f(x,y,z)\mathrm{d}S;$$

(2)设 c_1,c_2 为常数,则

$$\iint\limits_{\Sigma}[c_1f(x,y,z)+c_2g(x,y,z)]\mathrm{d}S=c_1\iint\limits_{\Sigma}f(x,y,z)\mathrm{d}S+c_2\iint\limits_{\Sigma}g(x,y,z)\mathrm{d}S;$$

(3)设在曲面 Σ 上 $f(x,y,z)\leqslant g(x,y,z)$,则

$$\iint\limits_{\Sigma}f(x,y,z)\mathrm{d}S\leqslant\iint\limits_{\Sigma}g(x,y,z)\mathrm{d}S;$$

(4)$\iint\limits_{\Sigma}\mathrm{d}S=A$,其中 A 为曲面 Σ 的面积.

11.4.3　对面积的曲面积分的计算

设积分曲面 Σ 由单值函数 $z=z(x,y)$ 确定,曲面在坐标面 xOy 上的投影为 D_{xy},函数 $z=z(x,y)$ 在 D_{xy} 具有连续偏导数(即曲面 Σ 是光滑曲面),被积函数 $f(x,y,z)$ 在 Σ 上连续。按照对面积的曲面积分的定义有(见图 11-17).

$$\iint_{\Sigma}f(x,y,z)\mathrm{d}S=\lim_{\lambda\to 0}\sum_{i=1}^{n}f(\xi_i,\eta_i,\zeta_i)\Delta S_i.$$

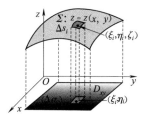

设对曲面 Σ 的第 i 块小曲面 ΔS_i 在坐标面 xOy 上的投影为 $(\Delta\sigma_i)_{xy}$,则 ΔS_i 可以表示为二重积分

$$\Delta S_i=\iint_{(\Delta\sigma_i)_{\sigma}}\sqrt{1+z_x^2(x,y)+z_y^2(x,y)}\,\mathrm{d}x\,\mathrm{d}y.$$

由二重积分的中值定理有

图　11-17

$$\Delta S_i=\sqrt{1+z_x^2(\xi_i',\eta_i')+z_y^2(\xi_i',\eta_i')}\,(\Delta\sigma_i)_{xy}.$$

其中 (ξ_i',η_i') 为 $(\Delta\sigma_i)_{xy}$ 内任意一点,又因为 (ξ_i,η_i,ζ_i) 是小曲面 ΔS_i 上的任意一点,所以 $\zeta_i=z(\xi_i,\eta_i)$,这里 $(\xi_i,\eta_i,0)$ 也是小闭区域 $(\Delta\sigma_i)_{xy}$ 内的点. 于是

$$\sum_{i=1}^{n}f(\xi_i,\eta_i,\zeta_i)\Delta S_i$$

$$=\sum_{i=1}^{n}f[\xi_i,\eta_i,z(\xi_i,\eta_i)]\sqrt{1+z_x^2(\xi_i',\eta_i')+z_y^2(\xi_i',\eta_i')}\,(\Delta\sigma_i)_{xy}.$$

由于函数 $f[x,y,z(x,y)]$ 以及函数 $\sqrt{1+z_x^2(x,y)+z_y^2(x,y)}$ 都在闭区域 D_{xy} 上连续,可以证明,当 $\lambda\to 0$ 时,上面等式右端的极限与

$$\sum_{i=1}^{n}f[\xi_i,\eta_i,z(\xi_i,\eta_i)]\sqrt{1+z_x^2(\xi_i,\eta_i)+z_y^2(\xi_i,\eta_i)}\,(\Delta\sigma_i)_{xy}$$

的极限相等.这个极限在本目开始所给的条件下是存在的,它等于二重积分

$$\iint_{D_{\sigma}}f[x,y,z(x,y)]\sqrt{1+z_x^2(x,y)+z_y^2(x,y)}\,\mathrm{d}x\,\mathrm{d}y,$$

因此左端的极限即曲面积分 $\iint_{\Sigma}f(x,y,z)\mathrm{d}S$ 也存在,且有

$$\iint_{\Sigma}f(x,y,z)\mathrm{d}S=\iint_{D_{\sigma}}f[x,y,z(x,y)]\sqrt{1+z_x^2(x,y)+z_y^2(x,y)}\,\mathrm{d}x\,\mathrm{d}y.$$

这就是把对面积的曲面积分化为二重积分的公式.这个公式是很容易理解和记忆的,因为曲面 Σ 的方程是 $z=z(x,y)$,根据第 10.4 节式(10.13)可得,曲面的面积元素为 $\mathrm{d}S=\sqrt{1+z_x^2+z_y^2}\,\mathrm{d}x\mathrm{d}y$,曲面在坐标面 xOy 上的投影是 D_{xy},于是对面积的曲面积分就化为二重积分了.将这个过程简单归纳如下:

(1)用 x,y 的函 $z=z(x,y)$ 代替被积函数中的 z；

(2)用 $\sqrt{1+z_x^2+z_y^2}\,\mathrm{d}x\mathrm{d}y$ 换 $\mathrm{d}S$；

(3)将曲面投影到坐标面 xOy 上得到投影 D_{xy}.

简单地说,就是"一代二换三投影".

例 2 计算曲面积分 $\displaystyle\iint\limits_{\Sigma}\frac{\mathrm{d}S}{z}$，其中曲面 Σ 是由平面 $z=h(0<h<a)$ 截球面 $x^2+y^2+z^2=a^2$ 的顶部(见图 11-18).

解 曲面 Σ 的方程为 $z=\sqrt{a^2-x^2-y^2}$，它在坐标面 xOy 上的投影为圆形的闭区域 D_{xy}：$\{(x,y)\mid x^2+y^2\leqslant a^2-h^2\}$，又

$$\sqrt{1+z_x^2+z_y^2}=\frac{a}{\sqrt{a^2-x^2-y^2}},$$

所以

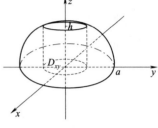

图 11-18

$$\iint\limits_{\Sigma}\frac{\mathrm{d}S}{z}=\iint\limits_{D_{xy}}\frac{a}{a^2-x^2-y^2}\mathrm{d}x\,\mathrm{d}y.$$

利用极坐标计算上面的积分,得到

$$\iint\limits_{\Sigma}\frac{\mathrm{d}S}{z}=\iint\limits_{D_{xy}}\frac{ar\,\mathrm{d}r\mathrm{d}\theta}{a^2-r^2}=\int_0^{2\pi}\mathrm{d}\theta\int_0^{\sqrt{a^2-h^2}}\frac{ar\,\mathrm{d}r}{a^2-r^2}$$

$$=2\pi a\left[-\frac{1}{2}\ln(a^2-r^2)\right]_0^{\sqrt{a^2-h^2}}=2\pi a\ln\frac{a}{h}.$$

例 3 计算曲面积分 $\displaystyle\iint\limits_{\Sigma}\frac{\mathrm{d}S}{(1+x+y)^2}$，其中曲面 Σ 是由平面 $x+y+z=1$ 以及三个坐标面所围成的四面体的表面(见图 11-19).

解 如图 11-19 所示,曲面 Σ 由曲面 $\Sigma_1,\Sigma_2,\Sigma_3$，$\Sigma_4$ 组成,其中 $\Sigma_1,\Sigma_2,\Sigma_3,\Sigma_4$ 分别是平面 $x+y+z=1,x=0,y=0,z=0$ 上的部分.

因为 Σ_1 在平面 $x+y+z=1$,所以 $z_x(x,y)=-1$，$z_y(x,y)=-1$,于是

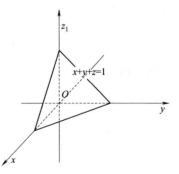

图 11-19

$$\iint\limits_{\Sigma_1}\frac{\mathrm{d}S}{(1+x+y)^2}=\iint\limits_{D_{xy}}\frac{\sqrt{1+z_x^2(x,y)+z_y^2(x,y)}}{(1+x+y)^2}\mathrm{d}x\,\mathrm{d}y$$

$$=\iint\limits_{D_{xy}}\frac{\sqrt{3}}{(1+x+y)^2}\mathrm{d}x\,\mathrm{d}y=\int_0^1\mathrm{d}x\int_0^{1-x}\frac{\sqrt{3}}{(1+x+y)^2}\mathrm{d}y$$

$$= \sqrt{3} \left(\ln 2 - \frac{1}{2} \right);$$

因为 Σ_2 在 $x = 0$ 平面上，所以 $x_y(y,z) = 0, x_z(y,z) = 0$，故有

$$\iint\limits_{\Sigma_2} \frac{\mathrm{d}S}{(1+x+y)^2} = \iint\limits_{D_{yz}} \frac{\sqrt{1 + x_y^2(y,z) + x_z^2(y,z)}}{(1+y)^2} \mathrm{d}y\mathrm{d}z$$

$$= \iint\limits_{D_{yz}} \frac{1}{(1+y)^2} \mathrm{d}y\mathrm{d}z = \int_0^1 \mathrm{d}z \int_0^{1-z} \frac{1}{(1+y)^2} \mathrm{d}y = 1 - \ln 2;$$

因为 Σ_3 在 $y = 0$ 平面上，所以 $y_z(z,x) = 0, y_x(z,x) = 0$，故有

$$\iint\limits_{\Sigma_3} \frac{\mathrm{d}S}{(1+x+y)^2} = \iint\limits_{D_{zx}} \frac{\sqrt{1 + y_z^2(z,x) + y_x^2(z,x)}}{(1+x)^2} \mathrm{d}z\mathrm{d}x$$

$$= \iint\limits_{D_{zx}} \frac{1}{(1+x)^2} \mathrm{d}z\mathrm{d}x = \int_0^1 \mathrm{d}z \int_0^{1-z} \frac{1}{(1+x)^2} \mathrm{d}x = 1 - \ln 2;$$

因为 Σ_4 在 $z = 0$ 平面上，所以 $z_x(x,y) = 0, z_y(x,y) = 0$，故有

$$\iint\limits_{\Sigma_4} \frac{\mathrm{d}S}{(1+x+y)^2} = \iint\limits_{D_{xy}} \frac{\sqrt{1 + z_x^2(z,x) + z_y^2(x,y)}}{(1+x+y)^2} \mathrm{d}x\,\mathrm{d}y$$

$$= \iint\limits_{D_{xy}} \frac{1}{(1+x+y)^2} \mathrm{d}z\mathrm{d}x = \int_0^1 \mathrm{d}x \int_0^{1-x} \frac{1}{(1+x+y)^2} \mathrm{d}y = \ln 2 - \frac{1}{2}.$$

所以

$$\iint\limits_{\Sigma_4} \frac{\mathrm{d}S}{(1+x+y)^2} = \iint\limits_{\Sigma_1} \frac{\mathrm{d}S}{(1+x+y)^2} + \iint\limits_{\Sigma_2} \frac{\mathrm{d}S}{(1+x+y)^2} + \iint\limits_{\Sigma_3} \frac{\mathrm{d}S}{(1+x+y)^2} +$$

$$\iint\limits_{\Sigma_4} \frac{\mathrm{d}S}{(1+x+y)^2}$$

$$= \sqrt{3} \left(\ln 2 - \frac{1}{2} \right) + (1 - \ln 2) + (1 - \ln 2) + \left(\ln 2 - \frac{1}{2} \right)$$

$$= \frac{3 - \sqrt{3}}{2} + (\sqrt{3} - 1)\ln 2.$$

习　题　11.4

1. 计算 $\iint\limits_{\Sigma} (x + y + z) \mathrm{d}S$. 其中 Σ 为上半球面 $z = \sqrt{a^2 - x^2 - y^2}$.

2. 计算 $I = \iint\limits_{\Sigma} |xyz| \mathrm{d}S$. 其中 Σ 为曲面 $z = x^2 + y^2$ 介于二平面 $z = 0, z = 1$ 之间的

部分.

3. 计算 $\iint\limits_{\Sigma}(x^2+y^2)\mathrm{d}S$. 其中 Σ 是锥面 $z=\sqrt{x^2+y^2}$ 及平面 $z=1$ 所围成的区域的整个边界曲面.

4. 求抛物面壳 $z=\dfrac{1}{2}(x^2+y^2)(0\leqslant z\leqslant 1)$ 的质量，此壳的面密度的大小为 $\rho=z$.

11.5　对坐标的曲面积分

11.5.1　对坐标的曲面积分的概念

为了讨论对坐标的曲面积分，首先要对曲面作一些说明，这里假设曲面是光滑的.

1. 曲面的侧

在曲面 Σ 上的任意一点 P 处作曲面的法向量，有两个方向，取定其中的一个方向 $\pmb{n}$，当点 P 在曲面上不越过边界连续运动时，法向量 $\pmb{n}$ 也随着连续变动，这种连续变动又回到 P 时，法向量 $\pmb{n}$ 总是不改变方向，则称曲面 Σ 是双侧的，否则，称曲面是单侧的. 如著名的 Mobius 带就是单侧曲面.

今后只讨论曲面是双侧的. 例如，曲面 $z=z(x,y)$ 有上侧与下侧之分；又如，空间中的闭曲面有内侧和外侧之分. 可以通过曲面上的法向量的指定来确定曲面的侧. 例如，对于曲面 $z=z(x,y)$，若取定的法向量 $\pmb{n}$ 是朝上的，那么实际上就是取定曲面为上侧；对于封闭曲面，若取定的法向量 $\pmb{n}$ 是由内指向外的，则取定的曲面是外侧选定了曲面的侧的曲面称为**有向曲面**.

下面讨论一个例子，然后引进对坐标的曲面积分的概念.

2. 流向曲面一侧的流量

设稳定流动的不可压缩的液体（假定密度为 1）以速度

$$\pmb{v}(x,y,z)=P(x,y,z)\pmb{i}+Q(x,y,z)\pmb{j}+R(x,y,z)\pmb{k}$$

流向有向曲面 Σ，求液体在单位时间内流过曲面指定侧的流量 Φ. 其中函数 $P(x,y,z)$，$Q(x,y,z)$，$R(x,y,z)$ 都是曲面 Σ 上的连续函数.

如图 11-20 所示，如果流体流过平面上的一个面积为 A 的闭区域，且流体在闭区域上各点处的流速为常向量 $\pmb{v}$，又设 $\pmb{n}$ 是该平面上的单位法向量，那么在单位时间内流过这个闭区域的流体组成一个底面积为 A，斜高为 $|\pmb{v}|$ 的斜柱体，其体积即流量为

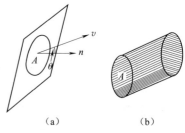

(a)　　　　　(b)

图　11-20

$$V = A \mid v \mid \cos\theta = Av \cdot n .$$

这就是通过闭区域 A 流向 n 所指的一侧的流量 Φ.

现在考虑流体流过的不是平面闭区域,而是一片曲面,且流速 v 也不是常向量,因此所求流量不能直接用上述方法计算。可以再次借鉴定积分的思想,对于一般的曲面 Σ,可以将它划分为若干小块 $\Delta\Sigma_i$,在 Σ 是光滑的和 v 是连续的前提下,只要 $\Delta\Sigma_i$ 的直径很小,就可以用 $\Delta\Sigma_i$ 上任意一点 (ξ_i,η_i,ζ_i) 处的流速

$$v = v(\xi_i,\eta_i,\zeta_i) = P(\xi_i,\eta_i,\zeta_i)i + Q(\xi_i,\eta_i,\zeta_i)j + R(\xi_i,\eta_i,\zeta_i)k$$

近似替代 $\Delta\Sigma_i$ 上各点处的流速,以此点处的曲面 Σ 的单位法向量

$$n = \cos\alpha_i i + \cos\beta_i j + \cos\gamma_i k$$

代替 $\Delta\Sigma_i$ 上各点处的单位向量,从而得到通过 $\Delta\Sigma_i$ 流向指定侧的流量的近似值为

$$v_i \cdot n_i \Delta S_i (i = 1,2,\cdots,n)(\Delta S_i \text{ 为 } \Delta\Sigma_i \text{ 的面积}),$$

于是通过曲面 Σ 指定侧的流量近似地为

$$\Phi \approx \sum_{i=1}^{n} v_i \cdot n_i \Delta S_i$$
$$= \sum_{i=1}^{n} [P(\xi_i,\eta_i,\zeta_i)\cos\alpha_i + Q(\xi_i,\eta_i,\zeta_i)\cos\beta_i + R(\xi_i,\eta_i,\zeta_i)\cos\gamma_i]\Delta S_i.$$

注意到

$$\cos\alpha_i \Delta S_i \approx (\Delta S_i)_{yz}, \cos\beta_i \Delta S_i \approx (\Delta S_i)_{zx}, \cos\gamma_i \Delta S_i \approx (\Delta S_i)_{xy},$$

其中,$(\Delta S_i)_{yz}$ 表示曲面 ΔS_i 在 yOz 坐标面上的投影区域,$(\Delta S_i)_{zx}$ 表示曲面 ΔS_i 在 zOx 坐标面上的投影区域,$(\Delta S_i)_{xy}$ 表示曲面 ΔS_i 在 xOy 坐标面上的投影区域. 因此上式可以写为

$$\Phi \approx \sum_{i=1}^{n} [P(\xi_i,\eta_i,\zeta_i)(\Delta S_i)_{yz} + Q(\xi_i,\eta_i,\zeta_i)(\Delta S_i)_{zx} + R(\xi_i,\eta_i,\zeta_i)(\Delta S_i)_{xy}].$$

当所有小块的直径的最大值 $\lambda \rightarrow 0$ 时,上面和的极限就是流量 Φ 的精确值.

在实际问题中还有很多的类似的极限,抽去它们的具体意义,就可以得到对坐标的曲面积分的定义.

3. 对坐标的曲面积分的概念

定义 1　设 Σ 是逐片光滑的有向曲面,函数 $R(x,y,z)$ 在曲面 Σ 上有界,将 Σ 划分为若干小块 $\Delta\Sigma_i$(用 ΔS_i 表示 $\Delta\Sigma_i$ 的面积),$\Delta\Sigma_i$ 在坐标面 xOy 上的投影为 $(\Delta S_i)_{xy}$,取 $\Delta\Sigma_i$ 中的任意一点 (ξ_i,η_i,ζ_i)(见图 11-21),若各个小块的直径的最大值 $\lambda \rightarrow 0$ 时,极限

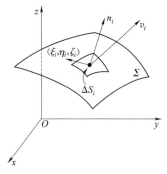

图　11-21

$$\lim_{\lambda \to 0} \sum_{i=1}^{n} R(\xi_i, \eta_i, \zeta_i) (\Delta S_i)_{xy}$$

存在,且与曲面Σ的分法及点(ξ_i, η_i, ζ_i)的取法无关,则称此极限为函数$R(x, y, z)$在有向曲面Σ上对坐标x, y的**曲面积分**(或**第二类曲面积分**).记为$\iint_{\Sigma} R(x, y, z) \mathrm{d}x\mathrm{d}y$,即

$$\iint_{\Sigma} R(x, y, z) \mathrm{d}x\mathrm{d}y = \lim_{\lambda \to 0} \sum_{i=1}^{n} R(\xi_i, \eta_i, \zeta_i) (\Delta S_i)_{xy},$$

其中$R(x, y, z)$称为**被积函数**;Σ称为积分曲面.

类似地,可以定义函数$P(x, y, z)$在曲面Σ上对坐标y, z的曲面积分(或第二类曲面积分)$\iint_{\Sigma} P(x, y, z) \mathrm{d}y\mathrm{d}z$,以及函数$Q(x, y, z)$在曲面$\Sigma$上对坐标$z, x$的曲面积分(或第二类曲面积分)$\iint_{\Sigma} Q(x, y, z) \mathrm{d}x\mathrm{d}z$ 为:

$$\iint_{\Sigma} P(x, y, z) \mathrm{d}y\mathrm{d}z = \lim_{\lambda \to 0} \sum_{i=1}^{n} P(\xi_i, \eta_i, \zeta_i) (\Delta S_i)_{yz},$$

$$\iint_{\Sigma} Q(x, y, z) \mathrm{d}z\mathrm{d}x = \lim_{\lambda \to 0} \sum_{i=1}^{n} Q(\xi_i, \eta_i, \zeta_i) (\Delta S_i)_{zx}.$$

在应用中通常是上面三种积分的和,即

$$\iint_{\Sigma} P(x, y, z) \mathrm{d}y\mathrm{d}z + \iint_{\Sigma} Q(x, y, z) \mathrm{d}z\mathrm{d}x + \iint_{\Sigma} R(x, y, z) \mathrm{d}x\mathrm{d}z,$$

简记为

$$\iint_{\Sigma} P(x, y, z) \mathrm{d}y\mathrm{d}z + Q(x, y, z) \mathrm{d}z\mathrm{d}x + R(x, y, z) \mathrm{d}x\,\mathrm{d}y.$$

如果Σ是有向封闭曲面,通常记为

$$\oiint_{\Sigma} P(x, y, z) \mathrm{d}y\mathrm{d}z + Q(x, y, z) \mathrm{d}z\mathrm{d}x + R(x, y, z) \mathrm{d}x\,\mathrm{d}y,$$

并规定取曲面的外侧.

我们指出,当$P(x, y, z), Q(x, y, z)$及$R(x, y, z)$在有向光滑曲面Σ上连续时,对坐标的曲面积分是存在的,以后总假设$P(x, y, z), Q(x, y, z)$及$R(x, y, z)$在Σ上连续.

11.5.2 对坐标的曲面积分的性质

对坐标的曲面积分具有与对坐标的曲线积分类似的一些性质.

(1)如果把Σ分成Σ_1和Σ_2,则

$$\iint_{\Sigma} P\mathrm{d}y\mathrm{d}z + Q\mathrm{d}z\mathrm{d}x + R\mathrm{d}x\,\mathrm{d}y$$

$$= \iint_{\Sigma_1} P\mathrm{d}y\mathrm{d}z + Q\mathrm{d}z\mathrm{d}x + R\mathrm{d}x\,\mathrm{d}y + \iint_{\Sigma_2} P\mathrm{d}y\mathrm{d}z + Q\mathrm{d}z\mathrm{d}x + R\mathrm{d}x\,\mathrm{d}y.$$

（2）设 Σ 是有向曲面，$-\Sigma$ 表示与 Σ 取相反侧的有向曲面，则

$$\iint\limits_{-\Sigma} P\,\mathrm{d}y\mathrm{d}z + Q\mathrm{d}z\mathrm{d}x + R\mathrm{d}x\mathrm{d}y = -\iint\limits_{\Sigma} P\,\mathrm{d}y\mathrm{d}z + Q\mathrm{d}z\mathrm{d}x + R\mathrm{d}x\mathrm{d}y.$$

11.5.3　对坐标的曲面积分的计算

下面以计算曲面积分 $\iint\limits_{\Sigma} R(x,y,z)\mathrm{d}x\mathrm{d}y$ 为例来说明如何计算对坐标的曲面积分.

假设曲面 Σ 为光滑曲面，被积函数 $R(x,y,z)$ 在 Σ 上连续。取曲面 Σ 的上侧，且曲面由方程 $z = z(x,y)$ 给出，那么曲面 Σ 的法向量 $\boldsymbol{n}$ 与 z 轴的正方向的夹角 γ 为锐角，$\cos\gamma > 0$，曲面 Σ 的面积元素 $\mathrm{d}S$ 在坐标面 xOy 上的投影 $\mathrm{d}x\mathrm{d}y$ 为正值。若 D_{xy} 为曲面 Σ 在坐标面 xOy 上的投影区域。由对坐标的曲面积分的定义

$$\iint\limits_{\Sigma} R(x,y,z)\mathrm{d}x\mathrm{d}y = \lim_{\lambda\to 0}\sum_{i=1}^{n} R(\xi_i,\eta_i,\zeta_i)(\Delta S_i)_{xy}$$

可以得到

$$\iint\limits_{\Sigma} R(x,y,z)\mathrm{d}x\mathrm{d}y = \iint\limits_{D_{xy}} R(x,y,z(x,y))\mathrm{d}x\mathrm{d}y$$

如果积分曲面取 Σ 的下侧，那么曲面 Σ 的法向量 n 与 z 轴的正方向的夹角 γ 为钝角，$\cos\gamma < 0$ 所以曲面 Σ 在坐标面 xOy 上的投影 $\mathrm{d}x\mathrm{d}y$ 为负值，从而有

$$\iint\limits_{\Sigma} R(x,y,z)\mathrm{d}x\mathrm{d}y = -\iint\limits_{D_{xy}} R(x,y,z(x,y))\mathrm{d}x\mathrm{d}y.$$

类似地，如曲面 Σ 由方程 $x = x(y,z)$ 给出，则有

$$\iint\limits_{\Sigma} P(x,y,z)\mathrm{d}z\mathrm{d}y = \pm\iint\limits_{D_{xy}} P(x(y,z),y,z)\mathrm{d}z\mathrm{d}y.$$

等式右边的符号这样决定：如积分曲面 Σ 是方程 $x = x(y,z)$ 所给出的前侧曲面，则取正号；如果是后侧，则取负号.

如曲面 Σ 由方程 $y = y(x,z)$ 给出，则有

$$\iint\limits_{\Sigma} Q(x,y,z)\mathrm{d}z\mathrm{d}x = \pm\iint\limits_{D_{zx}} Q(x,y(x,z),z)\mathrm{d}z\mathrm{d}x.$$

等式右边的符号这样决定：如积分曲面 Σ 是方程 $y = y(x,z)$ 所给出的右侧曲面，则取正号；如果是左侧，则取负号.

这样就把对坐标的曲面积分转化为二重积分进行计算，具体步骤可以概括为"一代二投三定向"：

代：将曲面的方程表示为二元显函数，然后代入被积函数，将其化成二元函数；

投：将积分曲面投影到与有向面积元素（如 $\mathrm{d}x\,\mathrm{d}y$）中两个变量同名的坐标面

上(如 xOy 面);

定号:由曲面的方向,即曲面的侧确定二重积分的正负号.

例 1　计算曲面积分 $\iint\limits_{\Sigma} z\,\mathrm{d}x\mathrm{d}y + x\mathrm{d}y\mathrm{d}z + y\mathrm{d}z\mathrm{d}x$,其中 Σ 是柱面 $x^2 + y^2 = 1$ 被平面 $z = 0$ 和 $z = 3$ 所截得的在第一卦限的部分的前侧(见图 11-22).

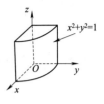

图　11-22

解　由于 Σ 在 xOy 面的投影区域面积为 0,故 $\iint\limits_{\Sigma} z\,\mathrm{d}x\mathrm{d}y = 0$.

Σ 在 yOz 面的投影区域 $D_{yz}: 0 \leqslant z \leqslant 3, 0 \leqslant y \leqslant 1$,故

$$\iint\limits_{\Sigma} x\,\mathrm{d}y\mathrm{d}z = \iint\limits_{D_{yz}} \sqrt{1 - y^2}\,\mathrm{d}y\mathrm{d}z = \int_0^3 \mathrm{d}z \int_0^1 \sqrt{1 - y^2}\,\mathrm{d}y = \frac{3\pi}{4};$$

Σ 在 zOx 面的投影区域 $D_{zx}: 0 \leqslant z \leqslant 3, 0 \leqslant x \leqslant 1$,故

$$\iint\limits_{\Sigma} y\,\mathrm{d}z\mathrm{d}x = \iint\limits_{D_{zx}} \sqrt{1 - x^2}\,\mathrm{d}z\mathrm{d}x = \int_0^3 \mathrm{d}z \int_0^1 \sqrt{1 - x^2}\,\mathrm{d}x = \frac{3\pi}{4};$$

因此,$\iint\limits_{\Sigma} z\,\mathrm{d}x\mathrm{d}y + x\mathrm{d}y\mathrm{d}z + y\mathrm{d}z\mathrm{d}x = \frac{3\pi}{2}$.

例 2　计算曲面积分 $\iint\limits_{\Sigma} xyz\,\mathrm{d}x\mathrm{d}y$,其中 Σ 是球面 $x^2 + y^2 + z^2 = 1$ 外侧在 $x \geqslant 0, y \geqslant 0$ 的部分(见图 11-23).

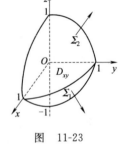

图　11-23

解　将曲面 Σ 分为 Σ_1, Σ_2 两部分,Σ_1 的方程为

$$z_1 = -\sqrt{1 - x^2 - y^2};$$

Σ_2 的方程为

$$z_2 = \sqrt{1 - x^2 - y^2}.$$

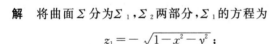

$$\iint\limits_{\Sigma_2} xyz\,\mathrm{d}x\mathrm{d}y = \iint\limits_{D_{xy}} xy\sqrt{1 - x^2 - y^2}\,\mathrm{d}x\mathrm{d}y,$$

$$\iint\limits_{\Sigma_1} xyz\,\mathrm{d}x\mathrm{d}y = \iint\limits_{D_{xy}} xy(-\sqrt{1 - x^2 - y^2})\,\mathrm{d}x\mathrm{d}y$$

$$= \iint\limits_{D_{xy}} xy\sqrt{1 - x^2 - y^2}\,\mathrm{d}x\mathrm{d}y,$$

所以

$$\iint\limits_{\Sigma} xyz\,\mathrm{d}x\mathrm{d}y = 2\iint\limits_{D_{xy}} xy\sqrt{1 - x^2 - y^2}\,\mathrm{d}x\mathrm{d}y$$

$$= 2\iint\limits_{D_{xy}} r\sin\theta\, r\cos\theta \sqrt{1 - r^2}\, r\mathrm{d}r\mathrm{d}\theta$$

$$= 2\int_0^{\frac{\pi}{2}} \sin 2\theta \mathrm{d}\theta \int_0^1 r^3 \sqrt{1-r^2}\, \mathrm{d}r$$

$$= \frac{2}{15}.$$

习　题　11.5

1. 计算 $\iint\limits_{\Sigma} xz^2 \mathrm{d}y\mathrm{d}z$. 其中 Σ 是上半球面 $z = \sqrt{R^2 - x^2 - y^2}$ 的上侧.

2. 计算 $\iint\limits_{\Sigma} x^2 \mathrm{d}y\mathrm{d}z + y^2 \mathrm{d}z\mathrm{d}x + z^2 \mathrm{d}x\mathrm{d}y$, 其中 Σ 是长方体 Ω 的整个表面的外侧, $\Omega = \{(x,y,z) \,|\, 0 \leqslant x \leqslant a, 0 \leqslant y \leqslant b, 0 \leqslant z \leqslant c\}$.

3. 计算 $\iint\limits_{\Sigma} (1+z)(x+y)^2 \mathrm{d}x\mathrm{d}y$. 其中 Σ 为半球面 $x^2 + y^2 + z^2 = 1 (y \geqslant 0)$ 朝 y 轴正向的一侧.

4. 计算 $\oiint\limits_{\Sigma} xz\mathrm{d}x\mathrm{d}y + xy\mathrm{d}y\mathrm{d}z + yz\mathrm{d}z\mathrm{d}x$. 其中 Σ 是 $x=0, y=0, z=0, x+y+z=1$ 所围成的空间区域的整个边界曲面的外侧.

11.6　两类曲面积分之间的联系

设有向曲面 Σ 的方程为 $z = z(x,y)$, Σ 在坐标面 xOy 上的投影区域为 D_{xy}, 函数 $z = z(x,y)$ 在区域 D_{xy} 上具有连续的一阶偏导数, $R(x,y,z)$ 是曲面 Σ 上的连续函数。如果曲面 Σ 取上侧, 则由对坐标的曲面积分的计算公式, 有

$$\iint\limits_{\Sigma} R(x,y,z)\mathrm{d}x\mathrm{d}y = \iint\limits_{D_{xy}} R(x,y,z(x,y))\mathrm{d}x\mathrm{d}y.$$

另一方面, 因上述有向曲面 Σ 的法向量的方向余弦为

$$\cos\alpha = \frac{-z_x}{\sqrt{1+z_x^2+z_y^2}}, \quad \cos\beta = \frac{-z_y}{\sqrt{1+z_x^2+z_y^2}}, \quad \cos\gamma = \frac{1}{\sqrt{1+z_x^2+z_y^2}},$$

故由对面积的曲面积分计算公式有

$$\iint\limits_{\Sigma} R(x,y,z)\cos\gamma \mathrm{d}S = \iint\limits_{D_{xy}} R[x,y,z(x,y)]\mathrm{d}x\mathrm{d}y.$$

由此可见, 有

$$\iint\limits_{\Sigma} R(x,y,z)\mathrm{d}x\mathrm{d}y = \iint\limits_{\Sigma} R(x,y,z)\cos\gamma \mathrm{d}S.$$

如果 Σ 取下侧,则有

$$\iint\limits_{\Sigma} R(x,y,z)\mathrm{d}x\mathrm{d}y = -\iint\limits_{D_{xy}} R[x,y,z(x,y)]\mathrm{d}x\mathrm{d}y.$$

但这时 $\cos\gamma = \dfrac{-1}{\sqrt{1+z_x^2+z_y^2}}$,因此仍有

$$\iint\limits_{\Sigma} R(x,y,z)\mathrm{d}x\mathrm{d}y = \iint\limits_{\Sigma} R(x,y,z)\cos\gamma\mathrm{d}S,$$

类似地,可得

$$\iint\limits_{\Sigma} P(x,y,z)\mathrm{d}y\mathrm{d}z = \iint\limits_{\Sigma} P(x,y,z)\cos\alpha\mathrm{d}S,$$

$$\iint\limits_{\Sigma} Q(x,y,z)\mathrm{d}z\mathrm{d}x = \iint\limits_{\Sigma} P(x,y,z)\cos\beta\mathrm{d}S.$$

综合起来有

$$\iint\limits_{\Sigma} P\mathrm{d}y\mathrm{d}z + Q\mathrm{d}z\mathrm{d}x + R\mathrm{d}x\mathrm{d}y = \iint\limits_{\Sigma}(P\cos\alpha + Q\cos\beta + R\cos\gamma)\mathrm{d}S,$$

其中 $\cos\alpha,\cos\beta,\cos\gamma$ 是有向曲面 Σ 上点 (x,y,z) 处的法向量的方向余弦.

这两类曲面积分的联系可以用下面的向量形式表示:

$$\iint\limits_{\Sigma} \boldsymbol{v}\cdot\boldsymbol{n}\mathrm{d}S = \iint\limits_{\Sigma} \boldsymbol{v}\cdot\mathrm{d}\boldsymbol{S}.$$

其中 $\boldsymbol{v}=(P,Q,R),\boldsymbol{n}=(\cos\alpha,\cos\beta,\cos\gamma)$ 为有向曲面 Σ 上点 (x,y,z) 处的法向量, $\mathrm{d}\boldsymbol{S}=\boldsymbol{n}\mathrm{d}S=(\mathrm{d}y\mathrm{d}z,\mathrm{d}z\mathrm{d}x,\mathrm{d}x\mathrm{d}y)$ 称为**有向曲面元素**.

例 1 计算曲面积分 $\iint\limits_{\Sigma}(z^2+x)\mathrm{d}y\mathrm{d}z - z\mathrm{d}x\mathrm{d}y$,

其中 Σ 是旋转抛物面 $z=\dfrac{1}{2}(x^2+y^2)$ 介于平面 $z=$

0 与 $z=2$ 之间的曲面的外侧(见图 11-24).

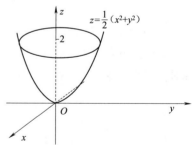

解 曲面 $z=\dfrac{1}{2}(x^2+y^2)$ 上点 (x,y,z) 处的法

线向量的方向余弦为

图 11-24

$$\cos\alpha = \frac{x}{\sqrt{1+x^2+y^2}}, \quad \cos\beta = \frac{y}{\sqrt{1+x^2+y^2}}, \quad \cos\gamma = \frac{-1}{\sqrt{1+x^2+y^2}},$$

由两类曲面积分之间的联系,可以得到

$$\iint\limits_{\Sigma}(z^2+x)\mathrm{d}y\mathrm{d}z = \iint\limits_{\Sigma}(z^2+x)\cos\alpha\mathrm{d}S = \iint\limits_{\Sigma}(z^2+x)\frac{\cos\alpha}{\cos\gamma}\mathrm{d}x\mathrm{d}y,$$

因此

$$\iint\limits_{\Sigma} (z^2 + x)\mathrm{d}y\mathrm{d}z - z\mathrm{d}x\mathrm{d}y = \iint\limits_{\Sigma} [(z^2 + x)(-x) - z]\mathrm{d}x\mathrm{d}y.$$

曲面 Σ 在坐标面 xOy 上的投影区域为 $D_{xy} = \{x^2 + y^2 \leqslant 4\}$，则

$$\iint\limits_{\Sigma} [(z^2 + x)(-x) - z]\mathrm{d}x\mathrm{d}y$$

$$= -\iint\limits_{D_{xy}} \left\{ \left[\frac{1}{4}(x^2 + y^2)^2 + x \right](-x) - \frac{1}{2}(x^2 + y^2) \right\} \mathrm{d}x\mathrm{d}y$$

$$= \iint\limits_{D_{xy}} \left[x^2 + \frac{1}{2}(x^2 + y^2) \right] \mathrm{d}x\mathrm{d}y + \frac{1}{4} \iint\limits_{D_{xy}} \left[x(x^2 + y^2)^2 \right] \mathrm{d}x\mathrm{d}y$$

$$= \int_0^{2\pi} \mathrm{d}\theta \int_0^2 \left(r^2 \cos^2\theta + \frac{1}{2}r^2 \right) r\mathrm{d}r = 8\pi.$$

习　题　11.6

1. 把对坐标的曲线积分 $\iint\limits_{\Sigma} P(x,y,z)\mathrm{d}y\mathrm{d}z + Q(x,y,z)\mathrm{d}z\mathrm{d}x + R(x,y,z)\mathrm{d}x\mathrm{d}y$ 化为对面积的曲面积分. 其中 Σ 是平面 $3x + 2y + 2\sqrt{3}z = 6$ 在第一卦限的部分的上侧.

2. 把对坐标的曲线积分 $\iint\limits_{\Sigma} P(x,y,z)\mathrm{d}y\mathrm{d}z + Q(x,y,z)\mathrm{d}z\mathrm{d}x + R(x,y,z)\mathrm{d}x\mathrm{d}y$ 化为对面积的曲面积分. 其中 Σ 是抛物面 $z = 8 - (x^2 + y^2)$ 在 xOy 面上方的部分的上侧.

第 12 章

级　　数

级数是高等数学中的一个重要内容,它是研究函数的一个重要工具,在实用科学中有着广泛的应用,在现代数学方法中占有重要的地位.本章主要是介绍数项级数的基本概念及判定法则、函数项级数的基本概念及其基本性质,再讨论幂级数的基本理论和如何将函数展开成幂级数等.

12.1　数项级数

12.1.1　基本概念

定义 1　设数列 $u_1, u_2, \cdots, u_n, \cdots$,由这个数列构成的表达式

$$u_1 + u_2 + \cdots + u_n + \cdots \tag{12.1}$$

称为**无穷级数**,或简称**级数**,记作 $\sum_{n=1}^{\infty} u_n$,其中 u_n 称为级数的**通项**或**一般项**.

由此看来,级数就是把无穷多个数用"和"的符号连起来的一种表示形式.这种"和"有没有意义? 应如何计算它们? 这就是这一节要解决的主要问题.

定义 2　令 $S_n = u_1 + u_2 + \cdots + u_n$,称 S_n 为级数(12.1)的前 n 项部分和,也称为**前 n 项部分和数列** $\{S_n\}$,或者就简称为**部分和**.即

$$S_1 = u_1, S_2 = u_1 + u_2, \cdots, S_n = u_1 + u_2 + \cdots + u_n, \cdots.$$

如果数列另一方面,$\{S_n\}$ 已知,也可以由此构造一个级数 $u_1 + u_2 + \cdots + u_n + \cdots$.

只要令:$u_1 = S_1, u_2 = S_2 - S_1, \cdots, u_n = S_n - S_{n-1}, \cdots$,那么这样构造的无穷级数恰好以 $\{S_n\}$ 为部分和数列.

定义 3　若级数 $\sum_{n=1}^{\infty} u_n$ 的前 n 项部分和序列 $\{S_n\}$ 收敛,则称**级数** $\sum_{n=1}^{\infty} u_n$ **收敛**.若 $\lim_{n \to \infty} S_n = S$,则称 S 为**级数** $\sum_{n=1}^{\infty} u_n$ **的和**.即 $\sum_{n=1}^{\infty} u_n = u_1 + u_2 + \cdots + u_n + \cdots = S$.

若级数 $\sum\limits_{n=1}^{\infty} u_n$ 的前 n 项部分和序列 $\{S_n\}$ 发散,则称**级数 $\sum\limits_{n=1}^{\infty} u_n$ 发散**.

由此可见,级数的求和问题可以转化为级数的前 n 项部分和数列的求极限问题,所以说极限是研究级数的一个重要工具. 因此,在讨论级数的各项性质时需要借助于该级数的前 n 部分和数列的性质,研究级数及其和只不过是研究与其相应的一个数列极限的一种新的形式.

下面用级数的定义来判定几个常见级数的敛散性.

例 1　判别级数 $\sum\limits_{n=1}^{\infty} \dfrac{1}{n(n+1)}$ 的敛散性,若收敛,求其和.

解　因为 $S_n = \sum\limits_{k=1}^{n} u_k = \dfrac{1}{1 \cdot 2} + \dfrac{1}{2 \cdot 3} + \cdots + \dfrac{1}{n \cdot (n+1)}$

$$= \left(\dfrac{1}{1} - \dfrac{1}{2}\right) + \left(\dfrac{1}{2} - \dfrac{1}{3}\right) + \cdots + \left(\dfrac{1}{n} - \dfrac{1}{n+1}\right) = 1 - \dfrac{1}{n+1},$$

所以 $\lim\limits_{n \to \infty} S_n = \lim\limits_{n \to \infty} \left(1 - \dfrac{1}{n+1}\right) = 1$,故,级数 $\sum\limits_{n=1}^{\infty} \dfrac{1}{n(n+1)}$ 收敛,且和为 1.

例 2　讨论级数 $\sum\limits_{n=1}^{\infty} aq^{n-1}$ 的敛散性($a \neq 0$,q 是常数). 若收敛,求其和(此级数常称为**几何级数**或**等比级数**).

解　(1)当 $q = 1$ 时,$S_n = na \to \infty$,(当 $n \to \infty$ 时)所以级数发散.

(2)当 $q = -1$ 时,$S_n = \begin{cases} 0, \text{当 } n \text{ 为偶数时} \\ a, \text{当 } n \text{ 为奇数时} \end{cases}$ 不存在,所以级数发散.

(3)当 $|q| \neq 1$ 时,有 $S_n = a + aq + aq^2 + \cdots + aq^{n-1} = \dfrac{a(1-q^n)}{1-q}$,于是

$|q| < 1$ 时,$\lim\limits_{n \to \infty} S_n = \lim\limits_{n \to \infty} \dfrac{a(1-q^n)}{1-q} = \dfrac{a}{1-q}$;　$|q| > 1$ 时,$\lim\limits_{n \to \infty} S_n = \lim\limits_{n \to \infty} \dfrac{a(1-q^n)}{1-q} = \infty$,

所以,当 $|q| < 1$ 时,几何级数 $\sum\limits_{n=1}^{\infty} aq^{n-1}$ 收敛,且和为 $\dfrac{a}{1-q}$;当 $|q| \geqslant 1$ 时,几何级数 $\sum\limits_{n=1}^{\infty} aq^{n-1}$ 发散.

例 3　讨论级数 $\sum\limits_{n=1}^{\infty} \ln\left(1 + \dfrac{1}{n}\right)$ 的敛散性.

解　因为 $S_n = \ln\left(1 + \dfrac{1}{1}\right) + \ln\left(1 + \dfrac{1}{2}\right) + \cdots + \ln\left(1 + \dfrac{1}{n}\right)$

$$= \ln 2 + \ln \dfrac{3}{2} + \ln \dfrac{4}{3} + \cdots + \ln \dfrac{n+1}{n}$$

$$=\ln 2+\ln 3-\ln 2+\ln 4-\ln 3+\cdots+\ln(n+1)-\ln n$$
$$=\ln(n+1),$$

所以 $\lim\limits_{n\to\infty}S_n=\lim\limits_{n\to\infty}\ln(n+1)=\infty$，故级数 $\sum\limits_{n=1}^{\infty}\ln\left(1+\dfrac{1}{n}\right)$ 发散.

从以上几个例题可以看出，判别一个级数敛散性的基本方法是看其部分和数列的极限是否存在.若收敛，可以求出其和.但求其部分和往往是很困难的，为此要给出判别其收敛的一般方法，首先给出它的基本性质.

12.1.2　无穷级数的基本性质

定理 1　（**收敛的必要条件**）若级数 $\sum\limits_{n=1}^{\infty}u_n$ 收敛，则 $\lim\limits_{n\to\infty}u_n=0$.

证明　因级数 $\sum\limits_{n=1}^{\infty}u_n$ 收敛，所以 $S_n=u_1+u_2+\cdots+u_n$ 收敛，设 $\lim\limits_{n\to\infty}S_n=s$，由极限性质可得 $\lim\limits_{n\to\infty}S_{n-1}=s$，故 $\lim\limits_{n\to\infty}u_n=\lim\limits_{n\to\infty}(S_n-S_{n-1})=0$.

注意：$\lim\limits_{n\to\infty}S_n=S$ 仅仅是级数收敛的必要条件.也就是说，若级数通项的极限不为零，则级数一定不收敛；反之不成立（即若 $\lim\limits_{n\to\infty}u_n=0$，不能保证级数收敛）.这个性质在判别级数发散时很适用，也是最基本的方法.

例如，级数 $\sum\limits_{n=1}^{\infty}\dfrac{n}{n+1}$，因为 $\lim\limits_{n\to\infty}\dfrac{n}{n+1}=1\neq 0$，所以 $\sum\limits_{n=1}^{\infty}\dfrac{n}{n+1}$ 发散.反之，调和级数 $\sum\limits_{n=1}^{\infty}\dfrac{1}{n}$ 虽然 $\lim\limits_{n\to\infty}\dfrac{1}{n}=0$，但它是发散的.

定理 2　（**运算性质**）若级数 $\sum\limits_{n=1}^{\infty}u_n$，$\sum\limits_{n=1}^{\infty}v_n$ 都收敛，其和分别为 A,B，则：

(1)级数 $\sum\limits_{n=1}^{\infty}cu_n$ 收敛，且 $\sum\limits_{n=1}^{\infty}cu_n=c\sum\limits_{n=1}^{\infty}u_n=cA$（$c$ 为常数）；

(2)级数 $\sum\limits_{n=1}^{\infty}(u_n\pm v_n)$ 收敛，且 $\sum\limits_{n=1}^{\infty}(u_n\pm v_n)=\sum\limits_{n=1}^{\infty}u_n\pm\sum\limits_{n=1}^{\infty}v_n=A\pm B$.

注意：若 $\sum\limits_{n=1}^{\infty}u_n$，$\sum\limits_{n=1}^{\infty}v_n$ 都发散，其和差仍可能收敛；若一个收敛，一个发散，其和差一定发散.

例如，$\sum\limits_{n=1}^{\infty}(-1)^{n-1}$，$\sum\limits_{n=1}^{\infty}(-1)^n$ 都发散，而 $\sum\limits_{n=1}^{\infty}((-1)^{n-1}+(-1)^n)=0+\cdots+0+\cdots=0$ 收敛.

定理 3　在级数中去掉、增加或改变有限项，不会改变级数的收敛性.

注意：此性质只是不改变其收敛性，并不意味着不改变其和大小，其和的值是有可能发生变化的.

定理 4　设级数 $\sum\limits_{n=1}^{\infty} u_n$ 收敛,则对其项任意加括号后所得级数仍收敛,且和不变.

注意:(1)若级数加括号后收敛,但原级数不一定收敛.比如,级数 $\sum\limits_{n=0}^{\infty}\{(-1)^{2n}+(-1)^{2n+1}\}$ 收敛,而原级数 $1-1+1-1+\cdots+1-1+\cdots$ 是发散的.

(2)若级数加括号后所得的新级数发散,则原级数一定发散.

例 4　判别下列级数的敛散性.

(1) $\sum\limits_{n=1}^{\infty}(-1)^{n-1}\dfrac{n}{n+2}$;

(2) $\sum\limits_{n=1}^{\infty}\left(\dfrac{1}{n}\right)^{\frac{1}{n}}$;

(3) $\sum\limits_{n=1}^{\infty}\left(\dfrac{1}{2^n}+\dfrac{1}{3^n}\right)$;

(4) $\sum\limits_{n=1}^{\infty}(\sqrt{n+1}-\sqrt{n})$.

解　(1)因为 $\lim\limits_{n\to\infty}\dfrac{n}{n+2}=1\neq0$,所以原级数发散.

(2)因 $\lim\limits_{n\to\infty}\left(\dfrac{1}{n}\right)^{\frac{1}{n}}=\lim\limits_{n\to\infty}e^{\frac{1}{n}\ln\frac{1}{n}}=\lim\limits_{n\to\infty}e^{\frac{-\ln n}{n}}=1\neq0$,所以原级数发散.

(3)因 $\sum\limits_{n=1}^{\infty}\dfrac{1}{2^n},\sum\limits_{n=1}^{\infty}\dfrac{1}{3^n}$,都是等比级数,且公比 $\left|\dfrac{1}{2}\right|<1,\left|\dfrac{1}{3}\right|<1$,所以 $\sum\limits_{n=1}^{\infty}\dfrac{1}{2^n},\sum\limits_{n=1}^{\infty}\dfrac{1}{3^n}$,

都收敛,由定理 2 可得, $\sum\limits_{n=1}^{\infty}\left(\dfrac{1}{2^n}+\dfrac{1}{3^n}\right)$ 收敛.

(4)因为 $S_n=\sqrt{2}-1+\sqrt{3}-\sqrt{2}+\sqrt{4}-\sqrt{3}+\cdots+\sqrt{n+1}-\sqrt{n}=\sqrt{n+1}-1$,所以 $\lim\limits_{n\to\infty}S_n=\lim\limits_{n\to\infty}(\sqrt{n+1}-1)=\infty$,故级数发散.

习　题　12.1

1.求下列级数的和:

(1) $\sum\limits_{n=1}^{\infty}\dfrac{1}{n(n+1)(n+2)}$; (2) $\dfrac{1}{1\cdot3}+\dfrac{1}{3\cdot5}+\dfrac{1}{5\cdot7}+\cdots+\dfrac{1}{(2n-1)(2n+1)}+\cdots$.

2.利用级数的性质或级数的必要条件判别下列级数的敛散性:

(1) $\sum\limits_{n=1}^{\infty}200\left(\dfrac{1}{3}\right)^n$; (2) $\dfrac{1}{\sqrt{2}}+\dfrac{1}{\sqrt[3]{3}}+\cdots+\dfrac{1}{\sqrt[n]{n}}+\cdots$;

(3) $\sum\limits_{n=1}^{\infty}\dfrac{\cos n\pi}{2^n}$;

(4) $\sum\limits_{n=1}^{\infty}(\sqrt{n+2}-2\sqrt{n+1}+\sqrt{n})$;

(5) $\sum(\dfrac{1}{100n}-\dfrac{1}{2^n})$;

(6) $\dfrac{\ln 3}{3}+\dfrac{(\ln 3)^2}{3^2}+\cdots+\dfrac{(\ln 3)^n}{3^n}+\cdots$;

(7) $\sum\dfrac{6^n-9^n}{8^n}$;

(8) $\left(\dfrac{1}{3}+\dfrac{1}{4}\right)+\left(\dfrac{1}{3^2}+\dfrac{1}{4^2}\right)+\left(\dfrac{1}{3^3}+\dfrac{1}{4^3}\right)+\cdots$;

(9) $\sum\dfrac{(-1)^n n^2}{2n^2+n}$;

(10) $\sin\dfrac{\pi}{6}+\sin\dfrac{2\pi}{6}+\cdots+\sin\dfrac{n\pi}{6}+\cdots$.

3. 确定常数 a，使得级数 $\sum\limits_{n=1}^{\infty}\ln^n(1+a)$ 收敛，且其和为 1.

4. 证明：若级数 $\sum\limits_{n=1}^{\infty}u_n$ 收敛，则级数 $\sum\limits_{n=1}^{\infty}(u_n+u_{n+1})$ 也收敛.

12.2 正项级数

上一节介绍了数项级数的概念，并讨论了它的一些基本性质，在本节中专门讨论一般项为正数的级数的收敛判定方法.

定义 1 设级数 $\sum\limits_{n=1}^{\infty}u_n$，若对 $\forall n$，有 $u_n\geqslant 0$，则称它为**正项级数**.

对正项级数而言，因为 $S_n=S_{n-1}+u_n$，所以它的部分和数列 $\{S_n\}$ 是单调递增数列，若部分和数列 $\{S_n\}$ 有上界，则根据单调有界数列必有极限的准则，该正项级数必收敛；反之，若正项级数 $\sum\limits_{n=1}^{\infty}u_n$ 收敛，根据有极限的数列必是有界数列的性质可得，数列 $\{S_n\}$ 有上界. 所以得到正项级数收敛的充要条件.

定理 1 正项级数 $\sum\limits_{n=1}^{\infty}u_n$ 收敛 $\Leftrightarrow$ 它的部分和数列 $\{S_n\}$ 有上界.

根据级数的定义判别级数收敛要先求其部分和，一般来说计算是比较困难的，而定理 1 只要判别其部分和数列是否有界就可以了. 因为它一定是单调递增的，所以在应用过程中可以适当地把它的和进行放大或缩小，从而给判别正项级数的敛散性带来了方便.

例 1 证明级数 $\sum\limits_{n=0}^{\infty}\dfrac{1}{n!}$ 收敛.

证明 因为对 $\forall n$，有 $\dfrac{1}{n!}=\dfrac{1}{1\cdot 2\cdot 3\cdots n}<\dfrac{1}{1\cdot 2\cdot 2\cdots 2}=\dfrac{1}{2^{n-1}}$，

所以对 $\forall n\in \mathbf{N}$，有

$$S_n = 1 + \frac{1}{1!} + \frac{1}{2!} + \frac{1}{3!} + \cdots + \frac{1}{n!} < 1 + 1 + \frac{1}{2} + \frac{1}{2^2} + \cdots + \frac{1}{2^{n-1}}$$

$$= 1 + \frac{1 - \frac{1}{2^n}}{1 - \frac{1}{2}} = 3 - \frac{1}{2^{n-1}} < 3,$$

由定理 1 可得，级数 $\sum\limits_{n=0}^{\infty} \frac{1}{n!}$ 收敛.

例 2　判别级数 $\sum\limits_{n=1}^{\infty} \sin \frac{\pi}{2^n}$ 的敛散性.

解　当 $0 < x < \frac{\pi}{2}$ 时，有 $0 < \sin x < x$. 所以 $\forall n \in \mathbf{N}$，有 $\sin \frac{\pi}{2^n} < \frac{\pi}{2^n}$，故

$$S_n = \sin \frac{\pi}{2} + \sin \frac{\pi}{2^2} + \cdots + \sin \frac{\pi}{2^n} < \pi \left(\frac{1}{2} + \frac{1}{2^2} + \cdots + \frac{1}{2^n} \right) = \pi \left(1 - \frac{1}{2^n} \right) < \pi.$$

由定理 1 可得，级数 $\sum\limits_{n=1}^{\infty} \sin \frac{\pi}{2^n}$ 收敛.

定理 2　（**比较判别法**）设 $\sum\limits_{n=1}^{\infty} u_n$，$\sum\limits_{n=1}^{\infty} v_n$ 都是正项级数；满足 $u_n \leqslant v_n (n = 1, 2, \cdots)$.

(1) 若 $\sum\limits_{n=1}^{\infty} v_n$ 收敛，则 $\sum\limits_{n=1}^{\infty} u_n$ 收敛（简称大收则小收）.

(2) 若 $\sum\limits_{n=1}^{\infty} u_n$ 发散，则 $\sum\limits_{n=1}^{\infty} v_n$ 发散（简称小散则大散）.

证明　(1) 因为级数 $\sum\limits_{n=1}^{\infty} v_n$ 收敛，所以其前 n 项部分和数列 $\{S_n\}$ 收敛，设 $\lim\limits_{n \to \infty} S_n = S$，所以 $S_n = v_1 + v_2 + \cdots + v_n \leqslant S$ 有上界. 又因为 $S'_n = u_1 + u_2 + \cdots + u_n \leqslant v_1 + v_2 + \cdots + v_n \leqslant S$，所以数列 $\{S'_n\}$ 也有上界. 由定理 1 可知，级数 $\sum\limits_{n=1}^{\infty} u_n$ 收敛.

(2) 用反证法. 假设 $\sum\limits_{n=1}^{\infty} v_n$ 收敛，由(1) 可得 $\sum\limits_{n=1}^{\infty} u_n$ 收敛，与题设条件矛盾.

注意：根据上节定理 3，去掉前面有限项不改变级数的敛散性，所以此定理可改为如下形式.

设 $\sum\limits_{n=1}^{\infty} u_n$，$\sum\limits_{n=1}^{\infty} v_n$ 都是正项级数；若 $\exists N$，当 $n > N$ 时，有 $u_n \leqslant v_n (n = 1, 2, \cdots)$，则上述结论同样成立.

推论　设 $\sum\limits_{n=1}^{\infty} u_n$，$\sum\limits_{n=1}^{\infty} v_n$ 都是正项级数，若 $\lim\limits_{n \to \infty} \frac{u_n}{v_n} = l, (0 < l < +\infty)$ 则级数 $\sum\limits_{n=1}^{\infty} u_n$，$\sum\limits_{n=1}^{\infty} v_n$ 具有相同的敛散性.

定理 3 （**比值判别法**）设有正项级数 $\sum\limits_{n=1}^{\infty} u_n$，若 $\lim\limits_{n\to\infty} \dfrac{u_{n+1}}{u_n} = l$，则：

(1)当 $l < 1$ 时，级数 $\sum\limits_{n=1}^{\infty} u_n$ 收敛；

(2)当 $l > 1$ 时，级数 $\sum\limits_{n=1}^{\infty} u_n$ 发散；

(3)当 $l = 1$ 时，级数 $\sum\limits_{n=1}^{\infty} u_n$ 可能收敛，也可能发散，要另行判定．

定理 4 （**根值判别法**）设有正项级数 $\sum\limits_{n=1}^{\infty} u_n$，若有 $\lim\limits_{n\to\infty} \sqrt[n]{u_n} = l$，则：

(1)当 $l < 1$ 时，级数 $\sum\limits_{n=1}^{\infty} u_n$ 收敛；

(2)当 $l > 1$ 时，级数 $\sum\limits_{n=1}^{\infty} u_n$ 发散；

(3)当 $l = 1$ 时，级数 $\sum\limits_{n=1}^{\infty} u_n$ 可能收敛，也可能发散，要另行判定．

在这里就不给出上述性质的证明了，下面通过具体示例介绍正项级数敛散性判别的基本方法．

例 3 讨论 p- 级数 $\sum\limits_{n=1}^{\infty} \dfrac{1}{n^p}$ 的敛散性．

解 (1)当 $p < 0$ 时，$\dfrac{1}{n^p} \to +\infty (n\to\infty)$，由必要条件可得，级数 $\sum\limits_{n=1}^{\infty} \dfrac{1}{n^p}$ 发散．

(2)当 $p = 1$ 时，是调和级数，所以发散．

(3)当 $p < 1$ 时，因 $\dfrac{1}{n^p} > \dfrac{1}{n}$，而级数 $\sum\limits_{n=1}^{\infty} \dfrac{1}{n}$ 发散，由定理 2 可得级数发散．

(4)当 $p > 1$ 时，对原级数依次按一项、二项、四项、八项等规律加括号得新级数：

$$1 + \left(\frac{1}{2^p} + \frac{1}{3^p}\right) + \left(\frac{1}{4^p} + \frac{1}{5^p} + \frac{1}{6^p} + \frac{1}{7^p}\right) + \left(\frac{1}{8^p} + \cdots + \frac{1}{15^p}\right) + \cdots$$

$$< 1 + \underset{\text{共二项}}{\left(\frac{1}{2^p} + \frac{1}{2^p}\right)} + \underset{\text{共四项}}{\left(\frac{1}{4^p} + \cdots + \frac{1}{4^p}\right)} + \underset{\text{共八项}}{\left(\frac{1}{8^p} + \cdots + \frac{1}{8^p}\right)} + \cdots$$

$$= 1 + \frac{1}{2^{p-1}} + \left(\frac{1}{2^{p-1}}\right)^2 + \left(\frac{1}{2^{p-1}}\right)^3 + \cdots,$$

而 $0 < \dfrac{1}{2^{p-1}} < 1$，所以几何级数 $\sum\limits_{n=1}^{\infty} \left(\dfrac{1}{2^{p-1}}\right)^{n-1}$ 收敛；由定理 2 可得级数

$$1+\left(\frac{1}{2^p}+\frac{1}{3^p}\right)+\left(\frac{1}{4^p}+\frac{1}{5^p}+\frac{1}{6^p}+\frac{1}{7^p}\right)+\left(\frac{1}{8^p}+\cdots+\frac{1}{15^p}\right)+\cdots$$

收敛；

对正项级数而言，加括号不改变级数的敛散性，所以级数 $\sum\limits_{n=1}^{\infty}\dfrac{1}{n^p}$ 收敛.

对(4)的证明还可以这样考虑，当 $p>1$ 时，因为当 $n-1\leqslant x\leqslant n$ 时，有

$$\frac{1}{n^p}\leqslant\frac{1}{x^p},\frac{1}{n^p}=\int_{n-1}^{n}\frac{1}{n^p}\mathrm{d}x\leqslant\int_{n-1}^{n}\frac{1}{x^p}\mathrm{d}x=\frac{1}{p-1}\left[\frac{1}{(n-1)^{p-1}}-\frac{1}{n^{p-1}}\right],$$

而级数 $\sum\limits_{n=2}^{\infty}\left[\dfrac{1}{(n-1)^{p-1}}-\dfrac{1}{n^{p-1}}\right]$ 的前 n 项部分和

$$S_n=\left[1-\frac{1}{2^{p-1}}\right]+\left[\frac{1}{2^{p-1}}-\frac{1}{3^{p-1}}\right]+\cdots+\left[\frac{1}{n^{p-1}}-\frac{1}{(n+1)^{p-1}}\right]=1-\frac{1}{(n+1)^{p-1}}.$$

由于 $\lim\limits_{n\to\infty}S_n=\lim\limits_{n\to\infty}\left(1-\dfrac{1}{(n+1)^{p-1}}\right)=1$，所以 $\sum\limits_{n=2}^{\infty}\left[\dfrac{1}{(n-1)^{p-1}}-\dfrac{1}{n^{p-1}}\right]$ 收敛，由定理 2 可得

当 $p>1$ 时，级数 $\sum\limits_{n=1}^{\infty}\dfrac{1}{n^p}$ 收敛.

综上所述：p-级数 $\sum\limits_{n=1}^{\infty}\dfrac{1}{n^p}$ 当 $p\leqslant1$ 时发散，当 $p>1$ 时收敛.

这是一个常用级数，今后可以直接用 p-级数敛散性的结论来判别其他级数的敛散性.

例 4 判别下列级数的敛散性.

(1) $\sum\limits_{n=1}^{\infty}\dfrac{n+1}{n^2+1}$; (2) $\sum\limits_{n=1}^{\infty}\left(1-\cos\dfrac{\pi}{n}\right)$; (3) $\sum\limits_{n=1}^{\infty}\dfrac{1}{1+a^n}$;

(4) $\sum\limits_{n=1}^{\infty}\sin\dfrac{1}{n^2}$; (5) $\sum\limits_{n=1}^{\infty}\dfrac{7^n}{9^n-8^n}$; (6) $\sum\limits_{n=1}^{\infty}\dfrac{1}{\sqrt{6n^2-3}}$.

解 (1) 因为 $\dfrac{n+1}{n^2+1}>\dfrac{n+1}{n^2+2n+1}=\dfrac{1}{n+1}$，而 $\sum\limits_{n=1}^{\infty}\dfrac{1}{n+1}$ 发散；由比较判别法得

$\sum\limits_{n=1}^{\infty}\dfrac{n+1}{n^2+1}$ 发散.

(2)因为 $\cos x=1-2\sin^2\dfrac{x}{2}$，所以 $1-\cos\dfrac{\pi}{n}=2\sin^2\dfrac{\pi}{2n}<2\left(\dfrac{\pi}{2n}\right)^2=\dfrac{\pi^2}{2n^2}$，由 p-级数

结论可得 $\sum\limits_{n=1}^{\infty}\dfrac{1}{n^2}$ 收敛，由上节定理 2 可得 $\sum\limits_{n=1}^{\infty}\dfrac{\pi^2}{2n^2}$ 收敛，由比较判别法得 $\sum\limits_{n=1}^{\infty}\left(1-\cos\dfrac{\pi}{n}\right)$

收敛.

(3)因级数 $\sum\limits_{n=1}^{\infty}\dfrac{1}{1+a^n}$ 中含有参数 a，所以要分情况讨论.

① 当 $0<a<1$ 时，$\lim\limits_{n\to\infty}\dfrac{1}{1+a^n}=1$，由级数收敛的必要条件可得 $\sum\limits_{n=1}^{\infty}\dfrac{1}{1+a^n}$ 发散.

② 当 $a = 1$ 时,原级数变为 $\sum\limits_{n=1}^{\infty} \dfrac{1}{2}$,显然发散.

③ 当 $a > 1$ 时,$\dfrac{1}{1 + a^n} < \dfrac{1}{a^n}$,因为 $\dfrac{1}{a} < 1$,所以几何级数 $\sum\limits_{n=1}^{\infty} \dfrac{1}{a^n}$ 收敛.由比较判别法可得 $\sum\limits_{n=1}^{\infty} \dfrac{1}{1 + a^n}$ 收敛.

综上所述,级数 $\sum\limits_{n=1}^{\infty} \dfrac{1}{1 + a^n} = \begin{cases} 发散, 0 < a \leqslant 1 \\ 收敛, a \geqslant 1 \end{cases}$.

(4) 因 $\sin \dfrac{1}{n^2} < \dfrac{1}{n^2}$,所以级数 $\sum\limits_{n=1}^{\infty} \sin \dfrac{1}{n^2}$,收敛.

(5) 观察级数 $\sum\limits_{n=1}^{\infty} \dfrac{7^n}{9^n - 8^n}$ 的形式,很难直接用比较判别法,但可以用它的推论.因为级数 $\sum\limits_{n=1}^{\infty} \dfrac{7^n}{9^n}$ 是收敛的,而 $\lim\limits_{n \to \infty} \dfrac{\dfrac{7^n}{9^n - 8^n}}{\dfrac{7^n}{9^n}} = \lim\limits_{n \to \infty} \dfrac{9^n}{9^n - 8^n} = 1$,所以级数 $\sum\limits_{n=1}^{\infty} \dfrac{7^n}{9^n - 8^n}$ 收敛.

(6) 因 $\dfrac{1}{\sqrt{6n^2 - 3}} > \dfrac{1}{\sqrt{6}} \cdot \dfrac{1}{n}$,而级数 $\sum\limits_{n=1}^{\infty} \dfrac{1}{n}$ 发散,由比较判别法可得级数 $\sum\limits_{n=1}^{\infty} \dfrac{1}{\sqrt{6n^2 - 3}}$ 发散.

由此可以归纳应用定理 2 的基本思路:(1)熟悉已知的基本级数的敛散性;(2)根据题目本身的特点找到与它相对应的已知级数;(3)通常要采用放大性原理,然后进行比较.

例 5 判别下列级数的敛散性.

(1) $\sum\limits_{n=1}^{\infty} \dfrac{n!}{2^n}$; (2) $\sum\limits_{n=1}^{\infty} \dfrac{a^n n!}{n^n} (a > 0, a \neq \mathrm{e})$;

(3) $\sum\limits_{n=1}^{\infty} \dfrac{(2n)!}{(n!)^2}$; (4) $\sum\limits_{n=1}^{\infty} n \sin \dfrac{\pi}{2^{n+1}}$.

解 (1)因为 $\lim\limits_{n \to \infty} \dfrac{u_{n+1}}{u_n} = \lim\limits_{n \to \infty} \dfrac{\dfrac{(n+1)!}{2^{n+1}}}{\dfrac{n!}{2^n}} = \lim\limits_{n \to \infty} \dfrac{(n+1)n! \cdot 2^n}{2^{n+1} n!} = \lim\limits_{n \to \infty} \dfrac{n+1}{2} = \infty$,由定理 3 可得,此级数发散.

(2) 因为 $\lim\limits_{n \to \infty} \dfrac{u_{n+1}}{u_n} = \lim\limits_{n \to \infty} \dfrac{\dfrac{a^{n+1}(n+1)!}{(n+1)^{n+1}}}{\dfrac{a^n n!}{n^n}} = \lim\limits_{n \to \infty} \dfrac{a^{n+1}(n+1)n! \cdot n^n}{a^n (n+1)(n+1)^n n!} = \lim\limits_{n \to \infty} \dfrac{a n^n}{(n+1)^n} = \dfrac{a}{\mathrm{e}}$.

所以,当 $a>\mathrm{e}$ 时,原级数发散;当 $a<\mathrm{e}$ 时,原级数收敛.

(3)因为 $\lim\limits_{n\to\infty}\dfrac{u_{n+1}}{u_n}=\lim\limits_{n\to\infty}\dfrac{[2(n+1)]!\ (n!)^2}{[(n+1)!]^2(2n)!}=\lim\limits_{n\to\infty}\dfrac{(2n+2)(2n+1)(2n)!\ (n!)^2}{[(n+1)n!]^2(2n)!}$

$$=\lim\limits_{n\to\infty}\dfrac{(2n+2)(2n+1)}{(n+1)^2}=\lim\limits_{n\to\infty}\dfrac{2(2n+1)}{n+1}=4>1,$$

故原级数发散.

(4)因为 $\lim\limits_{n\to\infty}\dfrac{u_{n+1}}{u_n}=\lim\limits_{n\to\infty}\dfrac{(n+1)\sin\dfrac{\pi}{2^{n+2}}}{n\sin\dfrac{\pi}{2^{n+1}}}=\lim\limits_{n\to\infty}\dfrac{\sin\dfrac{\pi}{2^{n+2}}}{\sin\dfrac{\pi}{2^{n+1}}}=\dfrac{1}{2}<1,$

所以原级数收敛.

例 6　判别下列级数的敛散性.

(1) $\sum\limits_{n=1}^{\infty}\left(\dfrac{3n}{5n+2}\right)^n$；(2) $\sum\limits_{n=1}^{\infty}\left(\dfrac{an}{n+1}\right)^n(a\geqslant 0)$；(3) $\sum\limits_{n=1}^{\infty}\dfrac{1}{[\ln(n+1)]^n}$.

解　(1)因 $\lim\limits_{n\to\infty}\sqrt[n]{\left(\dfrac{3n}{5n+2}\right)^n}=\lim\limits_{n\to\infty}\dfrac{3n}{5n+2}=\dfrac{3}{5}<1$,所以原级数收敛.

(2)因 $\lim\limits_{n\to\infty}\sqrt[n]{\left(\dfrac{an}{n+1}\right)^n}=\lim\limits_{n\to\infty}\dfrac{an}{n+1}=a$,所以,当 $0\leqslant a<1$ 时,级数收敛;当 $a>$

1 时, $\sum\limits_{n=1}^{\infty}\left(\dfrac{an}{n+1}\right)^n$ 发散.

(3)因 $\lim\limits_{n\to\infty}\sqrt[n]{\dfrac{1}{(\ln(n+1))^n}}=\lim\limits_{n\to\infty}\dfrac{1}{\ln(n+1)}=0<1$,所以原级数收敛.

注意:由例 5、例 6 可以得出判别正项级数收敛的一般方法.

(1)首先观察级数本身的特点;(2)如果一般项含有阶乘常用比值判别法,如果一般项是 n 次幂,一般常用根值判别法;(3)对一般项含有常数时,通常要讨论常数的取值情况;(4)若 $\lim\limits_{n\to\infty}\dfrac{u_{n+1}}{u_n}=1,\lim\limits_{n\to\infty}\sqrt[n]{u_n}=1$ 时,无法判定其敛散性,要用其他方法进行判定.

习　题　12.2

1.判别下列级数的敛散性:

(1) $\sum\limits_{n=1}^{\infty}\dfrac{1}{(n-1)(n+3)}$；

(2) $\sum\limits_{n=1}^{\infty}\dfrac{1}{(2n-1)2^{n-1}}$；

(3) $\sum\limits_{n=1}^{\infty}\sin\dfrac{\pi}{2^{n+1}}$；

(4) $\sum\limits_{n=1}^{\infty}\ln\left(1+\dfrac{a}{n}\right)(a>0)$；

(5) $\displaystyle\sum_{n=1}^{\infty} \frac{n+1}{n\sqrt{n}}$;　　　　　　　　(6) $\displaystyle\sum_{n=1}^{\infty} \frac{\sqrt{n+1}}{n^2-n+1}$;

(7) $\displaystyle\sum_{n=1}^{\infty} \frac{(n+1)!}{2^n}$;　　　　　　　　(8) $\displaystyle\sum_{n=1}^{\infty} n^2 \sin\frac{3^n}{4^n}$;

(9) $\displaystyle\sum_{n=1}^{\infty} \frac{1 \cdot 3 \cdot 5 \cdot \cdots \cdot (2n-1)}{3^n n!}$;　　(10) $\displaystyle\sum_{n=1}^{\infty} \frac{2^n n!}{n^n}$;

(11) $\displaystyle\sum_{n=1}^{\infty} \frac{2^n}{\sqrt[n]{n}}$;　　　　　　　　(12) $\displaystyle\sum_{n=1}^{\infty} \frac{3^n}{(2n+)!}$;

(13) $\displaystyle\sum_{n=1}^{\infty} \frac{n}{[\ln(n+1)]^n}$;　　　　　(14) $\displaystyle\sum_{n=1}^{\infty} \frac{5^{\frac{n}{2}} n^n}{(n+1)^n}$;

(15) $\displaystyle\sum_{n=1}^{\infty} \frac{1}{n}(\sqrt{n+1}-\sqrt{n-1})$;　(16) $\displaystyle\sum_{n=1}^{\infty}\left(\frac{2n}{2n+1}-\frac{2n-1}{2n}\right)$.

2. 能否用比值判别法判别级数 $\displaystyle\sum_{n=1}^{\infty} \frac{3+(-1)^n}{2^n}$ 的收敛散性?若不能,应如何判别其敛散性.

3. 设两正项级数 $\displaystyle\sum_{n=1}^{\infty} u_n$, $\displaystyle\sum_{n=1}^{\infty} v_n$ 都收敛,证明:(1) $\displaystyle\sum_{n=1}^{\infty} \sqrt{u_n v_n}$;(2) $\displaystyle\sum_{n=1}^{\infty} \frac{\sqrt{u_n}}{n}$ 都收敛.

4. 证明下列极限:

(1) $\displaystyle\lim_{n\to\infty} \frac{3^n}{n! \, 2^n} = 0$;　　　　　　(2) $\displaystyle\lim_{n\to\infty} \frac{n^n}{(n!)^2} = 0$;

(3) $\displaystyle\lim_{n\to\infty} \frac{a^n}{n!} = 0 \, (a>0)$;　　　　(4) $\displaystyle\lim_{n\to\infty} \frac{n^2}{\left(2+\frac{1}{n}\right)^{\frac{n}{2}}} = 0$.

5. 证明:若正项级数 $\displaystyle\sum_{n=1}^{\infty} u_n$ 收敛,则级数 $\displaystyle\sum_{n=1}^{\infty} u_n^2$ 收敛.其逆命题是否成立?

12.3　任意项级数

上节介绍了正项级数的敛散性判别法,但在实际问题中常常会遇到级数的项是有正、有负或零的,这样的级数称为任意项级数.如何判定任意项级数的敛散性呢? 通常没有什么好方法,但对于一种较为特殊的类型——交错级数,还是有一个比较实用的判别法的,本节将对此进行简要介绍,进而讨论绝对收敛与条件收敛的基本概念.

12.3.1　交错级数

定义 1　正负相间的级数称为**交错级数**.形如: $\displaystyle\sum_{n=1}^{\infty} (-1)^{n-1} u_n$, $\displaystyle\sum_{n=1}^{\infty} (-1)^n u_n$,其中 $u_n > 0$.

定理 1 （**莱布尼茨准则**）如果交错级数 $\sum\limits_{n=1}^{\infty}(-1)^{n-1}u_n(u_n>0)$ 满足如下条件：

$(1)u_n \geqslant u_{n+1}(n=1,2,\cdots);(2)\lim\limits_{n\to\infty}u_n=0.$

则交错级数 $\sum\limits_{n=1}^{\infty}(-1)^{n-1}u_n(u_n>0)$ 收敛，且其和 $S \leqslant u_1$，其余项 $|r_n| \leqslant u_{n+1}$.

注意：满足以上两个条件的交错级数有时称为莱布尼茨级数，莱布尼茨级数是收敛的.

例 1 判别下列级数的敛散性.

$(1) \sum\limits_{n=1}^{\infty}(-1)^{n-1}\dfrac{1}{n};$ $(2) \sum\limits_{n=1}^{\infty}\dfrac{1+\cos n\pi}{\sqrt{n}};$

$(3) \sum\limits_{n=1}^{\infty}(-1)^{n}\dfrac{\cos n\pi}{\sqrt{n\pi}};$ $(4) \sum\limits_{n=1}^{\infty}(-1)^{n+1}\dfrac{1}{\ln(1+n)}.$

解 （1）因 $u_n=\dfrac{1}{n}>\dfrac{1}{n+1}=u_{n+1}$，又 $\lim\limits_{n\to\infty}\dfrac{1}{n}=0.$ 由定理 1 可得，级数 $\sum\limits_{n=1}^{\infty}(-1)^{n-1}\dfrac{1}{n}$ 收敛.

（2）因 $\sum\limits_{n=1}^{\infty}\dfrac{1+\cos n\pi}{\sqrt{n}}=\sum\limits_{n=1}^{\infty}\dfrac{1}{\sqrt{n}}+\sum\limits_{n=1}^{\infty}\dfrac{\cos n\pi}{\sqrt{n}}$，

而级数 $\sum\limits_{n=1}^{\infty}\dfrac{1}{\sqrt{n}}$ 发散，又因 $\cos n\pi=(-1)^n,\dfrac{1}{\sqrt{n}}>\dfrac{1}{\sqrt{n+1}},\lim\limits_{n\to\infty}\dfrac{1}{\sqrt{n}}=0,$

所以级数 $\sum\limits_{n=1}^{\infty}\dfrac{\cos n\pi}{\sqrt{n}}$ 收敛；故原级数 $\sum\limits_{n=1}^{\infty}\dfrac{1+\cos n\pi}{\sqrt{n}}$ 发散.

（3）因 $\cos n\pi=(-1)^n,\dfrac{1}{\sqrt{n\pi}}>\dfrac{1}{\sqrt{(n+1)\pi}}$，又 $\lim\limits_{n\to\infty}\dfrac{1}{\sqrt{n\pi}}=0$，由定理 1 可得原级数收敛.

（4）因 $\dfrac{1}{\ln(n+1)}>\dfrac{1}{\ln(n+2)}$，又因 $\lim\limits_{n\to\infty}\dfrac{1}{\ln(n+1)}=0$，所以 $\sum\limits_{n=1}^{\infty}(-1)^{n+1}\dfrac{1}{\ln(1+n)}$ 是莱布尼茨级数，故收敛.

12.3.2 绝对收敛与条件收敛

定义 2 对任意项级数 $\sum\limits_{n=1}^{\infty}u_n$，若 $\sum\limits_{n=1}^{\infty}|u_n|$ 收敛，则称级数 $\sum\limits_{n=1}^{\infty}u_n$ 为**绝对收敛**，若 $\sum\limits_{n=1}^{\infty}|u_n|$ 发散，而 $\sum\limits_{n=1}^{\infty}u_n$ 收敛，则称级数 $\sum\limits_{n=1}^{\infty}u_n$ **条件收敛**.

显然收敛的正项级数是绝对收敛的.

定理 2 若级数 $\sum\limits_{n=1}^{\infty}|u_n|$ 收敛,则级数 $\sum\limits_{n=1}^{\infty}u_n$ 一定收敛.其逆命题不一定成立.

证明 由于 $0 \leqslant |u_n| + u_n \leqslant 2|u_n|$,且已知 $\sum\limits_{n=1}^{\infty}|u_n|$ 收敛,故 $\sum\limits_{n=1}^{\infty}|u_n| + u_n$ 收敛.

又因 $u_n = (|u_n| + u_n) - |u_n|$,由级数的性质可得,级数 $\sum\limits_{n=1}^{\infty}u_n$ 收敛.

若级数 $\sum\limits_{n=1}^{\infty}u_n$ 收敛,则级数 $\sum\limits_{n=1}^{\infty}|u_n|$ 不一定收敛.如交错级数 $\sum\limits_{n=1}^{\infty}\dfrac{(-1)^n}{n}$ 收敛,而级数 $\sum\limits_{n=1}^{\infty}\left|\dfrac{(-1)^n}{n}\right| = \sum\limits_{n=1}^{\infty}\dfrac{1}{n}$ 是发散的.

例 2 判定下列级数是绝对收敛或条件收敛.

(1) $\sum\limits_{n=1}^{\infty}\dfrac{(-1)^{\frac{n(n+1)}{2}}}{2^n}$;

(2) $\sum\limits_{n=1}^{\infty}\dfrac{(-1)^{n-1}}{n^2}\sin\dfrac{n\pi}{3}$;

(3) $\sum\limits_{n=1}^{\infty}\dfrac{(-1)^n}{\sqrt[3]{n}}$;

(4) $\sum\limits_{n=1}^{\infty}\dfrac{a^n}{n}$ (a 为常数).

解 (1)因 $|u_n| = \left|\dfrac{(-1)^{\frac{n(n+1)}{2}}}{2^n}\right| = \dfrac{1}{2^n}$,而级数 $\sum\limits_{n=1}^{\infty}\dfrac{1}{2^n}$ 收敛,所以原级数绝对收敛.

(2)因 $|u_n| = \left|\dfrac{(-1)^{n-1}}{n^2}\sin\dfrac{n\pi}{3}\right| \leqslant \dfrac{1}{n^2}$,而级数 $\sum\limits_{n=1}^{\infty}\dfrac{1}{n^2}$ 收敛,所以 $\sum\limits_{n=1}^{\infty}\dfrac{(-1)^{n-1}}{n^2}\sin\dfrac{n\pi}{3}$ 绝对收敛.

(3)因 $|u_n| = \left|\dfrac{(-1)^n}{\sqrt[3]{n}}\right| = \dfrac{1}{\sqrt[3]{n}}$,而 $p = \dfrac{1}{3}$,所以级数 $\sum\limits_{n=1}^{\infty}\dfrac{1}{\sqrt[3]{n}}$ 发散.

而 $u_n = \dfrac{1}{\sqrt[3]{n}} > \dfrac{1}{\sqrt[3]{n+1}} = u_{n+1}$,且 $\lim\limits_{n\to\infty}\dfrac{1}{\sqrt[3]{n}} = 0$,所以交错级数 $\sum\limits_{n=1}^{\infty}\dfrac{(-1)^n}{\sqrt[3]{n}}$ 属于莱布尼茨级数,故收敛,所以原级数条件收敛.

(4)因 $\left|\dfrac{a^n}{n}\right| = \dfrac{|a|^n}{n}$,对常数 a 要分情况加以讨论.

当 $|a| > 1$ 时,$\lim\limits_{n\to\infty}\dfrac{a^n}{n} \neq 0$(可以用洛必达法则的推论),所以级数 $\sum\limits_{n=1}^{\infty}\dfrac{a^n}{n}$ 发散.

当 $a = 1$ 时,则 $\sum\limits_{n=1}^{\infty}\dfrac{a^n}{n} = \sum\limits_{n=1}^{\infty}\dfrac{1}{n}$ 是调和级数,发散.

当 $a = -1$ 时,则 $\sum\limits_{n=1}^{\infty}\dfrac{a^n}{n} = \sum\limits_{n=1}^{\infty}\dfrac{(-1)^n}{n}$ 属于莱布尼茨级数,故收敛;是条件收敛.

当 $|a| < 1$ 时,对级数 $\sum\limits_{n=1}^{\infty}\left|\dfrac{a^n}{n}\right|$ 而言,用比值判别法可得

$$\lim_{n \to \infty} \frac{\left|\frac{a^{n+1}}{n+1}\right|}{\left|\frac{a^n}{n}\right|} = \lim_{n \to \infty} \frac{n|a|}{n+1} < 1,$$

所以原级数绝对收敛.

判别任意项级数 $\sum\limits_{n=1}^{\infty} u_n$ 的条件收敛,有如下两个一般的判别法.

定理 3 (狄利克雷判别法)若级数 $\sum\limits_{n=1}^{\infty} a_n b_n$ 满足下列两个条件:

(1)数列 $\{a_n\}$ 单调减少,且 $\lim\limits_{n \to \infty} a_n = 0$;

(2)级数 $\sum\limits_{n=1}^{\infty} b_n$ 的部分和数列 $\{B_n\}$ 有界,即 $\exists M > 0, \forall n \in \mathbf{N}$,有

$$|B_n| = |b_1 + b_2 + \cdots + b_n| \leqslant M;$$

则级数 $\sum\limits_{n=1}^{\infty} a_n b_n$ 收敛.

定理 4 (阿贝尔判别法)若级数 $\sum\limits_{n=1}^{\infty} a_n b_n$ 满足下列两个条件:

(1)数列 $\{a_n\}$ 单调有界;

(2)级数 $\sum\limits_{n=1}^{\infty} b_n$ 收敛.

则级数 $\sum\limits_{n=1}^{\infty} a_n b_n$ 收敛.

习 题 12.3

1.判断下列级数是绝对收敛还是条件收敛:

(1) $\sum\limits_{n=1}^{\infty} \frac{(-1)^n}{n - \ln n}$;

(2) $\sum\limits_{n=1}^{\infty} (-1)^n \frac{\sqrt{n}}{n + 100}$;

(3) $\sum\limits_{n=1}^{\infty} (-1)^n \sin \frac{3}{n+2}$;

(4) $\sum\limits_{n=1}^{\infty} \frac{\cos \frac{n\pi}{4}}{n(\ln n)^3}$;

(5) $\sum\limits_{n=1}^{\infty} (-1)^n \sqrt{\frac{n(n+1)}{(n-1)(n+2)}}$;

(6) $\sum\limits_{n=1}^{\infty} \sin \frac{(-1)^n \pi}{n}$;

(7) $\sum\limits_{n=1}^{\infty} (-1)^{n-1} \ln \frac{n}{n+1}$;

(8) $\sum\limits_{n=1}^{\infty} \frac{\sin n}{n^2}$;

(9) $\sum\limits_{n=2}^{\infty} \frac{(-1)^n}{\sqrt{n} + (-1)^n}$;

(10) $\sum\limits_{n=1}^{\infty} (-1)^{n-1} \frac{2 + (-1)^n}{n^{\frac{5}{4}}}$.

2. 证明:若 $\sum\limits_{n=1}^{\infty} a_n^2$ 及 $\sum\limits_{n=1}^{\infty} b_n^2$ 都收敛,则 $\sum\limits_{n=1}^{\infty} |a_n b_n|$,$\sum\limits_{n=1}^{\infty} (a_n + b_n)^2$,$\sum\limits_{n=1}^{\infty} \dfrac{|a_n|}{n}$ 也都收敛.

3. 已知 $\sum\limits_{n=1}^{\infty} a_n$ 绝对收敛,$\sum\limits_{n=1}^{\infty} b_n$ 收敛,试证明:$\sum\limits_{n=1}^{\infty} a_n b_n$ 绝对收敛.

4. 讨论级数 $\sum\limits_{n=1}^{\infty} \dfrac{(-1)^{n-1}}{n^p}$ 何时绝对收敛,何时条件收敛.

12.4 函数项级数与幂级数

12.4.1 函数项级数的概念

定义 1 设函数列 $u_1(x), u_2(x), \cdots, u_n(x), \cdots$ 在某个区间 I 上有定义,则

$$\sum_{n=1}^{\infty} u_n(x) = u_1(x) + u_2(x) + \cdots + u_n(x) + \cdots \qquad (12.2)$$

称为定义在区间 I 上的**函数项级数**.

对区间 I 上取定的一个点 x_0,级数(12.2)就变成了常数项级数

$$\sum_{n=1}^{\infty} u_n(x_0) = u_1(x_0) + u_2(x_0) + \cdots + u_n(x_0) + \cdots. \qquad (12.3)$$

常数项级数(12.3)可能收敛,也可能发散.若级数(12.3)收敛,就称 x_0 是级数(12.2)的**收敛点**;若级数(12.3)发散,就称 x_0 是级数(12.2)的**发散点**.

定义 2 级数(12.2)收敛点的全体称为它的**收敛域**,级数(12.2)所有发散点的全体称为它的**发散域**.

例 1 求函数项级数 $\sum\limits_{n=1}^{\infty} x^{n-1}$ 的收敛域.

解 此级数的定义域是 $(-\infty, +\infty)$,它是几何级数.所以当 $|x| < 1$ 时收敛,并且收敛于和 $\dfrac{1}{1-x}$;当 $|x| \geqslant 1$ 时发散.故函数项级数的收敛域是 $(-1, 1)$,发散域是 $(-\infty, -1] \cup [1, +\infty)$.

级数(12.2)在收敛域内对任意的 x 都对应于一个常数项级数,并且有确定的和,记为 $S(x)$,即 $S(x) = \sum\limits_{n=1}^{\infty} u_n(x) = u_1(x) + u_2(x) + \cdots + u_n(x) + \cdots$,则称 $S(x)$ 为级数(12.2)在收敛域上的**和函数**.

对级数(12.2),记 $S_n(x) = \sum\limits_{k=1}^{n} u_k = u_1(x) + u_2(x) + \cdots + u_n(x)$,那么 $S_n(x)$ 称为式(12.2)的部分和函数(也简称部分和),在其收敛域内有 $\lim\limits_{n \to \infty} S_n(x) = S(x)$ 成立;记

$r_n(x) = S(x) - S_n(x)$,那么 $r_n(x)$ 称为级数(12.2)的 n 项余和函数(也简称余和),且有 $\lim\limits_{n\to\infty} r_n(x) = 0$.

例 2 设函数列 $u_1(x) = x, u_2(x) = x^2 - x, \cdots, u_n(x) = x^n - x^{n-1}, \cdots$,讨论函数项级数 $\sum\limits_{n=1}^{\infty} u_n(x)$ 在区间 $[0,1]$ 上的敛散性.

解 $\sum\limits_{n=1}^{\infty} u_n$ 的部分和数列为 $S_1(x) = x, S_2(x) = x^2, \cdots, S_n(x) = x^n, \cdots$,所以,当 $0 \leqslant x < 1$ 时,$\lim\limits_{n\to\infty} S_n(x) = \lim\limits_{n\to\infty} x^n = 0$,当 $x = 1$ 时,$S_n(1) = 1$,所以 $\lim\limits_{n\to\infty} S_n(1) = 1$ 故级数 $\sum\limits_{n=1}^{\infty} u_n$ 在区间 $[0,1]$ 上收敛,且和函数为 $S(x) = \begin{cases} 0, & 0 \leqslant x < 1 \\ 1, & x = 1 \end{cases}$.

由此例题还可以看到这样的结果:因为 $u_n(x) = x^n - x^{n-1}$ ($n = 1, 2, \cdots$) 在区间 $[0,1]$ 上是连续的,但它们的和函数 $S(x) = \begin{cases} 0, & 0 \leqslant x < 1 \\ 1, & x = 1 \end{cases}$ 在区间 $[0,1]$ 不连续. 这与第 1 章中连续函数的性质:有限个连续函数的和还是连续函数的分析性质不同,也就是说无穷多个连续函数的和函数未必是连续函数. 也可举出类似的例子,函数项级数的每一项的导数及积分所成的级数的和并不等于它们和函数的导数及积分. 这就提出了一个问题:在什么样的情况下能够从级数每一项的连续性得到它的和函数的连续性,从级数每一项的导数及积分所成的级数之和得到原来级数的和函数的导数及积分? 为此简单地介绍级数的一致收敛的概念及性质.

12.4.2 函数级数一致收敛的概念及性质

在前面介绍了函数项级数在收敛区间内收敛的概念,其实它是点点收敛. 现在介绍函数项级数在区间内一致收敛的概念.

定义 3 设函数项级数 $\sum\limits_{n=1}^{\infty} u_n(x)$ 在某区间 I 上收敛于 $S(x)$,若对 $\forall \varepsilon > 0$,$\exists N(\varepsilon)$,当 $n > N$ 时,$\forall x \in I$,有

$$|r_n(x)| = |S(x) - S_n(x)| = \left| \sum_{k=n+1}^{\infty} u_k(x) \right| < \varepsilon$$

成立,则称函数项级数 $\sum\limits_{n=1}^{\infty} u_n(x)$ 在区间 I 上**一致收敛**.

定义 3′ 设函数列 $\{S_n(x)\}$ 在区间 I 上收敛于函数 $S(x)$,若对 $\forall \varepsilon > 0$,$\exists N(\varepsilon)$,对 $\forall x \in I$,使得当 $n > N(\varepsilon)$ 时,有不等式

$$|S_n(x) - S(x)| < \varepsilon$$

成立.则称函数列 $\{S_n(x)\}$ 在区间 I 一致收敛.

例如,在前面例 2 中,函数项级数 $x+\sum\limits_{n=2}^{\infty}(x^n-x^{n-1})$ 在区间 $[0,1]$ 上有

$$|S_n(x)-S(x)|=\begin{cases}x^n, & 0\leqslant x<1, \\ 0, & x=1,\end{cases}$$

此函数项级数在区间 $(0,1)$ 内非一致收敛,在 $[0,c)$ $(0<c<1)$ 上一致收敛.

注意:一致收敛简单地理解就是与自变量 x 在区间 I 上的取值无关.

例 3 证明函数项级数

$$\frac{1}{x+1}+\left(\frac{1}{x+2}-\frac{1}{x+1}\right)+\cdots+\left(\frac{1}{x+n}-\frac{1}{x+n-1}\right)+\cdots$$

在区间 $[0,+\infty)$ 上一致收敛.

证明 级数的前 n 项部分和函数 $S_n(x)=\dfrac{1}{x+n}$,因此级数和函数

$$S(x)=\lim_{n\to\infty}S_n(x)=\lim_{n\to\infty}\frac{1}{x+n}=0(0\leqslant x<+\infty),$$

于是余项的绝对值

$|r_n(x)|=|S(x)-S_n(x)|=\dfrac{1}{x+n}\leqslant\dfrac{1}{n}(0\leqslant x<+\infty)$,所以 $\forall\varepsilon>0$,取自然数 $N>$ $\left[\dfrac{1}{\varepsilon}\right]$,当 $n>N$ 时,$\forall x\in[0,+\infty)$ 都有 $|r_n(x)|=|S(x)-S_n(x)|\leqslant\varepsilon$ 成立.所以此函数级数在区间 $[0,+\infty)$ 上一致收敛于和函数 $S(x)=0$.

例 4 设函数项级数 $\sum\limits_{n=1}^{\infty}u_n(x)$ 的前 n 项部分和函数列为 $S_n(x)=n(1-x)x^n$,讨论它在区间 $[0,1]$ 上的一致收敛性.

解 $\forall x\in[0,1]$,有 $\lim\limits_{n\to\infty}S_n(x)=\lim\limits_{n\to\infty}n(1-x)x^n=0=S(x)$. 又因为

$$\sup_{0\leqslant x\leqslant 1}|S_n(x)-S(x)|=\sup_{0\leqslant x\leqslant 1}(n(1-x)x^n)=\frac{n}{n+1}\left(\frac{n}{n+1}\right)^n\to\frac{1}{\mathrm{e}}\neq 0(n\to\infty),$$

所以级数在区间 $[0,1]$ 上非一致收敛.

根据定义判别函数项级数的一致收敛往往比较麻烦和困难,下面介绍一个判别函数级数一致收敛的简单的判定性质.

定理 1 [**维尔斯特拉斯判别法**(Weierstrass)]设函数项级数 $\sum\limits_{n=1}^{\infty}u_n(x)$ 在区间 I 上满足下列条件:

(1) $|u_n(x)|\leqslant M_n(n=1,2,\cdots)$;(2) 级数 $\sum\limits_{n=1}^{\infty}M_n$ 收敛.

则函数项级数 $\sum\limits_{n=1}^{\infty} u_n(x)$ 在区间 I 上一致收敛.

证明从略.

例 5 证明级数 $\sum\limits_{n=1}^{\infty} \dfrac{\cos nx}{n^2}$ 在区间 $(-\infty,+\infty)$ 内一致收敛.

证明 因为 $\forall x \in (-\infty,+\infty)$,有 $\left| \dfrac{\cos nx}{n^2} \right| \leqslant \dfrac{1}{n^2}$,而 $\sum\limits_{n=1}^{\infty} \dfrac{1}{n^2}$ 是收敛的,由定理 1 可得:级数 $\sum\limits_{n=1}^{\infty} \dfrac{\cos nx}{n^2}$ 在区间 $(-\infty,+\infty)$ 内一致收敛.

例 6 证明函数项级数 $\sum\limits_{n=1}^{\infty} \dfrac{x}{1+n^6 x^2}$ 在区间 $(-\infty,+\infty)$ 上一致收敛.

证明 因为 $1-2n^3 x+n^6 x^2 = (1-n^3 x)^2 \geqslant 0$,

所以　$1+n^6 x^2 \geqslant 2n^3 |x|$,故对 $\forall x \in (-\infty,+\infty)$ 和自然数 n,有

$$\left| \frac{x}{1+n^6 x^2} \right| \leqslant \frac{1}{2n^3},$$

而级数 $\sum\limits_{n=1}^{\infty} \dfrac{1}{2n^3}$ 收敛,由定理 1 可得,函数项级数 $\sum\limits_{n=1}^{\infty} \dfrac{x}{1+n^6 x^2}$ 在区间 $(-\infty,+\infty)$ 上一致收敛.

读者不难验证:若级数 $\sum\limits_{n=1}^{\infty} a_n$ 绝对收敛,则函数项级数 $\sum\limits_{n=1}^{\infty} a_n \sin nx$,$\sum\limits_{n=1}^{\infty} a_n \cos nx$ 在区间 $(-\infty,+\infty)$ 上一致收敛.

下面给出一致收敛的函数项级数的分析性质,我们不加证明,希望大家会用就行.

定理 2 设函数项级数 $\sum\limits_{n=1}^{\infty} u_n(x)$ 满足下列条件:

(1)每一项 $u_n(x)(n=1,2,\cdots)$ 在区间 (a,b) 内连续;

(2)级数 $\sum\limits_{n=1}^{\infty} u_n(x)$ 在区间 (a,b) 内一致收敛于 $S(x)$;则和函数 $S(x)$ 在区间 (a,b) 内连续.

定理 3 设函数项级数 $\sum\limits_{n=1}^{\infty} u_n(x)$ 满足下列条件:

(1)每一项 $u_n(x)(n=1,2,\cdots)$ 在区间 $[a,b]$ 上连续;

(2)且 $\sum\limits_{n=1}^{\infty} u_n(x)$ 在区间 $[a,b]$ 上一致收敛于 $S(x)$;

则其和函数 $S(x)$ 在区间 $[a,b]$ 上可积,且

$$\int_{x_0}^{x} S(x) \mathrm{d}x = \int_{x_0}^{x} u_1(x) \mathrm{d}x + \int_{x_0}^{x} u_2(x) \mathrm{d}x + \cdots + \int_{x_0}^{x} u_n(x) \mathrm{d}x + \cdots = \sum_{n=1}^{\infty} \int_{x_0}^{x} u_n(x) \mathrm{d}x$$

$(a \leqslant x_0 < x \leqslant b)$，上式右端在区间 $[a,b]$ 也一致收敛.

定理 4 设函数项级数 $\sum\limits_{n=1}^{\infty} u_n(x)$ 满足下列条件：

(1) 在区间 (a,b) 内收敛于 $S(x)$；

(2) 每一项 $u_n(x)(n=1,2,\cdots)$ 在区间 (a,b) 内具有连续的导数 $u'_n(x)$；

(3) $\sum\limits_{n=1}^{\infty} u'_n(x)$ 在 (a,b) 内一致收敛；

则级数 $\sum\limits_{n=1}^{\infty} u_n(x)$ 在 (a,b) 内一致收敛，其和函数 $S(x)$ 在区间 (a,b) 内也存在连续导数，且 $\forall x \in (a,b)$，有 $S'(x) = \sum\limits_{n=1}^{\infty} u'_n(x)$.

12.4.3 幂级数

函数项级数中形式最简单、应用最广泛的一类级数就是下面要讲的幂级数，在这里只介绍幂级数的基本的概念、基本的性质及应用.

定义 4 形如

$$\sum_{n=0}^{\infty} a_n (x - x_0)^n = a_0 + a_1 (x - x_0) + a_2 (x - x_0)^2 + \cdots + a_n (x - x_0)^n + \cdots$$

(12.4)

的级数，称为**幂级数**. 其中 $a_0, a_1, a_2, \cdots, a_n, \cdots$ 都是常数，也称为**幂级数的系数**. 通常称式(12.4)为幂级数的一般形式.

当 $x_0 = 0$ 时，式(12.4)成为

$$\sum_{n=0}^{\infty} a_n x^n = a_0 + a_1 x + a_2 x^2 + \cdots + a_n x^n + \cdots.$$

(12.5)

通常称式(12.5)为**幂级数的标准形式**.

幂级数其实是可以看作多项式函数的一个推广. 它的重要性在于：一个收敛的幂级数，其和函数可能很复杂，但其部分和函数是 x 的多项式，所以就可以用一个简单函数——多项式函数来逼近一个复杂函数，且可以逼近到任意精确的程度.

定理 5 （**Abel 第一定理**）设幂级数 $\sum\limits_{n=0}^{\infty} a_n x^n$，

(1) 若在 x_0 处，级数 $\sum\limits_{n=0}^{\infty} a_n x_0^n$ 收敛，则它在区间 $(-|x_0|, |x_0|)$ 内绝对收敛；

(2) 若在 x_0 处，级数 $\sum\limits_{n=0}^{\infty} a_n x_0^n$ 发散，则它在满足不等式 $|x| > |x_0|$ 的任意一点 x 处发散.

证明　(1)因为级数 $\sum\limits_{n=0}^{\infty} a_n x_0^n$ 收敛,所以 $\lim\limits_{n\to\infty} a_n x_0^n = 0$,则 $\exists M > 0$,使得 $|a_n x_0^n| \leqslant M$,

当 $x \in (-|x_0|, |x_0|)$ 时,$|a_n x^n| = \left| a_n x_0^n \dfrac{x^n}{x_0^n} \right| = |a_n x_0^n| \left| \dfrac{x^n}{x_0^n} \right| \leqslant M \left| \dfrac{x}{x_0} \right|^n$ 而 $\left| \dfrac{x}{x_0} \right| < 1$,

所以等比级数 $\sum\limits_{n=1}^{\infty} M \left| \dfrac{x}{x_0} \right|^n$ 收敛,故级数幂级数 $\sum\limits_{n=1}^{\infty} a_n x^n$ 在区间 $(-|x_0|, |x_0|)$ 内绝对

收敛.

(2)用反证法可以证明.

注意:(1)幂级数(12.5)在 $x = x_0$ 点收敛(或发散),不一定保证在 $x = -x_0$ 处收敛

(或发散).

(2)幂幂级数(12.5)在 $x = 0$ 点总是收敛的,在其他点可能收敛,也可能发散,但根

据定理 5,幂级数(12.5)的收敛域有且仅有下列三种情况:

①仅在 $x = 0$ 点收敛,在任何非零点都发散.

例 7　级数 $\sum\limits_{n=1}^{\infty} (nx)^n = x + (2x)^2 + \cdots + (nx)^n + \cdots$.

解　当 $x \neq 0$ 时,只要 $|nx| > 1$,即 $n > \dfrac{1}{|x|}$ 时,便有 $|nx|^n > 1$,当 $n \to \infty$ 时,有

$\lim\limits_{n\to\infty} (nx)^n \neq 0$,故级数 $\sum\limits_{n=1}^{\infty} (nx)^n$ 发散.

②在区间 $(-\infty, +\infty)$ 内均收敛.

例 8　级数 $\sum\limits_{n=1}^{\infty} \dfrac{x^n}{2(n+1)!}$.

解　当 $x = 0$ 时,显然收敛,

当 $x \neq 0$ 时,因 $\quad \lim\limits_{n\to\infty} \left| \dfrac{u_{n+1}}{u_n} \right| = \lim\limits_{n\to\infty} \left| \dfrac{\dfrac{x^{n+1}}{2(n+2)!}}{\dfrac{x^n}{2(n+1)!}} \right| = \lim\limits_{n\to\infty} \left| \dfrac{x}{n+2} \right| = 0$,

所以级数 $\sum\limits_{n=1}^{\infty} \dfrac{x^n}{2(n+1)!}$ 在区间 $(-\infty, +\infty)$ 内均收敛.

③存在一个正数 R,使得当 $|x| < R$ 时,级数收敛;当 $|x| > R$ 时,级数发散;当 $x = \pm R$ 时,可能收敛也可能发散.

例 9　级数 $\sum\limits_{n=1}^{\infty} (-1)^{n-1} \dfrac{x^n}{n}$.

解　当 $x = 1$ 时,$\sum\limits_{n=1}^{\infty} (-1)^{n-1} \dfrac{1}{n}$ 是莱布尼茨级数,所以收敛,由定理 5 可得,级数

$\sum\limits_{n=1}^{\infty} (-1)^{n-1} \dfrac{x^n}{n}$ 在 $(-1,1)$ 内绝对收敛,当 $x = -1$ 时,原级数变为 $\sum\limits_{n=1}^{\infty} \dfrac{1}{n}$ 是调和级数,发

散. 故级数 $\sum\limits_{n=1}^{\infty}(-1)^{n-1}\dfrac{x^n}{n}$ 的收敛域是 $(-1,1]$.

定理 6 若幂级数(12.5)的收敛域不是 $\{0\}$,也不是全体实数,那么一定存在 $R>0$,使得,当 $|x|<R$ 时,级数(12.5)绝对收敛;当 $|x|>R$ 时,级数(12.5)发散;当 $|x|=R$ 时,可能收敛也可能发散.

定理 6 中的 R 称为幂级数(12.5)的收敛半径,同时规定:若幂级数(12.5)只在 $x=0$ 收敛,那么幂级数(12.5)的收敛半径 $R=0$;若幂级数(12.5)的收敛域是全体实数,那么幂级数(12.5)的收敛半径 $R=+\infty$.下面给出如何求幂级数收敛半径的定理.

定理 7 设级数 $\sum\limits_{n=0}^{\infty}a_nx^n$,且 $\lim\limits_{n\to\infty}\left|\dfrac{a_{n+1}}{a_n}\right|=\rho(a_n\neq 0)$,则:

(1)若 $\rho\neq 0$,收敛半径 $R=\dfrac{1}{\rho}$;

(2)若 $\rho=0$,收敛半径 $R=+\infty$;

(3)若 $\rho=+\infty$,收敛半径 $R=0$.

证明 讨论正项级数 $\sum\limits_{n=0}^{\infty}|a_nx^n|$,根据比较判别法有

$$\lim_{n\to\infty}\frac{u_{n+1}}{u_n}=\lim_{n\to\infty}\left|\frac{a_{n+1}}{a_n}\right|\cdot|x|=\rho|x|,$$

(1) $0<\rho<+\infty$,当 $\rho|x|<1$ 或 $|x|<\dfrac{1}{\rho}$ 幂级数 $\sum\limits_{n=0}^{\infty}a_nx^n$ 绝对收敛;当 $\rho|x|>1$ 或 $|x|>\dfrac{1}{\rho}$,幂级数(12.5)发散,故收敛半径为 $R=\dfrac{1}{\rho}$;

(2) $\rho=0$,$\forall x\in R$,有 $\rho|x|=0<1$,即对 $\forall x\in R$,幂级数(12.5)绝对收敛,故收敛半径为 $R=+\infty$;

(3) $\rho=+\infty$,$\forall x\in R$,且 $x\neq 0$,有 $\rho|x|=+\infty$,即 $\forall x\in R,x\neq 0$,幂级数(12.5)发散,故收敛半径为 $R=0$.

例 10 求下列幂级数的收敛半径和收敛域.

(1) $\sum\limits_{n=1}^{\infty}(-1)^n\dfrac{6^nx^n}{\sqrt[3]{n+1}}$; 　　　　　 (2) $\sum\limits_{n=1}^{\infty}\dfrac{x^n}{3^n(3n+1)}$;

(3) $\sum\limits_{n=0}^{\infty}(n+1)!x^{n+1}$; 　　　　　 (4) $\sum\limits_{n=1}^{\infty}\dfrac{(x-2)^n}{n^2 2^n}$.

解 (1) 因 $\rho=\lim\limits_{n\to\infty}\left|\dfrac{(-1)^{n+1}\dfrac{6^{n+1}}{\sqrt[3]{n+2}}}{(-1)^n\dfrac{6^n}{\sqrt[3]{n+1}}}\right|=6$,所以收敛半径为 $R=\dfrac{1}{6}$,当 $x=\dfrac{1}{6}$ 时,

级数成为莱布尼茨级数,所以收敛,当 $x=-\dfrac{1}{6}$ 时,级数成为 $\displaystyle\sum_{n=1}^{\infty}\dfrac{1}{\sqrt[3]{n+1}}$ 是发散的.故原级数的收敛域是 $\left(-\dfrac{1}{6},\dfrac{1}{6}\right]$.

（2）因 $\rho=\lim\limits_{n\to\infty}\left|\dfrac{a_{n+1}}{a_n}\right|=\lim\limits_{n\to\infty}\left|\dfrac{\dfrac{1}{3^{n+1}(3n+4)}}{\dfrac{1}{3^n(3n+1)}}\right|=\lim\limits_{n\to\infty}\left|\dfrac{(3n+1)}{3(3n+4)}\right|=\dfrac{1}{3}$ 所以,收敛

半径为 $R=3$;当 $x=-3$ 时,级数成为 $\displaystyle\sum_{n=1}^{\infty}(-1)^n\dfrac{1}{3n+1}$ 是莱布尼茨级数,所以收敛;当 $x=3$ 时,级数成为 $\displaystyle\sum_{n=1}^{\infty}\dfrac{1}{3n+1}$ 发散;故级数 $\displaystyle\sum_{n=1}^{\infty}\dfrac{x^n}{3^n(3n+1)}$ 的收敛域是 $[-3,3)$.

（3）因 $\lim\limits_{n\to\infty}\left|\dfrac{a_{n+1}}{a_n}\right|=\lim\limits_{n\to\infty}\left|\dfrac{(n+2)!}{(n+1)!}\right|=\lim\limits_{n\to\infty}(n+2)=\infty$,所以,收敛半径 $R=0$,所以级数只在 $x=0$ 点收敛.

（4）因级数 $\displaystyle\sum_{n=1}^{\infty}\dfrac{(x-2)^n}{n^2 2^n}$ 不是标准形式,所以可以把它先转换成标准形式(12.5).

令 $x-2=t$,则原级数就变为 $\displaystyle\sum_{n=1}^{\infty}\dfrac{t^n}{n^2 2^n}$;先求 $\displaystyle\sum_{n=1}^{\infty}\dfrac{t^n}{n^2 2^n}$ 的收敛半径及收敛域.

又因 $\rho=\lim\limits_{n\to\infty}\left|\dfrac{a_{n+1}}{a_n}\right|=\lim\limits_{n\to\infty}\dfrac{n^2 2^n}{(n+1)^2 2^{n+1}}=\lim\limits_{n\to\infty}\left(\dfrac{n}{n+1}\right)^2\cdot\dfrac{1}{2}=\dfrac{1}{2}$,所以收敛半径为 $R=2$,当 $t=2$ 时,级数成为 $\displaystyle\sum_{n=1}^{\infty}\dfrac{1}{n^2}$,是收敛的,当 $t=-2$ 时,级数成为 $\displaystyle\sum_{n=1}^{\infty}(-1)^n\dfrac{1}{n^2}$ 是莱布尼茨级数,收敛.所以级数 $\displaystyle\sum_{n=1}^{\infty}\dfrac{t^n}{n^2 2^n}$ 的收敛域是 $[-2,2]$,因为 $x-2=t$,所当 $-2\leqslant t\leqslant 2$ 时,有 $-2\leqslant x-2\leqslant 2$,可得 $0\leqslant x\leqslant 4$,故原级数的收敛域为 $[0,4]$.

12.4.4 幂级数的一些性质

1.一致收敛性

设幂级数 $\displaystyle\sum_{n=0}^{\infty}a_n x^n$ 的收敛半径为 R,则它在 $(-R,R)$ 内一定绝对收敛,但不一定一致收敛.如几何级数 $\displaystyle\sum_{n=0}^{\infty}x^n$,在 $(-1,1)$ 内绝对收敛,但级数的余和为 $r_n=x^{n+1}+x^{n+2}+\cdots=\dfrac{x^{n+1}}{1-x}$ 对于不论多么大的 n,当 $x\to 1$ 时,总有 $r_n(x)\to\infty$,因此这个几何级数在区间 $(-1,1)$ 内不是一致收敛的.

关于幂级数的一致收敛有以下结论.

定理 8 （Abel 第二定理）(1)幂级数(12.5)在它的收敛区间$(-R,R)$以内的任何一个闭区间$[-R_1,R_1](0<R_1<R)$上一致收敛；(2)若幂级数(12.5)在 $x=R$ 处收敛，则它在$[a,R]$上一致收敛.同理,若幂级数(12.5)在 $x=-R$ 处收敛,则它在$[-R,a]$.其中$-R<a<R$.

2. 幂级数的运算性质

定理 9 设两个幂级数 $\sum\limits_{n=0}^{\infty}a_nx^n$，$\sum\limits_{n=0}^{\infty}b_nx^n$ 的收敛半径分别为 R_1,R_2，且 $R=\min\{R_1,R_2\}$，那么两个级数在区间$(-R,R)$内均绝对收敛；则两个级数满足如下运算性质：

(1) $\sum\limits_{n=0}^{\infty}a_nx^n \pm \sum\limits_{n=0}^{\infty}b_nx^n = \sum\limits_{n=0}^{\infty}(a_n\pm b_n)x^n$，在$(-R,R)$内绝对收敛.

(2) $(\sum\limits_{n=0}^{\infty}a_nx^n)\cdot(\sum\limits_{n=0}^{\infty}b_nx^n) = \sum\limits_{n=0}^{\infty}(\sum\limits_{i=0}^{n}a_ib_{n-i})x^n$

$= a_0b_0 + (a_0b_1+a_1b_0)x + (a_0b_2+a_1b_1+a_2b_0)x^2 + \cdots +$

$(a_0b_n+a_1b_{n-1}+\cdots+a_nb_0)x^n+\cdots.$

上式称为幂级数的柯西乘积,在区间$(-R,R)$内绝对收敛.

下面给出幂级数的分析性质：

定理 10 幂级数 $\sum\limits_{n=0}^{\infty}a_nx^n$ 的和函数 $S(x)$ 在收敛区间$(-R,R)$内的任意一点 x 处都是连续的；并且若幂级数 $\sum\limits_{n=0}^{\infty}a_nx^n$ 在端点 $x=R$(或 $x=-R$)处也收敛,则和函数 $S(x)$ 在 $x=R$ 处左连续(或 $x=-R$ 处右连续).

定理 11 设幂级数 $\sum\limits_{n=0}^{\infty}a_nx^n$ 在收敛区间$(-R,R)$内收敛于和函数 $S(x)$,则 $S(x)$ 在 $(-R,R)$ 内任意一点可导,并且逐项可微,即 $S'(x) = (\sum\limits_{n=0}^{\infty}a_nx^n)' = \sum\limits_{n=0}^{\infty}(a_nx^n)' = \sum\limits_{n=1}^{\infty}na_nx^{n-1}$ 且求导后所得的级数与原级数有相同的收敛半径.

定理 12 若级数 $\sum\limits_{n=0}^{\infty}a_nx^n$ 的收敛半径为 R,则其和函数 $S(x)$ 在收敛区间$(-R,R)$内任意点处具有任意阶导数,且导函数 $S^{(n)}(x)(n=1,2\cdots)$ 就是级数 $\sum\limits_{n=0}^{\infty}a_nx^n$ 项微分 n 次后所得的级数的和,即

$$S^{(n)}(x) = \sum\limits_{k=n}^{\infty}k(k-1)\cdots(k-n+1)a_kx^{k-n} = (n!)a_n + \frac{(n+1)!}{1!}\cdot a_{n+1}x + \frac{(n+2)!}{2!}a_{n+2}x^2 + \cdots.$$

而且对于任何 n,其收敛半径为 R.

定理 13　幂级数 $\sum\limits_{n=0}^{\infty} a_n x^n$ 的和函数 $S(x)$ 在收敛区间 $(-R,R)$ 内是可积的,并且可逐项求积分；

即　　$\int_0^x S(x)\,\mathrm{d}x = \int_0^x (\sum\limits_{n=0}^{\infty} a_n x^n)\,\mathrm{d}x = \sum\limits_{n=0}^{\infty} \int_0^x a_n x^n\,\mathrm{d}x = \sum\limits_{n=0}^{\infty} \dfrac{a_{n+1}}{n+1} x^{n+1}$,

其中 $|x| < R$,积分所得的级数与原级数具有相同的收敛半径.

注意:(1)对于幂级数 $\sum\limits_{n=0}^{\infty} a_n (x-x_0)^n$,若收敛半径为 R,那么它在收敛区间 $(x_0 - R, x_0 + R)$ 内具有幂级数 $\sum\limits_{n=0}^{\infty} a_n x^n$ 在收敛区间 $(-R,R)$ 内的上述一切性质.

(2)幂级数在收敛区间内逐项求导和逐项积分所得的新级数,虽然收敛半径没变,但在区间端点的敛散性需要另行讨论.

习　题　12.4

1.求下列级数的收敛域：

(1) $\sum\limits_{n=1}^{\infty} \dfrac{1}{1+x^n}$;

(2) $\sum\limits_{n=1}^{\infty} \left(\dfrac{n}{x}\right)^n$;

(3) $\sum\limits_{n=1}^{\infty} \left(\dfrac{\ln x}{2}\right)^n$;

(4) $\sum\limits_{n=1}^{\infty} \dfrac{1}{3n+1} \left(\dfrac{x+1}{x}\right)^n$.

2.用维尔斯特拉斯判别法证明下列函数项级数在指定区间上的一致收敛：

(1) $\sum\limits_{n=1}^{\infty} \dfrac{1}{x^2 + n^2}, x \in \mathbf{R}$;

(2) $\sum\limits_{n=1}^{\infty} \dfrac{(-1)^n}{x + 2^n}, x \in (2, +\infty)$;

(3) $\sum\limits_{n=1}^{\infty} \dfrac{\sin x}{\sqrt[3]{n^4 + x^4}}, x \in \mathbf{R}$.

3.求下列幂级数的收敛半径与收敛域：

(1) $\sum\limits_{n=1}^{\infty} a^n x^n \quad (a > 0)$;

(2) $\sum\limits_{n=1}^{\infty} n!(x-1)^n$;

(3) $\sum\limits_{n=1}^{\infty} \dfrac{2^n}{n!} x^n$;

(4) $\sum n 2^{n+1} x^{2n-1}$;

(5) $\sum\limits_{n=1}^{\infty} \dfrac{2^{2n-1}}{n\sqrt{n}} (x+1)^n$;

(6) $\sum\limits_{n=1}^{\infty} \dfrac{\ln(n+2)}{n+2} x^n$;

(7) $\sum 2^n (x+a)^{2n}$ (a 为常数); (8) $\sum_{n=1}^{\infty} \dfrac{n+2}{2^n} x^n$.

4. 求下列幂级数的收敛域及和函数:

(1) $\sum_{n=1}^{\infty} \dfrac{x^{2n-1}}{2n-1}$;

(2) $\sum_{n=1}^{\infty} \left(\dfrac{x^n}{n} - \dfrac{x^{n+1}}{n+1} \right)$;

(3) $\sum_{n=1}^{\infty} \dfrac{x^n}{n(n+1)}$;

(4) $\sum_{n=1}^{\infty} \dfrac{n(n+1)}{2} x^{n-1}$.

5. 求幂级数 $\sum_{n=1}^{\infty} nx^{n-1}$ 的和函数,并求级数 $\sum_{n=1}^{\infty} \dfrac{n}{2^n}$ 的和.

6. 求幂级数 $\sum_{n=1}^{\infty} \dfrac{2n-1}{2^n} x^{2n-2}$ 的和函数,并求 $\sum_{n=1}^{\infty} \dfrac{2n-1}{2^n}$ 的和.

12.5　函数的幂级数的展开

12.5.1　泰勒级数

上节讨论了幂级数的收敛域及其和函数的性质,但是实际应用中,往往遇到的是相反的问题:对于任意一个给定的函数 $f(x)$,能否用一个幂级数来表示它呢? 也就是说,能不能找到一个幂级数,它在某个区间内收敛,其和函数正好就是所给的 $f(x)$. 如果能这样,这给我们研究函数的性态带来了方便.

首先假定函数 $f(x)$ 能表示成幂级数 $\sum_{n=0}^{\infty} a_n (x-x_0)^n$,讨论 $f(x)$ 必须具备什么样的条件以及幂级数的系数与 $f(x)$ 应具有什么样的关系.

定理 1　若函数 $f(x)$ 在区间 (x_0-R, x_0+R) 内能展开成幂级数 $\sum_{n=0}^{\infty} a_n (x-x_0)^n$,则函数 $f(x)$ 在区间 (x_0-R, x_0+R) 内存在任意阶导数,且 $a_0 = f(x_0)$,$a_n = \dfrac{f^{(n)}(x_0)}{n!}$ $(n=1,2,\cdots)$.

证明　由上节定理 12 可得

$$f^{(n)}(x) = n! a_n + (n+1)! a_{n+1}(x-x_0) + \dfrac{(n+2)!}{2!}(x-x_0)^2 + \cdots (n=0,1,2,\cdots),$$

令 $x = x_0$ 可得 $f^{(n)}(x_0) = n! a_n$,即 $a_n = \dfrac{f^{(n)}(x_0)}{n!}$ $(n=1,2,\cdots)$,$a_0 = f(x_0)$.

注意:(1)若函数 $f(x)$ 在区间 (x_0-R, x_0+R) 内能展开成 $(x-x_0)$ 的幂级数,则其幂级数展开式是唯一的,也就是:若 $f(x) = \sum_{n=0}^{\infty} a_n (x-x_0)^n$ 并且 $f(x) = \sum_{n=0}^{\infty} b_n (x-x_0)^n$,

则一定有 $a_n = b_n (n=0,1,2,\cdots)$.

（2）若函数 $f(x)$ 在 x_0 点处具有任意阶导数，那么不论是否能在 x_0 的某个邻域内表示成 $(x-x_0)$ 的幂级数，总可以作出形为

$$f(x_0) + f'(x_0)(x-x_0) + \frac{f''(x_0)}{2!}(x-x_0)^2 + \cdots + \frac{f^{(n)}(x_0)}{n!}(x-x_0)^n + \cdots \quad (12.6)$$

的幂级数的形式.

定义 1　若函数 $f(x)$ 在 x_0 点处具有任意阶导数，则级数(12.6)称为 $f(x)$ 在 x_0 的**泰勒**(Taylor)**级数**，记作

$$f(x) \sim \sum_{n=0}^{\infty} \frac{f^{(n)}(x_0)}{n!}(x-x_0)^n,$$

其系数 $\frac{f^{(n)}(x_0)}{n!}$ 称为**泰勒系数**.

当 $x_0 = 0$ 时，式(12.6)就成为

$$f(0) + f'(0)(x) + \frac{f''(0)}{2!}(x)^2 + \cdots + \frac{f^{(n)}(0)}{n!}(x)^n + \cdots. \quad (12.7)$$

称(12.7)为函数 $f(x)$ 的麦克劳林级数. 即 $f(x) \sim \sum_{n=0}^{\infty} \frac{f^{(n)}(0)}{n!} x^n$.

在定义 1 中采用了记号"$\sim$"，是说明函数 $f(x)$ 在 $x=x_0$ 点具有任意阶导数时，我们虽然可以作出函数 $f(x)$ 在 $x=x_0$ 点的泰勒级数(12.6)，至于级数(12.6)在某区间内是否收敛于 $f(x)$ 并不一定成立.

例如

$$f(x) = \begin{cases} \mathrm{e}^{-\frac{1}{x^2}}, & \text{当 } x \neq 0 \text{ 时} \\ 0, & \text{当 } x = 0 \text{ 时} \end{cases} \quad (12.8)$$

可以验证它在 $x=0$ 的任何邻域内存在任意阶导数，并且对一切 n，都有

$$f^{(n)}(0) = 0 \quad (f^{(0)}(0) = 0),$$

于是函数(12.8)的麦克劳林级数为

$$0 + 0 \cdot x + \frac{0}{2!}x^2 + \cdots + \frac{0}{n!}x^n + \cdots. \quad (12.9)$$

显然，麦克劳林级数(12.9)在区间 $(-\infty, +\infty)$ 内收敛于 0，但当 $x \neq 0$ 时，式(12.8)中的 $f(x) \neq 0$.

定理 2　设函数 $f(x)$ 在区间 (x_0-R, x_0+R) 内具有任意阶导数，则 $f(x)$ 在 x_0 点的泰勒级数在该区间内收敛于 $f(x)$ 的充要条件是

$$\lim_{n \to \infty} r_n(x) = 0, \forall x \in (x_0-R, x_0+R) \text{（其中 } r_n(x) \text{ 是泰勒公式的余项）.}$$

证明从略.

定理 3 设函数 $f(x)$ 在区间 (x_0-R,x_0+R) 内具有任意阶导数,且 $\exists M>0,\forall n\in\mathbf{N}$,

$\forall x\in(x_0-R,x_0+R)$ 有 $|f^{(n)}(x)|\leqslant M$ $(f^{(0)}(x)=f(x))$,则 $f(x)=\sum\limits_{n=0}^{\infty}\dfrac{f^{(n)}(x_0)}{n!}(x-x_0)^n$.

12.5.2 函数展开成幂级数

将函数展开成的 x 幂级数有两种方法:直接法和间接法.在这里主要是讨论一些初等函数 $f(x)$ 展开成 x 的麦克劳林级数的问题.

1.直接展开法

例 1 将 $f(x)=\mathrm{e}^x$ 展开成 x 的麦克劳林级数.

解 因为 $\forall n\in\mathbf{N},\forall x\in\mathbf{R}$,有 $f^{(n)}(x)=\mathrm{e}^x,\forall r>0,\forall x\in(-r,r),\forall n\in\mathbf{N}$ 时,有

$$|f^{(n)}(x)|=|\mathrm{e}^x|\leqslant\mathrm{e}^r \quad (n=1,2,\cdots).$$

又因为 $f^{(n)}(0)=\mathrm{e}^0=1(n=1,2,\cdots)$,

根据定理 3,函数 $f(x)=\mathrm{e}^x$ 在区间 $(-r,r)$ 内可以展开成的幂级数

$$\mathrm{e}^x=1+\frac{x}{1!}+\frac{x^2}{2!}+\cdots+\frac{x^n}{n!}+\cdots.$$

由 r 的任意性,$f(x)$ 在 $(-\infty,+\infty)$ 内可以展开成幂级数

$$\mathrm{e}^x=1+\frac{x}{1!}+\frac{x^2}{2!}+\cdots+\frac{x^n}{n!}+\cdots.$$

例 2 将 $f(x)=\sin x$ 展成麦克劳林级数.

解 因为 $\forall n\in\mathbf{N},\forall x\in\mathbf{R}$,有 $f^{(n)}(x)=(\sin x)^{(n)}=\sin\left(x+n\cdot\dfrac{\pi}{2}\right)$ 且

$$|f^{(n)}(x)|=\left|\sin\left(x+n\cdot\frac{\pi}{2}\right)\right|\leqslant 1,$$

又 $f(0)=0,f'(0)=1,f''(0)=0,f'''(0)=-1,\cdots$,

所以根据定理 3,函数 $f(x)=\sin x$ 在 $\mathbf{R}$ 上可展成幂级数,故

$$\sin x=x-\frac{x^3}{3!}+\frac{x^5}{5!}-\cdots+(-1)^n\frac{x^{2n+1}}{(2n+1)!}+\cdots.$$

同理可得

$$\cos x=1-\frac{x^2}{2!}+\frac{x^4}{4!}+\cdots+(-1)^n\frac{x^{2n}}{(2n)!}+\cdots.$$

例 3 将 $f(x)=\ln(1+x)$ 展成麦克劳林级数.

解 因为 $f^{(n)}(x)=(-1)^{n-1}(n-1)!(1+x)^{-n}(n=1,2,\cdots)$,

所以 $f(0)=0,f'(0)=-1,\cdots,f^{(n)}(0)=(-1)^{n-1}(n-1)!$.

又因对 $\forall x \in (-1,1]$ 时，$\lim\limits_{n \to \infty} r_n(x) = 0$，由定理 2 可得

$$\ln(1+x) = x - \frac{x^2}{2} + \frac{x^3}{3} - \cdots + \frac{(-1)^{n-1}}{n}x^n + \cdots.$$

除以上直接用定理 2、定理 3 展成幂级数的方法外，还可以用幂级数的分析性质——逐项积分和逐项微分的方法将一些初等函数展成幂级数.

2. 间接法

以上给出的是常见的函数用直接法展成幂级数，对一般的函数 $f(x)$ 而言，求其 n 阶导数的通式往往比较困难，而研究其泰勒公式的余项在某个区间内趋于零更为复杂，所以用直接方法求一般函数的展开式相当困难. 为此，采用所谓的间接展开法，即根据函数的幂级展开式的唯一性，利用已知的函数的幂级数展开式，再通过对级数进行变量替换，四则运算和分析运算，求出所给函数的幂级数的展开式. 以下通过例题说明这种方法的应用.

例 4　将函数 $f(x) = e^{-x^2}$ 展成 x 的幂级数.

解　因为 $e^x = \sum\limits_{n=0}^{\infty} \frac{1}{n!}x^n (-\infty < x < +\infty)$，式中以 $-x^2$ 替换 x 即得所求幂级数展开式

$$e^{-x^2} = 1 - x^2 + \frac{x^4}{2!} + \cdots + \frac{(-1)^n x^{2n}}{n!} + \cdots (-\infty < x < +\infty).$$

例 5　将函数 $f(x) = \dfrac{1}{1+x^2}$，$g(x) = \arctan x$ 展成麦克劳林级数.

解　因为 $\dfrac{1}{1+x} = \sum\limits_{n=0}^{\infty} (-1)^n x^n$，$|x| < 1$，式中用 x^2 替换 x 便可得到 $\dfrac{1}{1+x^2}$ 的幂级数展开式

$$\frac{1}{1+x^2} = 1 - x^2 + x^4 - \cdots + (-1)^n x^{2n} + \cdots, \quad |x| < 1.$$

根据 $\displaystyle\int_0^x \frac{1}{1+x^2}dx = \arctan x$，对上式两边求积分，在利用幂级数逐项积分的性质便可得

$$\arctan x = x - \frac{x^3}{3} + \frac{x^5}{5} - \cdots + (-1)^n \frac{x^{2n+1}}{2n+1} + \cdots, \quad |x| < 1.$$

例 6　将函数 $f(x) = \dfrac{1}{4-x}$，展成 $(x-1)$ 的幂级数.

解　因为　　　　$\dfrac{1}{4-x} = \dfrac{1}{3-(x-1)} = \dfrac{1}{3} \cdot \dfrac{1}{1 - \frac{1}{3}(x-1)}$，

又　　　　　　　　$\dfrac{1}{1-x} = \sum\limits_{n=0}^{\infty} x^n, \quad |x| < 1,$

用 $\dfrac{x-1}{3}$ 替换 x 便可得到 $f(x)=\dfrac{1}{4-x}$ 的 $(x-1)$ 的幂级数，即

$$\frac{1}{4-x}=\frac{1}{3}\sum_{n=0}^{\infty}\left(\frac{x-1}{3}\right)^{n}=\sum_{n=0}^{\infty}\frac{1}{3^{n+1}}(x-1)^{n},|x-1|<3.$$

例 7 将函数 $f(x)=\ln(2+x)$ 展开成 x 的幂级数.

解 因为 $\ln(2+x)=\ln 2+\ln\left(1+\dfrac{x}{2}\right)$，又 $\ln(1+x)=\sum_{n=1}^{\infty}\dfrac{(-1)^{n-1}}{n}x^{n}(-1<x\leqslant 1)$，

用 $\dfrac{x}{2}$ 替换 x 便得到 $f(x)=\ln(2+x)$ 的幂级数展开式

$$\ln(2+x)=\ln 2+\frac{x}{2}-\frac{x^{2}}{2\cdot 2^{2}}+\frac{x^{3}}{3\cdot 2^{3}}+\cdots+\frac{(-1)^{n-1}x^{n}}{n\cdot 2^{n}}+\cdots\quad(-1<x\leqslant 1),$$

习 题 12.5

1.用直接法，将下列函数展开成指定点的泰勒级数：

$(1)f(x)=a^{x},x_0=0$；　　　　$(2)f(x)=\sin x,x_0=\dfrac{\pi}{4}$；

$(3)f(x)=\dfrac{1}{x+3},x_0=0.$

2.用间接展开法，将下列函数展开成指定点的泰勒级数：

$(1)f(x)=\ln(1+x),x_0=2$；　　$(2)f(x)=\dfrac{1}{x^2-3x+2},x_0=0$；

$(3)f(x)=\cos^2 x,x_0=0$；　　　$(4)f(x)=\dfrac{3}{2+x-x^2}x_0=0$；

$(5)f(x)=\dfrac{1}{x},x_0=2$；　　　　$(6)f(x)=\sin x,x_0=-\dfrac{\pi}{3}.$

3.用幂级数的性质将下列函数展开成指定点的泰勒级数：

$(1)f(x)=\dfrac{x}{2x-1},x_0=-1$；　$(2)f(x)=\dfrac{x}{(x-1)(x-2)},x_0=0.$

附 录

二阶和三阶行列式简介

1. 二阶行列式

用消元法求解二元线性方程组 $\begin{cases} a_{11}x_1 + a_{12}x_2 = b_1, \\ a_{21}x_1 + a_{22}x_2 = b_2 \end{cases}$ (1)

得到 $\begin{cases} (a_{11}a_{22} - a_{12}a_{21})x_1 = a_{22}b_1 - a_{12}b_2 \\ (a_{11}a_{22} - a_{12}a_{21})x_2 = a_{11}b_2 - a_{21}b_1 \end{cases}$. (2)

发现(2)式中变量 x_1、x_2 的系数及常数都是两数相乘的代数和. 因此引入记号来表示这种算式.

由 2^2 个数排成两行、两列, 记成

$$\begin{vmatrix} a_{11} & a_{12} \\ a_{21} & a_{22} \end{vmatrix}.$$ (3)

称(3)式为二阶行列式, 它表示一个算式, 即

$$a_{11}a_{22} - a_{12}a_{21} = \begin{vmatrix} a_{11} & a_{12} \\ a_{21} & a_{22} \end{vmatrix}.$$

其中 a_{11}、a_{12}、a_{21}、a_{22} 称为行列式的元素, 横排称为行, 竖排称为列, 元素 a_{ij} 的第一个下标 i 表示该元素所在的行数, 第二个下标 j 表示该元素所在的列数. 例如, a_{12} 表示行列式(3)中处于第 1 行第 2 列的元素, a_{21} 表示行列式(3)中处于第 2 行第 1 列的元素.

行列式中从左上角到右下角的直线称为主对角线, 从右上角到左下角的直线称为次对角线. 二阶行列式(3)表示主对角线上元素乘积减去次对角线上元素乘积后的数值, 二阶行列式表示一个数值.

这样方程组(2)就可以用行列式来表示, 设

$$D = \begin{vmatrix} a_{11} & a_{12} \\ a_{21} & a_{22} \end{vmatrix} = a_{11}a_{22} - a_{12}a_{21},$$

$$D_1 = \begin{vmatrix} b_1 & a_{12} \\ b_2 & a_{22} \end{vmatrix} = b_1 a_{22} - a_{12} b_2,$$

$$D_2 = \begin{vmatrix} a_{11} & b_1 \\ a_{21} & b_2 \end{vmatrix} = a_{11}b_2 - b_1 a_{21},$$

则方程组(2)可写成

$$\begin{cases} Dx_1 = D_1 \\ Dx_2 = D_2 \end{cases},$$

当 $D \neq 0$ 时,方程组(1)有唯一解

$$\begin{cases} x_1 = \dfrac{D_1}{D} \\ x_2 = \dfrac{D_2}{D} \end{cases}. \tag{4}$$

由于 D 是由方程组(1)中变量 x_1 和 x_2 的系数按它们在方程组中的位置构成的行列式,因此称 D 为方程组(1)的系数行列式. 由方程组(1)中的常数列 $\begin{matrix} b_1 \\ b_2 \end{matrix}$ 替换 D 中的第 1 列(也就是方程组(1)中 x_1 的系数列 $\begin{matrix} a_{11} \\ a_{21} \end{matrix}$)就得到了 D_1,$\dfrac{D_1}{D}$ 就是 x_1 的解. 同样,由常数列 $\begin{matrix} b_1 \\ b_2 \end{matrix}$ 替换 D 中的第 2 列(也就是方程组(1)中 x_2 的系数列 $\begin{matrix} a_{12} \\ a_{22} \end{matrix}$)就得到了 D_2,$\dfrac{D_2}{D}$ 就是 x_2 的解.

例 1　解方程组 $\begin{cases} 3x_1 - 2x_2 = 6 \\ 2x_1 + 5x_2 = -4 \end{cases}$.

解　观察方程组已经是方程组(1)的标准形式了.

又系数行列式 $D = \begin{vmatrix} 3 & -2 \\ 2 & 5 \end{vmatrix} = 3 \times 5 - (-2) \times 2 = 19 \neq 0$,

$$D_1 = \begin{vmatrix} 6 & -2 \\ -4 & 5 \end{vmatrix} = 6 \times 5 - (-2) \times (-4) = 22,$$

$$D_2 = \begin{vmatrix} 3 & 6 \\ 2 & -4 \end{vmatrix} = 3 \times (-4) - 6 \times 2 = -24,$$

所以方程组的解为

$$x_1 = \frac{D_1}{D} = \frac{22}{19}, \quad x_2 = \frac{D_2}{D} = -\frac{24}{19}.$$

2. 三阶行列式

由 3^3 个数排成三行三列,并记成

$$\begin{vmatrix} a_{11} & a_{12} & a_{13} \\ a_{21} & a_{22} & a_{23} \\ a_{31} & a_{32} & a_{33} \end{vmatrix}. \tag{5}$$

称为三阶行列式. 三阶行列式表示如下一个算式:

$$\begin{vmatrix} a_{11} & a_{12} & a_{13} \\ a_{21} & a_{22} & a_{23} \\ a_{31} & a_{32} & a_{33} \end{vmatrix}$$

$$= a_{11}a_{22}a_{33} + a_{21}a_{32}a_{13} + a_{31}a_{12}a_{23} - a_{31}a_{22}a_{13} - a_{21}a_{12}a_{33} - a_{11}a_{32}a_{23}. \tag{6}$$

(5)式右端相当复杂,我们可以借助图形展示其计算法则(通常称为对角线法则):

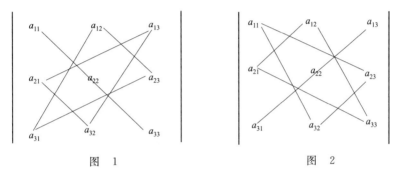

图 1   图 2

注意到(5)式右端都是行列式中三个元素乘积的代数和. 主对角线上三个元素 ($a_{11}a_{22}a_{33}$)以及位于主对角线的平行线上的元素与对角上的元素的乘积($a_{21}a_{32}a_{13}$ 与 $a_{31}a_{12}a_{23}$)前面都取正号,如图 1 所示;主次对角线上三个元素($a_{31}a_{22}a_{13}$)以及位于次对角线的平行线上的元素与对角上的元素的乘积($a_{21}a_{12}a_{33}$ 与 $a_{11}a_{32}a_{23}$)前面都取正负号,如图 2 所示.

三阶行列式也表示一个数值.

例 2 计算 $\begin{vmatrix} 2 & 3 & -1 \\ -4 & 5 & 2 \\ 6 & 3 & 1 \end{vmatrix}$.

解 $\begin{vmatrix} 2 & 3 & -1 \\ -4 & 5 & 2 \\ 6 & 3 & 1 \end{vmatrix}$

$= 2 \times 5 \times 1 + (-4) \times 3 \times (-1) + 6 \times 3 \times 2 - (-1) \times 5 \times 6 - 3 \times (-4) \times 1 - 2 \times 3 \times 2$

$10 + 12 + 36 + 30 + 12 - 12$

$= 88$

利用交换律与结合律，(5)式可以改写成

$$
\begin{vmatrix}
a_{11} & a_{12} & a_{13} \\
a_{21} & a_{22} & a_{23} \\
a_{31} & a_{32} & a_{33}
\end{vmatrix}
$$

$$= a_{11}(a_{22}a_{33} - a_{23}a_{32}) - a_{12}(a_{21}a_{33} - a_{23}a_{31}) + a_{13}(a_{21}a_{32} - a_{22}a_{31}).$$

注意到上式右端三个括号中的式子都是两项乘积的代数和，可以用二阶行列式表

示，则有 $\begin{vmatrix} a_{11} & a_{12} & a_{13} \\ a_{21} & a_{22} & a_{23} \\ a_{31} & a_{32} & a_{33} \end{vmatrix} = a_{11} \begin{vmatrix} a_{22} & a_{23} \\ a_{32} & a_{33} \end{vmatrix} - a_{12} \begin{vmatrix} a_{21} & a_{23} \\ a_{31} & a_{33} \end{vmatrix} + a_{13} \begin{vmatrix} a_{21} & a_{22} \\ a_{31} & a_{32} \end{vmatrix}.$

上式称为三阶行列式按第一行的展开式.

其中，$\begin{vmatrix} a_{22} & a_{23} \\ a_{32} & a_{33} \end{vmatrix}$ 是在三阶行列式 $\begin{vmatrix} a_{11} & a_{12} & a_{13} \\ a_{21} & a_{22} & a_{23} \\ a_{31} & a_{32} & a_{33} \end{vmatrix}$ 中划去 a_{11} 所在的第一行与第一

列元素后剩下的元素按原来的排法所形成的二阶行列式，称为 a_{11} 的余子式；a_{12} 的余子

式就是三阶行列式 $\begin{vmatrix} a_{11} & a_{12} & a_{13} \\ a_{21} & a_{22} & a_{23} \\ a_{31} & a_{32} & a_{33} \end{vmatrix}$ 中划去 a_{12} 所在的第一行与第二列元素后剩下的元

素按原来的排法所形成的二阶行列式 $\begin{vmatrix} a_{21} & a_{23} \\ a_{31} & a_{33} \end{vmatrix}$；$a_{13}$ 的余子式就是 $\begin{vmatrix} a_{21} & a_{22} \\ a_{31} & a_{32} \end{vmatrix}$.

例 3 按第一行展开并计算例 2 中的行列式.

解 $\begin{vmatrix} 2 & 3 & -1 \\ -4 & 5 & 2 \\ 6 & 3 & 1 \end{vmatrix} = 2 \times \begin{vmatrix} 5 & 2 \\ 3 & 1 \end{vmatrix} - 3 \times \begin{vmatrix} -4 & 2 \\ 6 & 1 \end{vmatrix} + (-1) \times \begin{vmatrix} -4 & 5 \\ 6 & 3 \end{vmatrix}$

$$= 2 \times (-1) - 3 \times (-16) + (-1) \times (-42) = 88$$